"十二五"职业教育国家规划教材

经全国职业教育教材审定委员会审定

U0261609

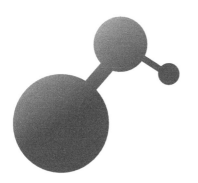

LIZIMO
SHAOJIAN
SHENGCHAN
JISHU

离子膜烧碱生产技术

◎ 王世荣　高　娟　主编

化学工业出版社

·北京·

本书是以真实产品离子膜法烧碱生产工艺流程为内容设计主线，阐述了当今离子膜法烧碱生产典型工艺过程，主要包括一次盐水制备、二次盐水精制、精制盐水电解、氯氢气处理和液氯生产五个方面的生产任务。在一次盐水制备过程中融入了流体输送、流体输送典型机械、膜分离技术、非均相物系分离化工单元操作技术以及岗位操作等基本技能；在二次盐水精制过程中介绍了传热化工单元操作技术和螯合树脂的使用、再生以及岗位操作技能；在精制盐水电解过程中，介绍了典型离子膜电解槽的工作原理、结构以及电解生产单元的开停车操作过程；在氯氢气处理过程中，把气体输送单元操作与典型输送设备的结构、性能与装置的开停车操作相结合；在液氯生产过程中，针对液氯生产岗位上的冷冻技术以及氯气液化技术进行了分析。本书内容具体、生动，更加注重学习过程与生产实际应用环节上的结合，是一次传统知识体系与现代生产岗位技能需求学习方式上有益融合的探索与实践。

本书满足了高职高专化工技术类专业学生学习专业课程用书的需要，适用于化工企业进行员工岗位技能培训与提高的培训用书，还可作为高职高专院校中从事化工类教学的专业教师和化工企业的技术人员的参考用书。

图书在版编目（CIP）数据

离子膜烧碱生产技术/王世荣，高娟主编. —北京：
化学工业出版社，2015.3（2025.1重印）
"十二五"职业教育国家规划教材
ISBN 978-7-122-22708-9

Ⅰ．①离… Ⅱ．①王… ②高… Ⅲ．①烧碱生产-离子膜电解-离子交换法-高等职业教育-教材 Ⅳ．①TQ114.26

中国版本图书馆 CIP 数据核字（2015）第 002163 号

责任编辑：窦　臻　　　　　　　　　　文字编辑：孙凤英
责任校对：王素芹　　　　　　　　　　装帧设计：刘剑宁

出版发行：化学工业出版社（北京市东城区青年湖南街 13 号　邮政编码 100011）
印　　装：北京七彩京通数码快印有限公司
787mm×1092mm　1/16　印张 15¼　字数 393 千字　　2025 年 1 月北京第 1 版第 7 次印刷

购书咨询：010-64518888　　　　　　　售后服务：010-64518899
网　　址：http://www.cip.com.cn
凡购买本书，如有缺损质量问题，本社销售中心负责调换。

定　　价：45.00 元　　　　　　　　　　　　　　　　版权所有　违者必究

前　言

本教材建设的依据是教育部［2006 年］16 号文件关于《全面提高高等职业教育教学质量的若干意见》精神，是在全面提升高职高专教学理念，明确高职教育的特色内涵、根本任务和中心工作，明确人才培养模式的基本特征；进一步加大课程建设与改革力度，大力推行校企合作，工学结合，切实加强实验实训基地建设，树立全新的教育教学质量观，大力提高教育教学质量的基础上建设的。本教材由校企人员联合编写，是省级精品课程"典型化工产品生产——离子膜烧碱生产"的配套特色教材，也是高等职业教育教学资源中心应用化工技术专业教学资源库中的课程资源库"离子膜烧碱生产操作"进行网络学习的配套教材，具备了前瞻性、实用性和代表性。被教育部审定为"十二五"职业教育国家规划教材。

本教材的建设充分体现了现代化工生产过程的岗位职业能力培养与提升，把化工总控工和无机反应工的职业资格标准所要求的能在本门课程中涵盖的职业能力要素融入教材建设中，使应用化工技术专业的学生与化工生产企业岗位上的操作人员通过学习本教材后，能达到中、高级化工总控工和无机反应工职业资格技能所具备的专业核心技能。

在教材建设过程中，依据工作过程系统化原则，将真实的典型化工产品离子膜烧碱生产工艺过程作为学习知识与技能的主线。在进行企业调研的基础上，认真分析了为完成离子膜烧碱生产岗位典型工作任务所必须具备的职业能力，研究了需要具备这些职业能力所对应的职业操作技能和必要的基本理论。在教材内容选取上，我们把完成这些岗位工作任务所需要的岗位技能和理论知识进行了归纳总结分类，并进行了解构与重构，选取了贴近离子膜烧碱生产工艺实际过程的五个典型工作任务作为教材内容学习的载体，通过采用"任务驱动、过程导向、理实一体"的教学模式，使学生能够在完成具体的工作任务的实践过程中，充分体验获取知识与技能的乐趣，感受理论知识与实际工作任务结合的使用效果，从而达到学以致用的目的。

在教材编写的过程中，我们充分考虑了高职高专学生和社会企业生产岗位员工的特点，将陈述性的知识转化为过程性知识，通过"做中学、学中做、做中教"的教学模式，采用化工管路与设备拆装训练、化工单元操作综合训练、化工仿真实训、化工生产性实训和生产现场教学的实施，以保证学生能通过该教材的学习，就可以完成岗位操作必需的应有的专业能力、社会能力和方法能力，从而实现提高就业竞争力和迁移发展潜力的人生目标。

本教材由王世荣、高娟联合主编。参编人员分工：王世荣、张善民负责离子膜烧碱生产任务与操作的编写；赵静负责任务 1 中流体输送方面内容的编写；洪淑翠负责任务 1 中膜分离技术的编写，曲慧负责传热部分的编写。李杰、高娟负责任务 2、任务 3、任务 4、任务 5 中工业案例、原始记录、冷冻的编写。全书由王世荣统稿。李宗木、王晓莉、王玉芝等对书中的部分图片进行了绘制。

本教材在编写过程中得到了中国石化公司齐鲁分公司氯碱厂、烟台万华集团公司氯碱厂、淄博永大化工有限公司、淄博金柯工程设计有限公司等多位企业技术专家的热情帮助与支持，淄博职业学院化学工程系的同行们也在编写过程中给予了大力支持。

谨向对本教材编写工作提供过帮助与支持的单位和个人表示衷心的感谢！

由于时间仓促及编写人员的水平有限，可能存在许多不足之处，请多提宝贵意见。

编　者

2014 年 10 月

目　　录

工作任务概述 ·· 1

0.1　产品介绍 ·· 1

  0.1.1　氯碱工业的基本特点 ·· 2

  0.1.2　离子膜法电解制碱的历史 ·· 3

  0.1.3　离子膜法与隔膜法、水银法制碱方法比较 ···························· 5

0.2　工作计划任务安排 ·· 5

0.3　完成工作任务的生产工艺流程说明 ·· 5

0.4　生产过程中的技术管理与工作要求 ·· 6

0.5　安全环保与健康文明生产原则 ·· 7

0.6　课程性质与地位 ·· 8

0.7　做中学、学中做岗位能力训练题 ·· 8

任务 1　一次盐水制备 ·· 10

1.1　生产作业任务——一次盐水制备 ·· 10

1.2　一次盐水制备子任务——盐水溶液输送 ·· 11

  1.2.1　流体力学研究对象 ·· 11

  1.2.2　化工流体的流动 ·· 12

  1.2.3　液体输送工作过程——流体输送机械 ·································· 31

  1.2.4　岗位操作技能训练 ·· 46

  1.2.5　做中学、学中做岗位技能训练题 ······································ 47

1.3　一次盐水的生产过程 ·· 49

  1.3.1　生产原料——原盐 ·· 49

  1.3.2　粗制盐水制备与 Mg^{2+} 去除的工艺流程 ···························· 50

  1.3.3　Ca^{2+} 去除的工艺流程 ·· 53

  1.3.4　SO_4^{2-} 的去除 ·· 72

  1.3.5　盐泥的洗涤与处理 ·· 73

  1.3.6　一次盐水生产的开停车操作 ·· 97

1.4　工作任务总结与提升 ·· 101

1.5　做中学、学中做岗位技能训练题 ·· 102

任务 2　二次盐水精制 ·· 103

2.1　生产作业计划——二次盐水精制生产任务 ·· 103

2.2　二次盐水精制过程 ·· 103

  2.2.1　二次盐水精制工艺流程图 ·· 103

  2.2.2　二次盐水精制工艺流程叙述 ·· 104

2.2.3 二次盐水精制工序对一次盐水的质量指标要求 ·············· 104

2.2.4 完成二次盐水精制任务的基础工作——传热操作 ·············· 105

2.2.5 螯合树脂精制盐水的工作过程 ·············· 128

2.2.6 螯合树脂塔的开停车操作 ·············· 129

2.3 盐水二次精制的工艺操作要点 ·············· 130

2.4 二次盐水精制过程中常见的异常原因及处理方法 ·············· 130

2.4.1 ClO⁻ 未被去除 ·············· 130

2.4.2 二次精制盐水 Ca^{2+}、Mg^{2+} 超标 ·············· 131

2.5 二次盐水精制后盐水的质量控制指标 ·············· 131

2.6 二次精制工艺操作岗位原始记录 ·············· 131

2.7 二次精制岗位工艺操作仿真实训 ·············· 133

2.8 工作任务总结与提升 ·············· 133

2.9 做中学、学中做岗位技能训练题 ·············· 133

任务 3 精制盐水电解 ·············· **135**

3.1 生产作业计划——精制盐水电解工作任务 ·············· 135

3.2 精制盐水电解的基本过程 ·············· 135

3.2.1 电解过程的基本定律 ·············· 135

3.2.2 重要概念解读 ·············· 136

3.2.3 工业应用案例——离子交换膜电解槽 ·············· 140

任务 4 氯氢气处理 ·············· **176**

4.1 生产作业计划——氯氢气处理任务安排 ·············· 176

4.2 氯气处理工艺生产过程 ·············· 177

4.2.1 氯气物化性质 ·············· 177

4.2.2 氯气处理过程工艺流程示意图 ·············· 177

4.2.3 氯气处理过程的工艺流程叙述 ·············· 180

4.2.4 事故氯气处理 ·············· 193

4.2.5 氢气的洗涤冷却 ·············· 193

4.2.6 氢气压缩输送 ·············· 194

4.3 氯氢气处理开停车操作 ·············· 194

4.4 氯氢气处理过程的正常工艺条件 ·············· 196

4.5 氯氢气处理过程的生产正常控制指标 ·············· 197

4.6 氯氢气处理过程的不正常现象的原因和处理方法 ·············· 197

4.7 氯氢气处理工作过程的原始记录 ·············· 198

4.8 氯氢气处理工作岗位上的安全要领 ·············· 200

4.9 氯氢气处理工作过程化工仿真实训 ·············· 200

4.10 工作任务总结与提升 ·············· 200

4.11 做中学、学中做岗位技能训练题 ·············· 201

任务 5 液氯生产 ·············· **202**

5.1 生产作业计划——液氯生产工作任务 ·············· 202

5.2 液氯生产任务完成工作过程 ·············· 202

5.2.1 液氯液化目的与方法 ·············· 202

　　5.2.2　氯气液化工艺流程 ·· 203
　　5.2.3　氯气液化工作条件 ·· 204
　　5.2.4　液氯生产的开停车操作 ··· 227
　5.3　生产岗位正常操作控制工艺条件 ··· 229
　5.4　不正常现象原因和处理方法 ·· 229
　　5.4.1　不正常现象之一的原因和处理方法 ·· 229
　　5.4.2　不正常现象之二的原因和处理方法 ·· 230
　　5.4.3　不正常现象之三的原因及处理方法 ·· 230
　　5.4.4　不正常现象之四的原因及处理方法 ·· 230
　　5.4.5　不正常现象之五的原因及处理方法 ·· 231
　　5.4.6　不正常现象之六的原因及处理方法 ·· 231
　　5.4.7　不正常现象之七的原因及处理方法 ·· 231
　5.5　液氯生产工艺操作岗位原始记录 ··· 231
　5.6　液氯生产工艺仿真操作实训 ·· 233
　5.7　完成岗位的工作任务总结与提升 ··· 234
　5.8　做中学、学中做岗位技能训练题 ··· 234

参考文献 ··· 235

工作任务概述

能力目标

- 能正确表述化工生产过程需要完成的基本工作任务与要求。
- 能结合实际生产运行指标运行情况，分析离子膜法烧碱生产与其他几类烧碱生产方法的区别。

知识目标

- 了解氯碱工业的基本特点。
- 掌握离子膜法制碱的优点。
- 了解工作计划任务的制订方法。
- 了解工作任务完成的生产工艺过程。
- 了解本课程的性质和地位。

0.1 产品介绍

（1）产品的名称　离子膜法电解制碱的主要产品是烧碱，其化学名称为氢氧化钠，又叫火碱、烧碱、苛性钠，英文名称为 caustic soda。其副产品有氯气和氢气，其英文名称分别为 chlorine 和 hydrogen。

（2）产品的规格　氢氧化钠：分子式 NaOH，相对分子质量 39.997，常温下纯的无水氢氧化钠为白色半透明结晶状、有光泽或略带颜色的固体，具有强腐蚀性，易溶于水，溶解时放出大量的热，并随水温度上升，其溶解度明显增加，固体烧碱暴露在空气里容易潮解，可作为干燥剂，但不能干燥二氧化硫、二氧化碳和氯化氢等气体。烧碱水溶液有滑腻感觉，能腐蚀人的皮肤，溶液越浓，烧伤力越强。固体烧碱的密度为 $2130kg/m^3$，熔点 318.4℃，沸点 1390℃，比热容为 $158kJ/(kg \cdot K)$。其化学性质极为活泼，烧碱溶液能使石蕊指示剂变蓝，使酚酞指示剂变红；与酸反应生成盐和水；与酸性氧化物反应生成盐和水；与卤族元素反应生成盐和水。工业用液体氢氧化钠的质量标准（GB/T 11199 一级Ⅰ型）如表 0-1 所示。

表 0-1　我国工业用液体氢氧化钠的质量标准（GB/T 11199—89）

项目名称	产品级别					试验方法
	优级	一级		二级		
		Ⅰ型	Ⅱ型	Ⅰ型	Ⅱ型	
氢氧化钠/%≥	32.0	32.0	29.0	32.0	29.0	GB 11213.1（甲法） GB 4348.1（乙法）
碳酸钠/%≤	0.04	0.06	0.06	0.06	0.06	GB 7698（甲法）

项目名称	产品级别					试验方法
	优级	一级		二级		
		Ⅰ型	Ⅱ型	Ⅰ型	Ⅱ型	
氯化钠/%≤	0.004	0.007	0.007	0.01	0.01	GB 11213.2
三氧化二铁/%≤	0.0003	0.0005	0.0005	0.0005	0.0005	GB 4348.3
氯酸钠/%≤	0.001	0.002	0.002	0.002	0.002	GB 11200.1
氧化钙/%≤	0.0001	0.0005	0.0005	0.001	0.001	GB 11200.3
三氧化二铝/%≤	0.0004	0.0006	0.0006	0.001	0.001	GB 11200.2
二氧化硅/%≤	0.0015	0.002	0.002	0.004	0.004	GB 11213.4
硫酸盐（以 Na_2SO_4 计）/%≤	0.001	0.002	0.002	0.002	0.002	GB 11213.6

外观颜色：溶液为无色透明液体

注：1. 甲法为仲裁或国际间贸易时采用。
　　2. 氢氧化钠溶液中碳酸钠测定必须采用甲法。
　　3. 两种试验方法未注明"甲"、"乙"时，可按适用范围选用。

0.1.1　氯碱工业的基本特点

氯碱工业是用电解饱和氯化钠溶液的方法来制取烧碱、氯气和氢气，并以它们为原料生产一系列化工产品。氯碱工业属于基本有机化工原料工业。基本化工原料通常是指"三酸两碱"，即盐酸、硫酸、硝酸、烧碱和纯碱，其中盐酸和烧碱是氯碱工业中的两种产品，再加上氯气和氢气可以进一步生产许多化工产品，所以氯碱工业及其相关的产品涉及国民经济和人民生活的诸多领域，除了应用化学工业外，在轻工、纺织、石油化工、冶金和公用事业等领域也均有很大用途，耗用烧碱和耗用氯气的产品已达数千种。据测算，每 10kt 烧碱生产装置可带动创造 6 亿～10 亿的工业产值，氯碱产量的高低，在一定程度上反映了一个国家的工业化水平。因此，氯碱工业在国民经济中占有重要位置。

氯碱工业属于化学工业企业的一类，它除了具备化工生产的易燃易爆、有毒有害、高温高压和易腐蚀等特点外，还有三个突出特征。

（1）能源消耗大，主要是用电量大。

电能是氯碱工业的重要能源消耗之一，其耗电量仅次于电解法生产铝。每生产 1t 100% NaOH 所需要的交流电耗需要 2200～2400kW·h。在美国，氯碱工业用电量占总发电量的 2%；在我国氯碱工业耗电量占总发电量的 1.5%。各国始终把降低能耗作为电解法生产烧碱的核心问题来解决，把降低能源消耗、实现循环经济作为氯碱工业可持续发展的目标要求。

（2）氯气与烧碱的市场用量要平衡。

电解饱和氯化钠溶液时，其产物按固定质量比例（1∶0.885∶0.0252）同时产出烧碱（NaOH）、氯气和氢气联产品。在一个国家和地区内，由于烧碱和氯气的供给结构不同，因而会出现烧碱和氯气的供需平衡问题。而产品氢气可以根据需要进行利用，多余的氢气可以排空处理，对环境不会造成危害。一般情况下，发展中国家，工业发展的初期用氯量较少，因为氯气是有毒有害的物质，不宜远距离输送，所以要以氯气需要量来决定烧碱产量，往往出现烧碱短缺；而石油化工和基本有机化工发展较快的国家和地区用氯量较大，同时会出现烧碱过剩的问题。长期以来，烧碱与氯气的平衡问题始终是氯碱工业发展中的一对矛盾，如何协调氯碱平衡一直是氯碱行业长期面对的问题，业内人士认为关键在于围绕氯碱平衡这个核心，大力调整产品结构，由于精细化工对资源的依赖性小、投资少、见效快、附加值高、利润大、出口创汇率高，因此发展精细化工成为我国氯碱企业实现经济增长方式根本性转变的关键。通过发展精细化工，不断延伸产业链，实现行业的可持续发展。

（3）腐蚀与污染。氯碱产品烧碱、氯气和盐酸及其中间产品如次氯酸钠等，均具有强腐蚀性，在生产、输送、储存和产品运输过程中，都需要按照每一类物质的物化性质考虑防腐蚀问题。同样氯碱生产过程中的废渣如盐泥；废水如氯水、次氯酸钠；废气如氯气液化后的废氯气等"三废"问题，如果不能很好地解决，就会对环境造成污染。因此，防止腐蚀和防止环境污染问题一直是氯碱工业努力创新发展的方向。

0.1.2 离子膜法电解制碱的历史

烧碱和氯气生产使用具有悠久的发展历史，早在中世纪就发现了存在于盐湖中的纯碱，后来就发明了以纯碱和石灰为原料制取 $NaOH$ 的方法即苛化法：

$$Na_2CO_3 + Ca(OH)_2 = 2NaOH + CaCO_3 \downarrow$$

因为苛化法过程需要加热，因此就将 $NaOH$ 称为烧碱，以别于天然碱（Na_2CO_3）。直到 19 世纪末，世界上一直以苛化法生产烧碱。采用电解法制烧碱始于 1890 年，隔膜法和水银法几乎同时发明，隔膜法于 1890 年在德国首先出现，第一台水银法电解槽是在 1892 年取得专利，并于 1897 年在英国柴郡的朗科恩和美国实现工业化生产。食盐电解工业发展中的困难是如何将阳极产生的氯气与阴极产生的氢气和氢氧化钠分开，不致发生爆炸和生成氯酸钠，以上两种生产方法都成功地解决了这个难题。前者采用以多孔石棉隔膜将阴阳两极隔开；后者则以生成钠汞齐的方法使氯气分开，钠汞齐是产生于水银电解法过程中，利用流动的水银层作为电解的阴极，在直流电作用下使电解质溶液的阳离子成为金属析出，与水银形成钠汞齐而实现与阳极的产物氯气分开，水银电解槽是由电解槽、解汞器和水银泵三部分组成，形成两个环路，钠汞齐在解汞器中生成氢氧化钠和氢气，这样水银电解槽内就不需要隔膜。这样就奠定了两种不同的生产工艺的基础，并一直沿用至今，但是由于水银电解法排出的废气、废水和废渣中均含有大量的水银，往往会带来一定的环境污染，所以现在国内新建的氯碱厂一般不再采用水银电解法制取烧碱。

我国氯碱工业是在 20 世纪 20 年代才开始创建的。第一家氯碱厂是上海天原电化厂。1930 年正式投产，采用爱伦-摩尔电解槽，开工电流 1500A，日产烧碱 2t。到 1949 年为止，全国仅有氯碱厂 9 家，年产量 1.5 万吨。

新中国成立后，我国氯碱工业和其他工业一样，发展速度很快，烧碱年产量在 20 世纪 50 年代末为 37.2 万吨，平均年增长率为 36.1%；在 60 年代末为 70.4 万吨，平均增长率为 6.28%；在 70 年代末为 182 万吨，平均年增长率为 8.29%；80 年代末烧碱的年产量为 320.8 万吨，平均年增长率为 5.82%。1990 年全国烧碱产量为 331.2 万吨，仅次于美国、日本，占世界第三位。以后每年增加，1991 年为 345.1 万吨，1992 年为 373.5 万吨，1993 年达 390 万吨，均居第三位，烧碱由原来的进口国转为出口国。

我国在 20 世纪 70 年代初成功开发了金属阳极电解槽，1973 年上海桃浦化工厂小试成功后，1974 年即在上海天原化工厂投入工业化生产，到 1986 年金属阳极电解槽的产量已占烧碱总产量的 40% 以上。

离子膜电解制碱技术是 20 世纪 70 年代中期出现的具有划时代意义的电解制碱技术，与隔膜电解制碱技术相比，已被世界公认为技术最先进和经济最合理的氢氧化钠生产方法，是当今电解制碱技术的发展方向，因此离子膜电解制碱及其技术在国内外发展极为迅速。该法具有节能、产品质量高、无环境污染，运行费用低、经济效益显著的特点，而被世界各国烧碱生产厂家广泛采用。

离子膜代替石棉隔膜在电解槽内的使用是一次划时代意义的技术性的革命，早在20世纪50年代和60年代，一些著名公司对这项崭新技术着手研究，但未能获得具有实用性的成果，其失败的主要原因在于其所选择的材料（当时研究的是带碳酸或羧酸基团的烃类阳离子交换膜），不能耐电解产物（原子氯和次氯酸）的侵蚀，尤其是氯的侵蚀，因此无法实现工业化。1966年美国杜邦（Du Pont）公司开发了化学稳定性较好、用于宇宙燃料电池的全氟磺酸阳离子交换膜，即Nafion膜，并于1972年以后生产转为民用。这种膜能耐食盐水溶液电解时的苛刻条件，为离子膜法制碱奠定了基础。

日本旭化成公司于1975年4月在延冈建立了年产4万吨烧碱的电解工厂，当时使用的是杜邦公司的Nafion315膜，为离子膜法电解食盐水溶液工艺的工业化铺平了道路。1976年旭化成公司自主研发了全氟磺酸、全氟羧酸膜取代了Nafion膜。

1985年世界上已有90家氯碱厂应用了离子膜的烧碱生产工艺技术，烧碱生产能力达到万吨级。

1987年3月，全世界离子膜法制碱装置烧碱生产能力460万吨/年，占总能力的11%。

1987年末，日本烧碱生产方法中，隔膜法占29%，离子膜法占71%。

1990年，全世界离子膜法生产烧碱的能力已达860万吨/年，约占总烧碱生产能力的18%。

经过1990～2007年的离子膜生产技术进步和设备制作技术的创新发展，电解槽和电解条件的合理设计等，从而使离子膜法的电流效率由过去的80%左右提高到目前的95%～97%，槽电压也有很大降低。直流电耗由20世纪70年代的2700kW·h/t降到目前的2100～2200kW·h/t，电解NaOH浓度也由过去的23%提高到30%～37%。

图0-1　2007年世界烧碱生产方法比例

至2007年，受美国次贷危机的影响，世界经济增长速度下降至1.5%，但是以中国为主的新型发展中国家的经济持续景气，弥补了美国经济发展下降所带来的影响，维持了全球经济的繁荣。2007年全球烧碱生产能力达到了6777万吨/年，其中中国占32.2%，美国占19.5%，日本占7.4%，印度占3.8%。全球的烧碱消费量为5913万吨/年，其中中国占26.5%，美国占19.1%，日本占6.5%，印度占3.5%。在烧碱生产方法中，离子膜法烧碱生产能力所占比例已超过50%。见图0-1。

我国烧碱生产能力2008年已达到2200万吨/年，离子膜法烧碱与隔膜法烧碱生产的规模大致相当。截止到2012年年底，全国烧碱装置生产能力达3736万吨/年，其中离子膜法产能为3407万吨，占总产能的91.2%，隔膜法产能为329万吨，占总产能的8.8%，隔膜法所占比例继续下降。自2008年到2012年，5年内全国烧碱产能由2472万吨/年扩大到3736万吨/年，增加了50%，产量由1852万吨增加到2698.6万吨，增加了近46%。假如依此类推，到2015年全国烧碱产能将达到4391万吨/年。抑制产能过快增长，调整优化产业结构势在必行。随着新扩建项目投产，近几年中国氯碱行业产能扩张出现了新的特点——产能不断增加的同时，落后、老旧生产装置也在逐渐被淘汰退出市场，以产能置换方式淘汰相对落后的隔膜碱生产装置的产业内部结构调整仍在继续。在国家一系列产业政策的引导下，在日趋激烈的市场竞争的推动下，中国氯碱工业通过淘汰落后，创新发展，兼并重组，推动产业结构调整，提高产业集中度，实现氯碱行业的转型升级。以科学发展观和循环经济理念为指导，以技术进步推动行业节能降耗，以精细化管理提高企业经济效益将成为行业未来的发展趋势。

0.1.3 离子膜法与隔膜法、水银法制碱方法比较

离子交换膜法制烧碱与传统的隔膜法、水银法相比，有如下优点。

（1）投资省 离子膜法比水银法投资节省 $10\%\sim15\%$，比隔膜法节省 $15\%\sim25\%$。目前国内离子膜法投资比水银法或隔膜法反而高，其主要原因是离子膜法电解技术和主要设备均从国外引进，因而成本较高。随着离子膜法装置国产化率的提高，其投资成本会逐渐降低。

（2）出槽的碱液浓度高 离子膜电解槽的出槽 NaOH 质量分数为 $30\%\sim35\%$，预计今后出槽浓度将会达到 $40\%\sim50\%$。

（3）能耗低 离子膜法制碱吨碱直流电耗仅为 $2000\sim2300kW\cdot h$，比隔膜电解法可节约 $150\sim250\ kW\cdot h$，综合能耗同隔膜电解法制碱相比，可节约 $20\%\sim25\%$。

（4）碱液质量好 离子膜法电解制碱出槽碱液中一般含 NaCl 为 $20\sim35mg/L$，质量分数为 50% 的成品 NaOH 中含 NaCl 一般为 $45\sim75mg/L$；质量分数为 99% 固体的 NaOH 中含 NaCl $<100mg/kg$，可用于合成纤维、医药、水处理及石油化工等需要质量纯度高的方面。

（5）氯气与氢气纯度高 离子膜法电解所得氯气纯度高达 $98.5\%\sim99\%$，含氧 $0.8\%\sim1.5\%$，含氢 0.1% 以下，能够满足氧氯化法聚氯乙烯生产的需要，也有利于液氯的生产；氢气纯度高达 99.99%，有利提高合成盐酸和 PVC 生产所用氯化氢纯度。

（6）无污染 离子膜法电解可以避免水银和石棉对环境的污染。离子膜具有较稳定的化学性能，几乎无污染和毒害。

（7）离子膜法电解存在的不足 ① 离子膜制碱对盐水质量的要求远远高于隔膜法，因此要增加盐水的二次精制，即增加设备的投资费用；② 离子膜本身的费用非常昂贵，且容易损坏。目前国内尚不能制造，需要仔细维护，精心操作。

0.2 工作计划任务安排

目前无论是国内烧碱产品生产企业，还是国际上的烧碱生产企业，都越来越倾向于离子膜法制取烧碱。因为离子膜烧碱生产的产品质量、几乎对环境无污染和节能降耗效果明显等方面都比其他烧碱生产方法具有更多的优越性，所以离子膜烧碱受到了青睐。使用烧碱的用户也越来越倾向于使用离子膜法制取烧碱。为此，国内某离子膜烧碱生产企业接到了离子膜法烧碱产品需求订单合同一份，需要在一年内完成供货合同要求数量烧碱和液氯产品。该离子膜烧碱厂根据市场形势的变化情况，经经理办公会研究决定接受这份供求合同，并要完成生产任务，生产调度处和综合计划处联合下发了烧碱和液氯生产作业计划书。

0.3 完成工作任务的生产工艺流程说明

电解氯化钠饱和溶液生产的烧碱、氯气和氢气，除了应用于化学工业本身外，作为基础化工原料被广泛使用在其他行业，而且氯气和氢气还可以进一步加工成许多化工产品。

离子膜法烧碱生产任务主要可分为：① 一次精制盐水制备；② 二次盐水精制；③ 精制

盐水电解；④ 氯氢气处理；⑤ 液氯生产等工作任务。其基本工艺过程见图 0-2。

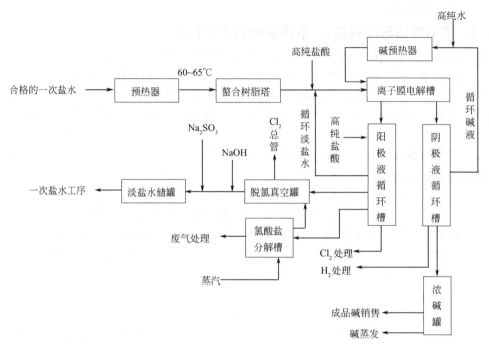

图 0-2 离子膜法烧碱生产工艺流程图

其中精制盐水电解是整个工艺生产过程的核心岗位，而盐水的制备则是保证电解盐水生产顺利进行的关键，也被氯碱生产技术人员称为"精制盐水是电解槽的血液，从本质上说电解制碱生产就是盐水质量的生产"。

0.4 生产过程中的技术管理与工作要求

生产调度室的工作人员要将本年度的生产作业计划书下达到公司各相关部门，各部门接到生产作业计划任务书后，要根据生产装置运行的实际情况，把生产任务分解到每个月内完成，并做好与相关部门的协调准备工作，包括原盐、纯碱、硫酸、三氯化铁等原料的采购；自来水、工艺气、仪表气、循环水和动力电等能源筹备；同时还要准备产品的计量、包装、运输等后续工作。

生产过程中的生产指挥人员、技术人员和操作人员要严格执行离子膜烧碱工艺技术规程。这是指导企业生产活动的重要依据，是生产技术管理的重要内容和各项工艺文件的核心。工艺技术规程是用文字、表格和图示等将产品、原料、工艺过程、化工设备、工艺指标、安全技术要求等主要内容进行具体的规定和说明，是一个综合性的技术文件，对企业具有法规作用。对每一种产品的生产都应当制定相应的工艺技术规程，否则生产就很难平稳安全运行。

在岗位进行具体操作的过程中，要依据岗位操作法操作。岗位操作法是根据目的产品的生产过程的工艺原理、工艺控制指标和实际生产经验编写而成的各生产岗位的操作方法和要求。其中对工艺生产过程的开、停车步骤，维持正常生产的方法及工艺流程中每一个设备、每一项操作都要明确规定具体的操作步骤和要求。对生产过程中可能出现的事故隐患、原因和处理方法都要一一列举。操作人员必须严格按照岗位操作法进行操作，确保安全生产，完成生产任务。岗位操作法编制依据是工艺设计给定条件和批准生效的工艺技术规程。

化工生产的连续性比较强，且一般为倒班生产，许多事故往往发生在岗位交接班期间，所以严格交接班管理，也是化工企业生产技术管理中的一个重要环节。交接班制度是化工连续性生产岗位上下班之间交接管理的基本工艺管理制度。交接班制度对生产的连续、平稳、安全运行起着有效的保证作用。交接班必须严肃认真、对口交接，要求岗位人员对口询问与交待有关工作。

化工生产有很多过程是在高温高压条件下进行，工艺流程复杂，存在很多不安全因素，危险大，安全生产要求高。在生产正常运行过程中，操作人员一定要做到巡回检查到位，建立巡回检查制度。巡回检查制度是指操作人员与设备管理人员按照规定的时间和路线对设备运行状况进行检查和控制的基本管理制度，是及时发现设备异常、排除设备隐患、防止设备事故、确保装置安全经济运行的重要手段和保证。严格巡回检查可更好地保证设备长周期运行，及时排除设备故障，能够贯彻"维护为主，检修为辅"的设备管理原则，不断提高设备管理水平。

加强岗位操作记录管理，提高操作记录的管理水平，确保生产正常运行的基础性原始资料的完整性。岗位操作记录是生产技术管理的原始资料，是抓好生产运行总结与分析和加强生产技术管理的重要依据。岗位操作记录应满足生产工艺技术管理的要求，包括生产过程中的控制、数量、质量等工艺参数，生产中发生的不正常现象及处理过程、主要设备的开停车等。岗位操作记录必须如实、完整、准确、清晰和及时，项目内容应该按不同生产特点和要求填写，做到简明易懂、直观、便于掌握和易于执行。

要切实抓好生产工艺技术管理，真实反映生产的客观实际，便于生产情况分析和不正常情况预测，建立规范的生产工艺技术管理台账，生产工艺技术管理台账的内容一般应包括：各产品主要工艺控制参数；各项技术经济指标完成情况；各主要产品产量、质量完成情况；各产品主要原料、燃料、动力及能源消耗情况；重要生产变化、调整及重大操作事故情况等。

加强生产消耗定额管理。产品消耗定额管理是生产技术管理的重要内容，是计划管理和经济核算的基础。生产过程中的原材料、辅助材料、燃料、水、电、汽等的消耗均属于消耗定额管理范围，必须加强控制与管理。消耗定额的制定应保证定额的先进性和可考核性，产品消耗定额的编制依据一般是本年度及历史的平均先进水平。要建立消耗定额的各种台账，加强统计核算分析，及时找出消耗升降的原因，并积极地采取措施，及时总结推广先进经验。通过节能降耗等一系列的管理工作，把各项生产管理措施通过操作人员的精心操作，就必然会生产出来产品质量高、生产成本低、能够满足市场客户需求的离子膜烧碱和液氯产品，促进国民经济的快速发展，并通过技术和管理的创新发展，提高氯碱工业的自主创新的能力。

0.5 安全环保与健康文明生产原则

今后化工标准化和质检工作的重点是以科技创新为动力，加强节能减排标准体系、消费品安全标准体系、食品安全标准体系、检测方法标准体系 4 大标准体系建设。加大采用国际标准力度，积极参与国际交流活动，提高标准质量，加强标准化技术委员会建设。化工标准化工作主要是近期围绕安全、健康、环保，做好化工标准制（修）订工作，加强 4 大标准体系建设（包括节能减排标准体系）。2008 年 9 月，中国石油和化学工业协会提出了 144 项标准制（修）订要求，主要内容涉及节能减排产品、清洁生产、取水定额、单位产品能耗定额等标准与消费品安全标准体系。在国家标准委正在修订的《消费品安全标准体系框架》中，协会将制（修）订涂料、胶黏剂、染料等标准41项；食品安全标准体系。协会参与编制了《食品标准化"十一五"发展规划》，并提出制（修）订食品添加剂标准113项；检测方法标准体系。目前，协会已组织申报制（修）订检测方法标准46项，转换REACH法规检测方法标准32项，制定PFOS检测方法标准6项。

安全、环保、健康和文明清洁生产即实现生产方式安全、环境保护达标、生产现场清洁、员工行为文明、厂区环境美好。

实现安全生产，保护职工在生产劳动过程中的安全与健康，是企业管理的一项基本原则，是我国一切经济部门和生产企业的头等大事，是实现经济效益的客观需要，又是社会主义制度的要求。因此，在执行"生产必须安全，安全促进生产"这一方针时，必须树立"安全第一"的思想，贯彻"管生产必须同时管安全"的原则。

"安全第一"是指考虑生产时，必须考虑安全条件，落实安全生产的各项措施，保证职工的安全与健康，保证生产长期地、安全地进行；"安全第一"是各级领导干部的神圣职责，在工作中要处理好生产与安全的关系，确保职工的安全和健康；"安全第一"对广大职工来说，应严格地自觉地执行安全生产的各项规章制度。从事任何工作，都应首先考虑可能存在的危险因素，应注意些什么，该采取哪些预防措施，防止事故发生，避免人身伤害或影响生产的正常进行。

加强技术改造，依靠科技进步，实现环境保护措施力度与深度治理能力的逐步增强。环境保护工作只有紧密结合企业的生产经营实际，依靠科技进步，不断进行技术更新和技术改造，才能逐步增强环境保护措施力度和深度的治理能力，适应经济建设不断发展对环境保护工作的更高要求。

0.6 课程性质与地位

本课程是一门应用化工技术专业核心必修课。同时本课程更加贴近于无机化工生产操作工作指导书，适用于化工企业进行员工岗位技能培训。

通过本课程的学习使学生能熟练阅读工艺流程图；掌握工艺控制参数的控制方法；懂得典型化工单元设备的工作原理、结构特征、工作性能；能完成典型化工单元设备与生产工序的开停车与正常运行的操作方法；能读懂工序的生产作业计划书、明白三废处理的办法；掌握上、下工序生产协调的程序，并能及时发现生产问题，按照要求向相关人员汇报。能初步让学生树立生产清洁文明、遵章守纪的意识。

本课程的前续课程为《基础化学》、《化工仪表与自动控制》、《化工产品分析与检验》和《化工识图与绘图》，并与《典型化工产品生产（Ⅱ）——氯乙烯生产操作》课程相衔接，以实现学生的专业核心技能。

本课程在应用化工技术专业教育教学过程中，引领其他专业核心课程，是不可缺少的专业核心能力培养的支柱性课程。

0.7 做中学、学中做岗位能力训练题

（1）氯碱工业的基本特点是什么？

（2）氯气与烧碱的用量为什么要保持平衡？

（3）离子膜法制碱比隔膜法、水银法制碱，有哪些优越性？

（4）完成离子膜烧碱生产工作任务可分为哪几个主要任务？

（5）电解氯化钠饱和溶液生产的产物有哪几种？

（6）简述完成离子膜烧碱生产过程，需要做好哪些日常管理工作？

任务 1 一次盐水制备

能力目标

- 能正确完成流体输送化工单元操作过程。
- 能根据生产岗位的需要，独立设计计算化工流体输送的管路系统。
- 能完成操作液体输送机械——离心泵。
- 能初步选用合适的离心泵输送盐水溶液。
- 能分析运行中离心泵不上量的原因，并提出解决措施。
- 能完成凯膜过滤器开停车与正常运行操作。
- 能完成盐泥压滤机开停车与正常运行操作。
- 能完成一次盐水生产开停车与正常运行操作。

知识目标

- 掌握液体输送单元操作知识。
- 理解掌握离心泵的工作原理。
- 掌握原盐的基本性质。
- 掌握膜分离技术知识。
- 理解固液分离的基本技术知识。
- 理解原盐精制的基本原理。
- 掌握离心泵、凯膜过滤器、纳米膜过滤器、盐泥压滤机的结构、特点、工作原理及其材质要求。

1.1 生产作业任务——一次盐水制备

离子膜烧碱厂领导接到了公司生产调度处的烧碱生产作业计划书，按照作业计划书的要求在本年度要完成公司与使用离子膜法电解饱和氯化钠溶液的产品——烧碱和液氯的用户所签订的供需合同中规定的产品数量，这是公司实行以销定产的工作方针的集中体现，所以离子膜烧碱厂要在规定的时间内，保质保量地完成计划任务书上所规定的供货数量，以满足客户的需求，拓展烧碱和液氯产品的客户市场，保证离子膜烧碱生产的长期、稳定、健康地发展。

根据工作任务综述，结合离子膜烧碱生产工作任务完成的工作过程的先后顺序，要完成离子膜烧碱产品生产，必须要经过一次盐水制备→二次盐水精制→精制盐水电解→氯氢气处理→液氯生产五个生产工序。

因此，首先要完成离子膜法电解饱和氯化钠溶液所需要的原料——一次盐水的制备。那么，一次盐水是怎样制备的呢？

首先看一看一次盐水生产的工艺流程概况。如图 1-1。

从生产工艺过程中，不难发现，固体原料食盐要求制成合格的一次盐水，需要经过多种设备，经过很多物料处理过程，而每一台设备之间都是有序衔接，相辅相成。那么设备与设备之间的物料是怎样完成输送的呢？每一台设备又是如何实现工作目标的呢？经过哪些处理过程才能达到我们需要的合格一次盐水呢？这些问题我们又是如何解决的呢？

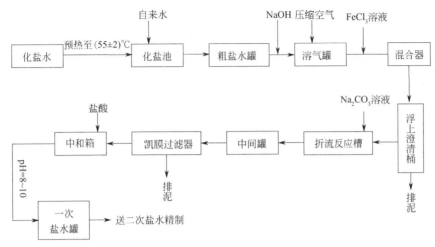

图 1-1　一次盐水生产工艺流程框图

根据一次盐水生产任务完成的基本过程，可以把该工序的任务根据任务完成的前后顺序，分解为粗盐水的制备；Mg^{2+} 去除；Ca^{2+} 去除；盐水中和；盐泥压滤和 SO_4^{2-} 脱除六项子任务。那么这些工作任务又是如何完成的呢？

1.2　一次盐水制备子任务——盐水溶液输送

在我们的生活中，水为什么能送到我们千家万户、蒸汽为什么能送到热力公司？而化工生产过程中，液体物料的输送就更是非常普遍的事情，从我们生活中常见的自来水、冷冻盐水、循环用水、石油和液体化工原料的输送问题，就更是离不开液体输送机械。

我们为了能更深入地了解流体输送的基本过程，从流体力学的认识开始。流体力学是研究流体本身的静止状态和运动状态，以及流体和固体界面间有相对运动时的相互作用和流动的规律。

1.2.1　流体力学研究对象

液体和气体统称为流体。研究流体平衡和运动规律的学科称为流体力学。流体力学可分为流体静力学和流体动力学。流体静力学是研究流体在外力作用下处于静止或相对静止状态下的规律，即流体平衡规律。在实际生产过程中，流体静力学的应用非常广泛。流体动力学是研究运动中的流体的状态与规律，即连续运行流体的流动规律。流体力学广泛地应用于国民经济的各个部门。例如要使用各种泵来输送水、浆料、油料等，要使用各种风机来输送空气、废气、蒸汽等，还有生产过程中的室内通风、除尘、尘粒的离析、浆料的过滤、物料的气力输送等，因此在需要选用这些机械的型号、功率大小时，就需要应用流体力学的基础知识来解决。

流体力学中研究得最多的流体是水和空气。它的主要基础是牛顿运动定律和质量守恒律，常常还要用到热力学知识。

本节内容重点研究学习流体流动过程的基本原理以及流体在管道内的流动规律，并用这些原理与规律去分析和计算流体的输送问题。

而化学工业门类繁多，原料来源广泛，化工产品成千上万，生产方法复杂多样，但长期的生产实践使人们认识总结出，在生产过程中要用到一些类型相同、具有相同特点的基本过程和设备，且有一些共同遵循的物理学定律，故提出了"化工单元操作"等一系列化工过程的基本概念。

（1）单元操作　单元操作是化工生产过程中普遍采用的，遵循共同的物理学定律，所用设备相似，具有相同作用的基本操作。

（2）物料衡算　物料衡算为质量守恒定律在化工计算中的一种表现形式。根据质量守恒定律，在任何一个化工过程中，向该过程输入的物料量等于从该过程中输出的物料量与累积于该过程的物料量之和，是化工计算的基础。

$$G_{入} = G_{出} + G_{积} \tag{1-1}$$

对于连续稳定操作的系统，系统中无物料积累，$G_{积} = 0$。

> **小贴士智慧园**
>
> 进行物料衡算时，可按下列步骤进行。
> ① 根据题意画出各物料的流程示意图，物料的流向用箭头表示，并标上已知数据和待求量，画出衡算范围。并将其圈出。② 在列出衡算式之前，选定计算基准，一般选取单位时间或单位体积进料量或出料量以及设备的单位体积等作为衡算的基准。③ 确定对总物料或其中某一组分列出物料衡算式和统一计量单位，求解未知量。

（3）能量衡算　利用能量传递和转化的规律，通过平衡计算能量的变化称为能量衡算。能量衡算是能量守恒定律的具体应用，也是化工计算中的一种基本计算。

对于连续操作的系统，当系统中无热量积累时，设输入的热量为 $Q_{入}$，输出的热量为 $Q_{出}$，损失的热量为 $Q_{损}$，则：

$$Q_{入} = Q_{出} + Q_{损} \tag{1-2}$$

（4）平衡关系　物理和化学变化过程，都有一定的方向和极限。在一定条件下，过程的变化到了极限，即达到了平衡状态。任何一种平衡状态的建立都是有条件的。当条件发生变化时，原有的平衡状态被破坏并发生移动，甚至在新的条件下建立新的平衡。

> **小贴士智慧园**
>
> 进行热量衡算时，首先应绘出衡算系统的示意图，再确定衡算的范围，最后定计算的基准和统一的计量单位。

（5）过程速率　单位时间内过程的变化称为过程速率。平衡关系只表明过程变化的极限，而过程变化的快慢由过程速率来确定。

$$过程速率 = \frac{过程推动力}{过程阻力} \tag{1-3}$$

（6）经济效益

$$经济效益 = \frac{劳动成果}{劳动消耗} \tag{1-4}$$

1.2.2　化工流体的流动

化工生产中所处理的物料大部分为流体，而且大多数是处于流动的状态下，如生产过程中往往需要将这些流体按生产流程从一个设备送到另一个设备；传热、化学反应一般也是处于流动状态下进行的。我们要想深入了解这些单元操作的原理，就必须掌握流体流动的基本规律。本工作任务主要涉及流体流动规律、流体阻力及流量的计量。

流体是气体与液体的总称。如果流体体积不随压力及温度变化而变化，如液体，则称为不可压缩性流体；如流体体积随压力及温度变化而变化，如气体，则称为可压缩性流体。实际流体都是可压缩的，但由于液体的体积随压力及温度的变化很小，一般视为不可压缩性流体。我们这里是如何完成盐水输送的任务，那么液体是如何实现输送的呢？

研究流体流动时，一般将流体视为大量质点组成、彼此间没有间隙、完全充满所占空间的连续介质。

实践证明，连续性假设在大多数情况下是适用的，但对于高度真空下稀薄的空气就不适用了。这里介绍一下流体的主要性质。

1.2.2.1 流体的主要性质

（1）密度　单位体积流体的质量称为密度。

$$\rho = \frac{m}{V} \tag{1-5}$$

式中　ρ——流体的密度，kg/m^3；

m——流体的质量，kg；

V——流体的体积，m^3。

压力对液体密度的影响较小，可忽略不计，温度对液体密度有一定影响，一般是随温度的升高而降低。

① 相对密度　相对密度是指液体的密度与 $4℃$ 的纯水的密度的比值，用 d 表示。

$$d = \frac{\rho}{\rho_{水}} = \frac{\rho}{1000} \tag{1-6}$$

式中　ρ——液体在 t（℃）时的密度，kg/m^3；

$\rho_{水}$——水在 $4℃$ 时的密度，kg/m^3。

工业上常将比重计置于被测液体中，即可以在比重计上能读出液体的相对密度。

② 比体积　单位质量流体所具有的体积称为流体的比体积，用符号 ν 表示，习惯称为比容。显然比容是密度的倒数，单位为 m^3/kg。表达式为

$$\nu = \frac{V}{m} = \frac{1}{\rho} \tag{1-7}$$

③ 混合液体的密度　多种液体混合时，体积往往有所改变，我们假设混合液为理想溶液，则其体积等于各组分单独存在时的体积之和。

$$\frac{1}{\rho_m} = \frac{w_A}{\rho_A} + \frac{w_B}{\rho_B} + \cdots + \frac{w_N}{\rho_N} \tag{1-8}$$

式中　ρ_m——混合液体的平均密度；

ρ_A，ρ_B，$\cdots$，ρ_N——液体混合物中，A、B、$\cdots$、N 各组分的密度，kg/m^3；

w_A，w_B，$\cdots$，w_N——液体混合物中，A、B、$\cdots$、N 各组分的质量分率。

（2）压力

① 压力　垂直作用于流体单位面积上的力称为流体的静压力（也称为静压强），简称压力或压强，用符号 p 表示。

特点：a. 在静止流体内部任意面上只受到大小相等、方向相反的压力；b. 作用于静止流体内部任意点上所有不同方位的静压强在数值上相等。

在 SI 制中，压力的单位为 N/m²，又称帕斯卡（帕），以 Pa 表示。物理单位制中，压力常用物理大气压或标准大气压（atm）、毫米水柱（mmH₂O）、米水柱（mH₂O）。在工程单位制中，压力常用工程大气压（at）。这些不属于国际单位制的压力，目前在生产或生活中仍有使用。

以上单位间的换算关系为：

$1kgf/cm^2 = 735.6mmHg = 10mH_2O = 9.81 \times 10^4 Pa(N/m^2) = 1at$

$1atm = 101330N/m^2(Pa) = 1.033kgf/cm^2 = 10.33mH_2O = 760mmHg = 1.013bar$

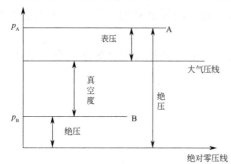

图 1-2　绝对压强、表压强和
真空度之间的关系

② 压力的表示法　绝对压力、表压、真空度，是在不同场合下为计量压力方便而采用的三种表示方法。

以绝对零压为起点的压力称为绝对压力，简称绝压，又称真实压力。压强表上的读数，表示被测流体的绝对压强比大气压高出的数值，称为表压强。真空表上的读数，表示被测流体的绝对压强低于大气压强的数值，称为真空度。真空表是用来测量压强的仪表，当被测流体的绝对压强小于外界大气压强时，所用测压仪表称为真空表。

三者关系，如图 1-2，为：

$$p_A(绝对压) = 表压 + 大气压 \tag{1-9}$$

$$p_B(绝对压) = 大气压 - 真空度 \tag{1-10}$$

本书约定：凡使用表压或真空度时，必须注明，否则一律视为绝对压强。

（3）黏度　实际流体流动时流体分子之间产生内摩擦力的特性称为黏性。黏性越大的流体，其流动性越差，流动阻力越大。从桶底把一桶油放完要比一桶水放完要慢得多，就是因为油的黏性比水大，流动时内摩擦力较大，因而流体阻力较大，流速较小。

衡量流体黏度大小的物理量称为黏度，用符号 μ 表示。其物理意义可由以下设想说明。

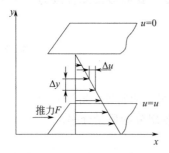

图 1-3　平板间液体速度变化图

设想在两块面积很大、相距很近的平板中间夹着某种液体，如图 1-3，若令上面平板固定，以恒定的力 F 推动下板，使它以速度 u 向 x 方向运动。此时两板间的液体也分为无数薄层向 x 方向运动，附在下层板表面的一薄层液体也以同样速度 u 随下板运动，其上各层液体的速度依次减慢，到上层板底面时速度降为零。

实际图 1-3 中作用力 F 相当于内摩擦力，又称为剪力，单位接触面时的剪力称为剪应力。实验证明，作用力 F 与两层板间的速度差 Δu 及接触面积 S 成正比，与两板间的垂直距离 Δy 成反比，即：

$$F \propto \frac{\Delta u}{\Delta y} S \tag{1-11}$$

式中 F——剪力，N；

  Δu——速度，m/s；

  Δy——距离，m；

  S——接触面积，m^2。

写成等式则有

$$F = \mu \frac{\Delta u}{\Delta y} S \tag{1-12}$$

或

$$\tau = \frac{F}{S} = \mu \frac{\Delta u}{\Delta y} \tag{1-13}$$

式中 τ——剪应力，Pa；

  μ——比例系数。

比例系数 μ 随流体性质而异，流体黏性越大，μ 值就越大，所以 μ 又称为流体的绝对黏度或动力黏度，简称黏度。

以上两式只适用于 u 与 y 成直线关系的场合，当流体在管内流动时的速度分布如图 1-4 的曲线关系时，则式（1-13）应改写成：

$$\tau = \mu \frac{\mathrm{d}u}{\mathrm{d}y} \tag{1-14}$$

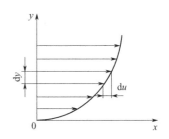

图 1-4　一般速度分布示意图

其中 $\frac{\mathrm{d}u}{\mathrm{d}y}$ 称为速度梯度，即与流动方向垂直的 y 方向上流体速度的变化率。式（1-13）、式（1-14）均称为牛顿黏性定律，说明流体的黏度越大，流动时产生一定速度梯度的剪应力就越大。凡是服从牛顿黏度定律的流体均称为牛顿型流体，所有的气体和大多数液体都属于牛顿型流体。凡是不服从牛顿黏度定律的流体均称为非牛顿型流体，例如某些高分子溶液、胶体溶液等。

从式（1-14）可得绝对黏度

$$\mu = \frac{\tau}{\mathrm{d}u/\mathrm{d}y} \tag{1-15}$$

由此可知，绝对黏度的物理意义是：当速度梯度为 1 单位时，单位面积上流体的内摩擦力的大小就是 μ 的数值。μ 越大表明流体的黏性越大，内摩擦作用越强。在国际单位制中黏度的单位用 $N \cdot s/m^2$ 或 $Pa \cdot s$ 表示。在物理单位制中黏度的单位为 $dyn \cdot s/cm^2$，专用名称为泊，用符号 P 表示。1P＝100cP。

$1Pa \cdot s = 10P = 1000\ cP = 1000mPa \cdot s$ 或者 $1cP = 1mPa \cdot s$。

黏度也是流体的物理性质之一，其值由试验测定。流体的黏度不仅与流体的类型有关，还与温度、压力有关。

液体的黏度，随温度的升高而降低，压力对其影响可忽略不计。

气体的黏度，随温度的升高而增大，一般情况下也可忽略压力的影响，但在极高或极低的压力条件下需考虑其影响。

各种气体及液体的黏度数据，均由实验测定，可查阅相关的化工手册。

1.2.2.2　流体静止时的基本规律

流体的静止是流动的特殊形式，我们一般从这种特殊情况开始来研究流体的流动规律。流体静力学就是研究流体在外力作用下达到平衡的规律。静力学基本方程式是用于描述静止流体内部的压力沿高度变化的数学表达式。一般以不可压缩流体为例。本项目只讨论流体在重力和压力作用下的平衡规律。

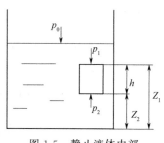

图 1-5　静止液体内部
力的平衡情况

（1）静力学基本方程式　如图 1-5，容器内盛有静止的液体，从中任取一段垂直液柱，此液柱底面积为 A，密度为 ρ，设作用于液柱上底面的静压力为 p_1，方向向下；作用于下底面的流体静压力为 p_2，方向向上，则：

作用于液柱上面的力　　　$F_1 = p_1 A$

作用于液柱下面的力　　　$F_2 = p_2 A$

液柱自身重力　　$F = mg = V\rho g = A (Z_1 - Z_2) \rho g$

液柱处于平衡状态时，在垂直方向上各力的代数和为零，即：
$$F_1 + F - F_2 = 0 \text{ 或 } F_1 + F = F_2$$
$$p_1 A + A (Z_1 - Z_2) \rho g = p_2 A$$
$$p_2 = p_1 + (Z_1 - Z_2) \rho g \tag{1-16}$$

将液柱上表面取在液面上，液面上方压力为 p_0，液柱高度为 $Z_1 - Z_2 = h$，上式可改写为：

$$p_2 = p_1 + \rho g h \tag{1-17}$$

式（1-16）、式（1-17）为流体静力学基本方程，它表明了静止流体内部压力变化的基本规律，从中可以得出以下规律。

① 在静止的液体中，液体任一点的压力与液体的密度和其深度有关，液体的密度越大，深度越大，则该点的压力越大。

② 静止流体内部任意点处的压力，等于液面上方压力加上该点距液面深度所产生的压力。

③ 当液面上方压力有变化时，必将引起液体内部各点发生同样大小的变化。

④ 在静止的同一种连续液体内部，处于同一水平面上各点的压力，因深度相同，其压力也相同，此水平面称为等压面。

流体静力学基本方程是以液体为例推导的，液体的密度可视为常数，而气体密度随压力而改变，但气体密度随容器高低变化很小，一般也可视为常数，因此流体静力学基本方程也适用于气体。流体静力学基本方程只适用于静止、连通着的同一种流体内部。

（2）静力学基本方程式的应用

① 测压差

a. 液柱压力计（U 形管压差计）　U 形管压差计是在一根 U 形管内装指示剂，要求指示液必须与被测液体不发生化学反应且不互溶，指示液的密度 ρ_i 必须大于流体的密度 ρ。指示剂随被测液体的不同而不同，常用的有汞、四氯化碳、水和液体石蜡等。一般对液体，指示液为 Hg，对于气体，指示液为水，如图 1-6。

测量原理：当作用于 U 形管两端的压力为 p_1、p_2，且 $p_1 > p_2$，则指示剂就在 U 形管两端出现高度差 R，利用 R 的数值，再根据静力学基本方程，就可以算出流体两点之间的压力差。

因 a-b 水平面处于静止且连通着的同种流体内部的同一水平面，故有

$$p_a = p_b$$

右侧　$p_a = p_1 + \rho (m + R) g$

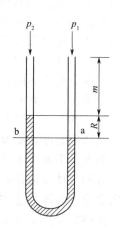

图 1-6　U 形管压差计

左侧 $p_b = p_2 + \rho m g + \rho_i R g$

所以 $p_1 - p_2 = (\rho_i - \rho)Rg$ (1-18)

讨论：（Ⅰ）从上式可看出，当压强差一定时，$\rho_i - \rho$ 越小，则 R 数值越大，读数误差越小。因此为提高测量精确度，应尽量选择与被测流体密度相近的指示剂。

（Ⅱ）测量气体时，由于气体的密度 ρ 远远小于指示剂的密度 ρ_i，可忽略不计，则上式为：

$$p_1 - p_2 \approx \rho_i gR \qquad (1-19)$$

b. 倾斜压差计：为了提高读数的精度，可以将液柱压差计倾斜放置，如图 1-7。玻璃管径倾斜放置后，读数由 R 放大为 R'，即：

$$R' = \frac{R}{\sin\theta} \qquad (1-20)$$

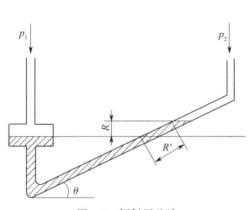

图 1-7　倾斜压差计

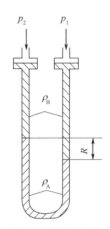

图 1-8　微差压差计

c. 微差压差计　若斜管压差计所示的读数仍然很小，则可采用微差压差计，如图 1-8。微差压差计的特点如下。

（Ⅰ）微差压差计内装有两种密度相近，且不互溶的指示液 A 和 B，而指示液与被测流体亦不互溶、不相互反应，且 $\rho_A > \rho_B > \rho$。

（Ⅱ）为读数方便，使 U 形管两端各装有扩大室，扩大室内径与 U 形管内径之比大于10，这样就使得管内指示液 A 的液面差 R 很大，但两个扩大室内的指示液 C 的液面变化很小，可以认为维持等高。

则 $p_1 - p_2 = \Delta p = Rg(\rho_A - \rho_B)$ (1-21)

显然，对于一定的压差，要想获得更大的 R 读数，应选择密度接近的两种指示剂。

② 液位的测量　为维持正常生产、保证安全，化工厂经常要了解容器内液体的储存量，或要控制设备里的液面，故要进行液位的测量。测定液位的仪表叫液位计，大多数液位计的作用原理均遵循流体静力学原理，液柱压力液面计就是其中之一。

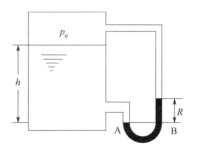

图 1-9　液柱压力液面计结构

如图 1-9 的液柱压力液面计结构与 U 形管压差计相同。U 形管的两端分别与设备上方气体和容器底部相接，此时 R 的大小与液面高度成正比，由 R 值可知液位高度。

如图 1-9，$p_A = p_B$

$$p_A = p_0 + h\rho g$$
$$p_B = p_0 + R\rho_i g$$

所以，$h = R\dfrac{\rho_i}{\rho}$ (1-22)

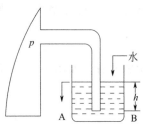

图 1-10　安全液封装置

③ 液封高度的计算　为控制设备内气体的压力不超过规定的数值，化工生产中常遇到设备的液封问题，如图 1-10，p 为表压。当某种不正常的原因，使设备内的压力突然升高时，气体可以从液封管排出。液封高度的确定是根据流体静力学来计算得出。一般用水封。

$$h = \frac{p}{\rho_{水} g} \tag{1-23}$$

液封还可达到防止气体泄漏的目的，而且它的密封效果极佳，甚至比阀门还要严密。例如煤气柜通常用水来封住，以防止煤气泄漏。

【实例计算 1-1】如图 1-10，为了控制乙炔发生炉内压强不超过 10.67kPa（表压），在炉外装有安全液封装置，其作用是当炉内压强超过规定值时，气体就从水封管排出。试求水封槽的水面高出水封管口的高度。（水的密度等于 1000kg/m³）

解：以炉内允许最大表压力 10.67kPa 为极限值。气体刚好充满液封管。并取液封管管口为等压面，则 $p_A = p_B$

$$p_A = p_{大} + p_{表}, \quad p_B = p_{大} + h\rho g$$

故　　　　　　$$h = \frac{p_{表}}{\rho g} = \frac{10670}{1000 \times 9.81} = 1.09 \text{（m）}$$

为了安全起见，实际液封插入水下的深度应略小于 1.09m。

1.2.2.3　流体流动时的基本规律

（1）化工流体流动过程中概念解读

① 流量　流量有两种计量方法：体积流量、质量流量。

体积流量：单位时间内通过管路任意截面积的流体体积量称为体积流量，简称流量。用符号 V 表示，单位为 m³/h。

因为气体的体积随温度及压力而变化，故气体的体积流量应注明温度、压力。通常将其折算到 273.15K、1.0133×10^5Pa 下的体积流量称为"标准体积流量"。

质量流量：单位时间内通过管路任意截面积的流体质量称为质量流量，用符号 W 表示，单位为 kg/s 或 kg/h。

体积流量与质量流量的关系：

$$W = V\rho \quad 或 \quad V = \frac{W}{\rho} \tag{1-24}$$

② 流速

a. 平均流速：流体流经管路截面上各点的流速是不同的，管道中心处的流速最大，越靠近管壁，流速越小，在紧靠管壁处为零。流体在截面上某点的流速称为点流速。流体在管道整个截面的平均流速，又称为平均流速，简称流速。用 u 表示，单位为 m/s。

理论分析和实验都已证明：流体在层流状态时的速度沿管径按抛物线的规律分布，如图

1-11（a）。管道截面上的平均流速等于管中心处最大流速的一半，即 $u = \dfrac{1}{2}u_{max}$。湍流时流

体质点的运动情况比较复杂，目前尚不能完全由理论推出速度分布的规律，实验测得的湍流速度分布如图 1-11（b），由于流体质点的强烈分离与混合，使管道截面上靠中心部分的速度彼此接近，速度分布比较均匀，所以速度分布曲线不再是严格的抛物线。管道截面上平均速度与最大速度的关系为：$u=（0.8\sim0.85）u_{\max}$。

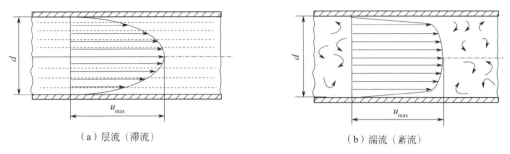

（a）层流（滞流）　　　　　　　　　　（b）湍流（紊流）

图 1-11　圆管内速度的分布

b. 质量流速：单位时间内流过单位有效面积的流体质量称为质量流速，用 G 表示，单位为 $kg/(m^2 \cdot s)$。

气体在等截面的管道中流动时，如质量流量不变，则质量流速也不变，但气体密度是随温度、压强而变化的，所以其流速是变化的，因此 G 常用于气体流速的计算。

c. 相互关系如下：

$$V = uA \tag{1-25}$$

$$u = \frac{V}{A} \tag{1-26}$$

$$W = V\rho = uA\rho \tag{1-27}$$

$$G = \frac{W}{A} = \frac{uA\rho}{A} = u\rho \tag{1-28}$$

式中，A 为垂直于流动方向的管道截面积，m^2。

③ 圆形管路直径的初步确定　一般化工管路为圆形，则

$$A = \frac{\pi}{4}d^2$$

所以
$$d = \sqrt{\frac{V}{\frac{\pi}{4}u}} = \sqrt{\frac{4V}{\pi u}} \tag{1-29}$$

当流量为定值时，必须选定流速才能确定管径。流速越大，管径越小，越节约材料费，但流速大阻力也大，消耗动力多，会增加操作费用；反之，流速小，则材料费用大而操作费用小。最合适的流速是使材料费与操作费之和最小。

（2）稳定流动与非稳定流动的区别

① 稳定流动　各截面上流体的流速、压强、密度等有关物理量仅随位置而改变，不随时间而改变的流动称为稳定流动。如图 1-12。

② 非稳定流动　各截面上流体的流速、压强、密度等有关物理量不仅随位置而改变，而且随时间而变的流动就称为非稳定流动。如图 1-13。

在化工生产中，流体输送大多属于稳定流动，除开车和停车外，一般只在很短时间内为非稳态操作，多在稳态下操作。所以我们主要讨论稳定流动。

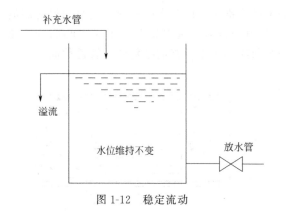

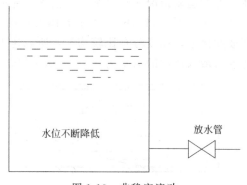

图 1-12 稳定流动

图 1-13 非稳定流动

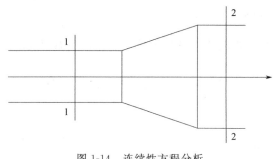

图 1-14 连续性方程分析

（3）流体连续稳态流动时的物料衡算 如图 1-14 所示，设流体在管道中作连续稳定流动，从截面 1-1 流入，从截面 2-2 流出，若在管道两截面之间没有另外的流体流入且无漏损，根据质量守恒定律，从截面 1-1 进入的流体质量流量 W_1 应等于从截面 2-2 流出的流体质量流量 W_2，即

$$W_1 = W_2 \qquad (1-30)$$

因为 $W = uA\rho$，所以

$$u_1 A_1 \rho_1 = u_2 A_2 \rho_2 \qquad (1-31)$$

因截面 1-1、截面 2-2 是任取的，此关系可推广到管道的任一截面，即

$$W = u_1 A_1 \rho_1 = u_2 A_2 \rho_2 = uA\rho = 常数 \qquad (1-32)$$

上式称为稳定流动连续性方程。它反映了在稳定流动系统中，流体流经各截面的质量流量不变时，管路各截面上流速的变化规律。此规律与管路的安排以及管路上是否装有管件、阀门或输送设备等无关。

讨论如下。

① 若流体不可压缩，$\rho = $ 常数，则上式可简化为

$$V = u_1 A_1 = u_2 A_2 = uA = 常数 \qquad (1-33)$$

由此可知，在连续稳定的不可压缩流体的流动中，流体流速与管道的截面积成反比，截面积越大流速越小，反之亦然。

② 管道截面大多为圆形，故连续性方程又可改写为

$$\frac{u_1}{u_2} = \left(\frac{d_2}{d_1}\right)^2 \qquad (1-34)$$

③ 由上式可知，管内不同截面流速之比与其相应管径的平方成反比。如果管路有分支，据质量守恒定律可知，总管路的质量流量为各分支管路的质量流量之和。

④ 流体流动的连续性方程式仅适用于稳定流动时的连续性流体。

（4）流体连续稳态流动时的能量衡算 柏努利方程式是流体在管路中作稳定流动时机械能守恒和转化定律的具体体现，参与衡算的能量包括流动着的流体本身具有的能量及系统与外界交换的能量。

① 流体流动时具有的机械能

a. 位能。流体因受重力的作用，在不同的高度具有不同的位能。位能是一个相对值，

其大小随所选基准面的位置而定。

质量为 m（kg）的流体具有的位能＝mgz（J）

单位质量流体具有的位能＝gz（J/kg）

b. 动能。由于流体具有一定流速而具有的能量，称为动能。

质量为 m（kg）的流体具有的动能＝$\dfrac{1}{2}mu^2$（J）

单位质量流体具有的动能＝$\dfrac{1}{2}u^2$（J/kg）

c. 静压能。由于流体具有一定静压力而具有的能量，称为静压能。

质量为 m（kg）的流体具有的静压能＝$\dfrac{mp}{\rho}$（J）

单位质量流体具有的静压能＝$\dfrac{p}{\rho}$（J/kg）

② 系统与外界交换的能量

a. 外加能量。在实际输送流体的系统中，为了补充消耗的损失能量，需要使用外加设备来提供能量。单位质量的流体从输送机械获得的机械能，称为外加能量，用 W_e 表示，单位为 J/kg。

b. 损失能量。实际流体在流动时有摩擦阻力产生，使一部分机械能转变成热能而无法利用。单位质量的流体为克服阻力而损失的机械能称为损失能量，用 $\sum h_f$ 表示，单位为 J/kg。

③ 柏努利方程在化学工业上的应用

衡算范围：如图 1-15，在 1-1 至 2-2 截面之间。基准水平面：0-0 地面。

输入 1-1 截面的总能量 E_1（J）＝
$mgZ_1 + \dfrac{1}{2}mu_1^2 + \dfrac{mp_1}{\rho_1} + mW_e$

输入 2-2 截面的总能量 E_2（J）＝
$mgZ_2 + \dfrac{1}{2}mu_2^2 + \dfrac{mp_2}{\rho_2} + m\sum h_f$

根据能量守恒与转化定律，输入系统的机械能必须等于从系统输出的机械能，即

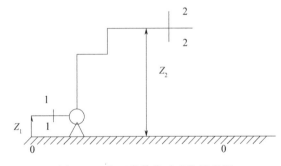

图 1-15　化工流体流动系统示意图

$$E_1 = E_2 \tag{1-35}$$

所以

$$mgZ_1 + \frac{1}{2}mu_1^2 + \frac{mp_1}{\rho_1} + mW_e = mgZ_2 + \frac{1}{2}mu_2^2 + \frac{mp_2}{\rho_2} + m\sum h_f \tag{1-36}$$

a. 以单位质量流体为衡算基准　在流体流动过程中，对不可压缩流体，则 $\rho_1 = \rho_2 = \rho =$ 常数，则

$$Z_1 g + \frac{1}{2}u_1^2 + \frac{p_1}{\rho_1} + W_e = Z_2 g + \frac{1}{2}u_2^2 + \frac{p_2}{\rho_2} + \sum h_f \tag{1-37}$$

各项的单位为 J/kg。

b. 以单位重量流体为衡算基准

$$Z_1 + \frac{u_1^2}{2g} + \frac{p_1}{\rho g} + H_e = Z_2 + \frac{u_2^2}{2g} + \frac{p_2}{\rho g} + H_f \tag{1-38}$$

各项的单位为 $\dfrac{\text{N} \cdot \text{m}}{\text{N}} = \text{m}$。

c. 以单位体积流体为衡算基准

$$Z_1 \rho g + \frac{\rho u_1^2}{2} + p_1 + \rho W_e = Z_2 \rho g + \frac{\rho u_2^2}{2} + p_2 + \rho \sum h_f \qquad (1\text{-}39)$$

各项的单位为 $\dfrac{\text{J}}{\text{m}^3} = \dfrac{\text{N} \cdot \text{m}}{\text{m}^3} = \dfrac{\text{N}}{\text{m}^2} = \text{Pa}$。

④ 柏努利方程式的应用

a. 应用注意事项

（Ⅰ）作图与确定衡算范围。根据题意画出流动系统的示意图，图中要标明流体流动方向及有关数据，确定上、下游截面以明确流动系统的衡算范围。

（Ⅱ）选取截面。截面的选取实质是在划定能量衡算范围内，两截面间的流体应是连续、稳态流动的；截面应与流向垂直；截面上的已知条件应最多，并包含欲求的未知数；求外加能量时，输送机械应在衡算范围内；选设备的液面为截面时，因其截面积远大于管道截面积，可视大截面上的速度为零；选敞口设备液面或通大气的管出口为截面时，可取该截面上的压力为大气压力。

（Ⅲ）选取基准水平面。基准水平面可以任意选取，但必须与地面平行，如截面与地面不平行，则 Z 是指截面中心点与基准面的垂直距离。一般可取地平面或两截面中位置低的那个截面的中心线所在的水平面为基准水平面。

（Ⅳ）统一计量单位。

（Ⅴ）压力表示方法要一致，其单位为 Pa。

b. 应用

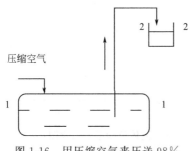

图 1-16　用压缩空气来压送 98%
浓硫酸流程示意图

【实例计算 1-2】如图 1-16。

某车间用压缩空气来压送 98% 浓硫酸，每批压送量为 0.3m^3，要求 10min 内压送完毕。硫酸的温度为 293K。管子为 $\phi 38 \times 3\text{mm}$ 钢管，管子出口距硫酸储罐液面的垂直距离为 15m，设损失能量为 7.66J/kg。试求开始压送时压缩空气的表压强。

解：取硫酸储罐液面为 1-1 截面，管道出口为 2-2 截面，并以 1-1 为基准水平面，在 1-2 间有：

$$Z_1 = 0, \; u_1 = 0, \; W_e = 0$$
$$Z_2 = 15\text{m}, \; p_2 = 0, \; \sum h_f = 7.66\text{J/kg}$$

$$u_2 = \frac{V}{\frac{\pi}{4}d^2} = \frac{\frac{0.3}{10 \times 60}}{0.785 \times 0.032^2} = 0.622 \;(\text{m/s})$$

查资料得硫酸密度为 $\rho = 1831 \text{ kg/m}^3$

柏努利方程简化后为

$$\frac{p_{1\text{表}}}{\rho_1} = Z_2 g + \frac{1}{2} u_2^2 + \sum h_f$$

$$\frac{p_{1\text{表}}}{\rho_1} = 15 \times 9.81 + \frac{0.622^2}{2} + 7.66 = 155 \;(\text{J/kg})$$

$$p_{1\text{表}} = 155 \times 1831 = 283.8 \;(\text{kPa})$$

为保证压送量，实际压力应略大于 283.8 kPa。

【实例计算 1-3】 如图 1-17，要求出水管内的流速为 2.5m/s，管路损失压头为 5.68m，试求高位槽稳定水面距出水管口的垂直距离为多少米？

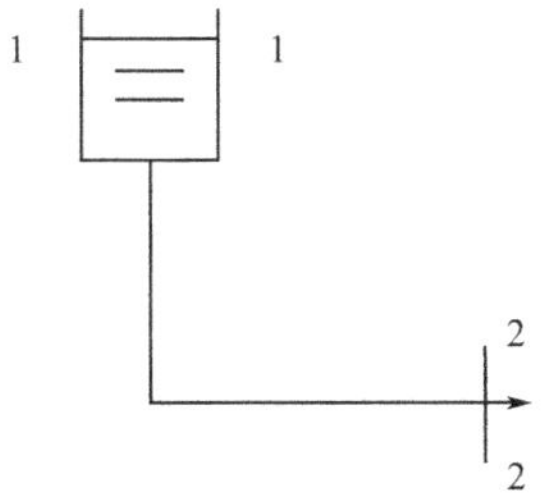

解：取高位槽水面为 1-1 截面，出水管口为 2-2 截面，以 2-2 截面管中心线为基准水平面，则

$$Z_1 = h, \ u_1 = 0, \ p_1 = p_2 = p_{大}$$
$$u_2 = 2.5 \text{m/s}, \ Z_2 = 0, \ H_e = 0, \ H_f = 5.68 \text{m}$$

在 1-1 和 2-2 截面之间列柏努利方程后简化为

图 1-17　例题附图

$$Z_1 = \frac{u_2^2}{2g} + H_f$$

所以 $Z_1 = h = \dfrac{2.5^2}{2 \times 9.81} + 5.68 = 6$（m）

（5）流体阻力的计算

① 流动形态与雷诺数

a. 流体流动类型　1883 年，著名的雷诺实验揭示出流动的两种截然不同的形态。如图 1-18 雷诺实验示意图。水箱内装有为保持水位恒定的溢流装置，箱底接出一水平玻璃管，管上装有一调节流量的阀门，水箱上方有一盛有色液体的小瓶，瓶与一细管相连并通至水平玻璃管的入口中心处。

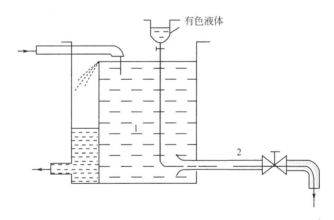

图 1-18　雷诺实验示意图

当水的流量较小时，玻璃管内水流中出现一条稳定而明显的着色直线；随着流速逐渐增加，起初着色线仍保持平直光滑，当流量增大到某临界值时，着色直线受到扰动，呈现波浪式细流；进一步增加流速，波动增加，继而断裂，最后完全与水流主体混在一起，无法分辨。

上面的实验虽然简单，但却揭示出一个非常重要的事实，即流体流动存在着两种截然不同的流动形态，前一种流动形态中，流体的质点是彼此平行地沿管轴的方向作直线运动，与其周围的流体质点间互不干扰即不相混，称为层流或滞流；后一种流动形态中，流体在总体上沿着管道向前运动，同时还在各个方向作不规则的杂乱运动，彼此碰撞，互相混合，即流体质点除了沿玻璃管轴向流动外，还有径向的复杂运动，称为湍流或紊流。

那么流体的流动形态是如何进行判别的呢？

b. 雷诺数　对不同的流体和不同的管道尺寸进行大量的实验后证明：流体的流动形态不仅与流体的平均流速有关，还与管径 d、流体的密度 ρ 和黏度 μ 有关，雷诺将这些因素组成一个复合数群，称为雷诺数，简称雷诺数，用 Re 表示，即：

$$Re = \frac{du\rho}{\mu} \tag{1-40}$$

雷诺数的大小表明流体质点混杂的剧烈程度，是一个无量纲数群，但要注意，计算雷诺数，各物理量的单位要用同一单位制。

雷诺数集中反映了这四个因素对流动形态的影响，可用来判别流体的流动形态。大量实验表明，当 $Re \leqslant 2000$ 时，流体的流动类型属层流；当 $Re \geqslant 4000$ 时，流体的流动形态属湍流；在 $2000 < Re < 4000$ 时，流体的流动类型属不稳定的过渡区。

> **小贴士智慧园**
>
> 　　无论流体的湍动程度如何激烈，在紧靠管内壁处总有一层作层流流动的流体薄层，称为层流内层。

流动虽然分为层流区、湍流区和过渡区，但流动类型只有层流和湍流。

② 管路阻力计算　流体具有黏性，流动时存在着内摩擦，是流动阻力产生的根源；固定的管壁或其他形状的固体壁面，促使流动的流体内部发生相对运动，为流动阻力的产生提供了条件。流体流经管路的流动阻力可分成直管阻力和局部阻力两类。

直管阻力是指流体流经一定管径的直管时，由于流体的内摩擦而产生的阻力，因流体流动的全过程绝大部分由直管组成，所以直管阻力又称沿程阻力。局部阻力是指流体流经管路中的管件（如弯头、三通等）、阀门及截面的突然扩大或缩小等局部障碍所引起的阻力。

a. 直管阻力　由实验可知，流体的流动形态不同，其产生阻力的大小也不同，直管阻力与管长 l、动能 $u^2/2$ 成正比，与管径 d 成反比，直管阻力可用下式（即范宁公式）计算：

$$h_f = \lambda \times \frac{l}{d} \times \frac{u^2}{2} (\text{J/kg}) \tag{1-41}$$

式中　λ——摩擦系数。

摩擦系数 λ 与雷诺数有关，也与管路内壁的粗糙程度有关，这两种关系随流动类型的不同而不同。

（a）圆形管

（Ⅰ）层流时的摩擦系数　流体在作层流流动时，摩擦系数 λ 只与雷诺数有关，而与管路内壁的粗糙程度无关。

$$\lambda = \frac{64}{Re} \tag{1-42}$$

（Ⅱ）粗糙度对 λ 的影响　层流时，粗糙度对 λ 没有影响；在湍流流动的条件下，管壁粗糙度对能量损失有影响，在湍流时，管内壁高低不平的凸出物对 λ 的影响是相继出现的。刚进入湍流区时，只有较高的凸出物才对 λ 显示影响，较低的凸出物则毫无影响。随着 Re 的增大，越来越低的凸出物相继发生作用，影响 λ 的数值。管壁粗糙面凸出部分的平均高度，称为绝对粗糙度，以 ε（见表 1-1）表示。绝对粗糙度 ε 与管内径 d 的比值 ε/d，称为相对粗糙度。

表 1-1 各种管子的绝对粗糙度表

金属管	绝对粗糙度 ε/mm	非金属管	绝对粗糙度 ε/mm
无缝黄铜管	0.01～0.05	干净玻璃管	0.0015～0.01
新的无缝钢管或镀锌铁管	0.1～0.2	橡皮软管	0.01～0.03
新的铸铁管	0.3	木管道	0.25～1.25
具有轻度腐蚀的无缝钢管	0.2～0.3	陶土排水管	0.45～6.0
具有明显腐蚀的无缝钢管	0.5 以上	很好整平的水泥管	0.33
旧的铸铁管	0.85 以上	石棉水泥管	0.03～0.8

（Ⅲ）湍流时的摩擦系数　流体在湍流时的情况比层流复杂得多，摩擦系数与雷诺数和管壁粗糙度都有关。经大量实验，将 λ 与 Re 的函数关系绘在双对数坐标系中，如图 1-19。

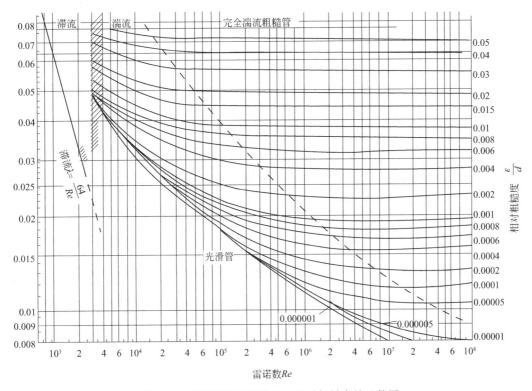

图 1-19　摩擦系数与雷诺数、相对粗糙度的函数图

工程上为了方便起见，一般都在手册上查取摩擦系数值。

（b）非圆形管　当流体在非圆形管内湍流流动时，计算圆管流体阻力公式 $E_1 = \lambda \times \dfrac{l}{d} \times \dfrac{u^2}{2}$ 中的管径 d 以非圆形管的当量直径 d_e 代替。

当量直径
$$d_e = \frac{4A}{\Pi} \tag{1-43}$$

式中　A——流通截面积；

Π——浸润周边长度。

对于边长为 a 和 b 的矩形管，有

$$d_e = \frac{4ab}{2(a+b)} = \frac{2ab}{a+b} \qquad (1-44)$$

(c) 环形管 如图 1-20。

$$d_e = 4 \times \frac{\frac{\pi}{4}(D_内^2 - d_外^2)}{\pi(D_内 + d_外)} = D_内 - d_外 \qquad (1-45)$$

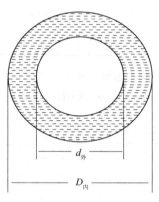

图 1-20 环形管

b. 局部阻力 流体在管路的进口、出口、弯头、阀门、扩大、缩小等局部位置流过时，其流速大小和方向都发生了变化，且流体受到干扰或冲击，使涡流现象加剧而消耗能量。由实验测知，流体即使在直管中为层流状态，但流过管件或阀门时也容易变为湍流。在湍流情况下，为克服局部阻力所引起的能量损失有两种计算方法。

(a) 当量长度法 流体流经管件、阀门等局部障碍所引起的局部阻力，折合成相当于流体流过长度为 l_e 的同直径的直管路时所产生的阻力，l_e 称为该局部阻力的当量长度，由实验测定，即：

$$h'_f = \lambda \times \frac{l_e}{d} \times \frac{u^2}{2} \qquad (1-46)$$

实际上是为了便于管路计算，把局部阻力折算成一定长度直管的阻力。管件与阀门的当量长度见图 1-21 或查表 1-2 中各种管件、阀门、流量计的当量长度。

(b) 阻力系数法 克服局部阻力所引起的能量损失，也可以表示成动能的倍数，即：

$$h'_f = \zeta \times \frac{u^2}{2} \qquad (1-47)$$

在计算突然扩大或突然缩小的局部阻力损失时，上式中的流速 u 全部是小管中的流速，ζ 见表 1-3 各种管件和阀门的阻力系数。

c. 总阻力的计算 管路的总阻力为管路上全部直管阻力与各个局部阻力之和，即

$$\sum h_f = h_f + h'_f \qquad (1-48)$$

对于流体流经直径不变的管路时，如果采用当量长度法计算，管路的总阻力为

$$\sum h_f = \lambda \times \frac{l + \sum l_e}{d} \times \frac{u^2}{2} \qquad (1-49)$$

26

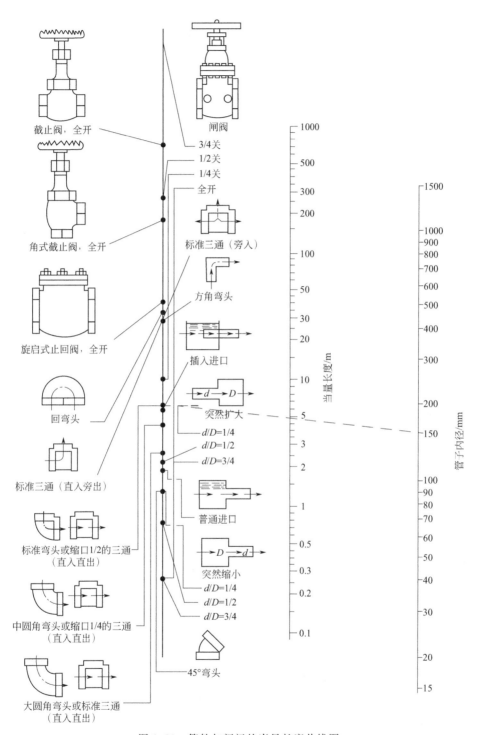

截止阀，全开

角式截止阀，全开

旋启式止回阀，全开

回弯头

标准三通（直入旁出）

标准弯头或缩口1/2的三通
（直入直出）

中圆角弯头或缩口1/4的三通
（直入直出）

大圆角弯头或标准三通
（直入直出）

闸阀

3/4关

1/2关

1/4关

全开

标准三通（旁入）

方角弯头

插入进口

突然扩大

d/D=1/4

d/D=1/2

d/D=3/4

普通进口

突然缩小

d/D=1/4

d/D=1/2

d/D=3/4

45°弯头

当量长度/m

管子内径/mm

图 1-21 管件与阀门的当量长度共线图

表 1-2　各种管件、阀门、流量计的当量长度

名称	l_e/d	名称	l_e/d
45°标准弯头	15	截止阀（全开）	300
		（1/2 开）	475
90°标准弯头	30～40	角阀（全开）	145
		闸阀（全开）	7
180°回弯头	50～75	（3/4 开）	40
		（1/2 开）	200
		（1/4 开）	800
	40	单向阀（摇板式）	135
		底阀（带滤水器）	420
		吸入阀或盘形阀	70
	60	盘式流量计	400
		文氏流量计	12
		转子流量计	200～300
	90	由容器入管口	20
		由管口入容器	40

表 1-3　各种管件和阀门的阻力系数

名称	阻力系数 ζ			
标准弯头　45° 　　　　　90°	0.35 0.75			
180°回弯头	1.5			
标准三通	 0.4	 1.3	 1.0	
活管接	0.4			
闸阀	全开	3/4 开	1/2 开	1/4 开
	0.17	0.9	4.5	24
隔膜阀	2.3	2.6	4.3	21
截止阀（球心阀）	6.4		9.5	
旋塞	5°	10°	20°	40°	60°
	0.05	0.29	1.56	17.3	206
碟阀	0.24	0.52	1.54	10.8	118
单向阀　摇板式	2			
球形式	70			
吸滤式　管径/in	1½　2　2½　4　6　8			
	12　10　8.5　7　6　5			

注：1in=2.54cm，下同。

如果局部阻力都用阻力系数法计算，则

$$\sum h_{\mathrm{f}} = \left(\lambda \times \frac{l}{d} + \sum \zeta\right) \times \frac{u^2}{2} \tag{1-50}$$

【实例计算 1-4】如图 1-22，密度为 $1100\mathrm{kg/m^3}$ 的水溶液由储槽送到高位槽，储槽与高位槽的液面差为 10m，管路由 20m 的 $\phi 114 \times 4\mathrm{mm}$ 直钢管和一个全开的闸阀、2 个 $90°$ 标准弯头所组成。溶液在管内的流速为 $1\mathrm{m/s}$，黏度为 $1\mathrm{mPa \cdot s}$，泵的效率为 0.6，试求泵的轴功率。

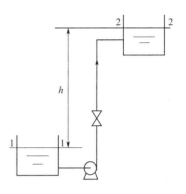

图 1-22　例题附图

解：$Re = \dfrac{du\rho}{\mu} = \dfrac{0.106 \times 1 \times 1100}{1 \times 10^{-3}} = 1.166 \times 10^5$

$\dfrac{\varepsilon}{d} = \dfrac{0.2}{106} = 0.00189$

查图 1-19 得 $\lambda = 0.021$

储槽流入管口 $l_{\mathrm{e}}/d = 20$，$l_{\mathrm{e}} = 20d$

2 个 $90°$ 标准弯头 $l_{\mathrm{e}}/d = 40$，$2l_{\mathrm{e}} = 80d$

1 个闸阀（全开）$l_{\mathrm{e}}/d = 7$，$l_{\mathrm{e}} = 7d$

管口流入储槽 $l_{\mathrm{e}}/d = 40$，$l_{\mathrm{e}} = 40d$

$\sum l_{\mathrm{e}} = 20d + 80d + 7d + 40d = 147d$

能量损失为 $\sum h_{\mathrm{f}} = \lambda \times \dfrac{l + \sum l_{\mathrm{e}}}{d} \times \dfrac{u^2}{2}$

$\qquad = 0.021 \times \dfrac{20 + 147 \times 0.106}{0.106} \times 0.5$

$\qquad = 0.021 \times (189 + 147) \times 0.5$

$\qquad = 3.53 \ (\mathrm{J/kg})$

取截面 1-1 为储槽液面，截面 2-2 为高位槽的液面，并以截面 1-1 为基准水平面，列柏努利方程

$$gZ_1 + \frac{u_1^2}{2} + \frac{p_1}{\rho} + W_{\mathrm{e}} = gZ_2 + \frac{u_2^2}{2} + \frac{p_2}{\rho} + \sum h_{\mathrm{f}}$$

简化得

$$W_{\mathrm{e}} = gZ_2 + \sum h_{\mathrm{f}} = 9.81 \times 10 + \sum h_{\mathrm{f}}$$
$$= 98.1 + 3.53$$
$$= 101.6 \ (\mathrm{J/kg})$$
$$N_{\mathrm{e}} = W_{\mathrm{e}} W_{\mathrm{s}}$$

$$W_{\mathrm{s}} = V\rho = \frac{\pi}{4} d^2 u\rho = \frac{\pi}{4} \times 0.106^2 \times 1 \times 1100 = 9.702 \ (\mathrm{kg/s})$$

得

$$N_{\mathrm{e}} = 101.6 \times 9.702 = 985.7 \ (\mathrm{W})$$

$$N_{\text{轴}} = \frac{N_{\mathrm{e}}}{\eta} = \frac{985.7}{0.6} = 1642.8 \ (\mathrm{W}) \approx 1.64 \ (\mathrm{kW})$$

③ 流量测定　为了检查生产操作条件，控制生产过程，需要经常对流速和流量进行测量。测量装置的类型有很多，常用的有皮托管、孔板流量计、文氏管流量计、转子流量计等，它们的工作原理都是根据流体流动过程中机械能守恒与转化定律而设计的。

④ 简单管路的计算　管路计算是连续性方程、柏努利方程及能量损失计算式的具体应用，管路的安装配置可分为简单管路和复杂管路两类。简单管路：管径相等或由不同管径的管段串联组成的管路；复杂管路：指并联管路、分支与汇合管路等。我们着重介绍简单管路。

简单管路的特点是在稳定流动的情况下，通过各段的质量流量不变，整个管路的阻力损失为各段损失之和。在实际生产中，所解决的问题主要有以下几种。

a. 已知管径、管长、管件和阀门的设置及流体输送量，求流体通过此管路系统的能量损失，以便于进一步确定设备内压力、设备间的相对位置或输送设备所加入的外功。

这类问题的解决思路一般如下。

（a）由流量和管径求出流速。

（b）算出 Re 和 ε/d，查出 λ，由已知的 $\dfrac{l+\sum l_e}{d}$，求出 $\sum h_f$。

（c）将 $\sum h_f$ 代入柏努利方程，求得 W_e。

b. 已知管材、管径、管长及局部阻力系数、供液体地点、需求液体的位置和压力及供液地点处的压力情况，求流体的流速或流量。

c. 已知管长、管件和阀门的设置、允许的能量损失及流量，求管径。

解决这类问题的关键在：要求得 u，就必须知道 λ，求 λ 则需要 Re，计算 Re 又需要 u，这样我们就需要使用试差法。其步骤为在 λ 和 u 之间选定一个，在合理的范围内假设一个数值，然后由 $\sum h_f = \lambda \times \dfrac{l+\sum l_e}{d} \times \dfrac{u^2}{2}$ 求出另一个未知数，再用 λ-Re 曲线校核假设数值是否正确，如不正确，重新假设，直至求得正确答案。

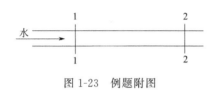

图 1-23　例题附图

【实例计算 1-5】如图 1-23，某厂进水干管水压为 247kPa（表压），现需安装一水平支管进车间，支管计算长度（包括直管长和当量长度）为 1000m，水温 25℃，用水车间要求供水量为 $50\mathrm{m^3/h}$，水压为 147.2kPa（表压），$\varepsilon=0.2\mathrm{mm}$，试选定水管的规格。

解：选水管为基准水平面，到车间的水管进出口分别为 1-1 截面和 2-2 截面，在其间列柏努利方程，

$$Z_1 g + \frac{1}{2}u_1^2 + \frac{p_1}{\rho_1} + W_e = Z_2 g + \frac{1}{2}u_2^2 + \frac{p_2}{\rho_2} + \sum h_f$$

已知　$Z_1 = Z_2 = 0$，$u_1 = u_2$

$\qquad W_e = 0$

$\qquad p_1 = 247\mathrm{kPa}$，$p_2 = 147.2\mathrm{kPa}$

$\qquad \rho_1 = \rho_2 = 1000\mathrm{kg/m^3}$

查得 25℃的水的黏度 $\mu = 0.8933 \times 10^{-3} \mathrm{N \cdot s/m^2}$，代入柏努利方程，得

$$\sum h_f = \frac{p_1 - p_2}{\rho} = \frac{247 \times 10^3 - 147.2 \times 10^3}{1000} = 99.8 \, (\mathrm{J/kg})$$

而 $\sum h_f = \lambda \times \dfrac{l+\sum l_e}{d} \times \dfrac{u^2}{2}$

已知 $l + \sum l_e = 1000\mathrm{m}$，$V = 50\mathrm{m^3/h}$，则

$$u = \frac{V}{3600 \times \frac{\pi}{4}d^2} = \frac{50}{3600 \times 0.785 d^2} = \frac{0.0177}{d^2}$$

$99.8 = \lambda \times \dfrac{1000}{d} = \dfrac{(0.0177/d^2)^2}{2}$，得

$\qquad \lambda = 637.1 d^5$

假设 $\lambda = 0.02$，由 $\lambda = 637.1d^5$，得

$$d = \sqrt[5]{\frac{0.02}{637.1}} \approx 0.126\,(\text{m})$$

再代入 Re 表示式，得

$$Re = \frac{1.98 \times 10^4}{0.126} = 1.57 \times 10^5, \quad \frac{\varepsilon}{d} = \frac{0.2}{126} = 1.59 \times 10^{-3}$$

校核 λ，查得 $\lambda = 0.0205$，与假设值接近，工程计算是允许的，故可取 $d = 0.126\text{m}$。查有关手册，选用公称直径为 125mm 的水管，其内径为 127mm。

⑤ 管路安装和布置的一般原则

a. 管路应对车间所有管路全盘规划，各安其位。

b. 管路应成列平行铺设，尽量走直线，少拐弯，少交叉，力求整齐美观。

c. 房内的管路应尽量沿墙或柱子铺设，以便设置支架；各管路之间与建筑物间的距离应能符合检修要求；管路通过人行道时，最低点离地面应在 2m 以上。

d. 为了节约基建费用，便于安装和检修及操作安全，管路铺设应尽可能采用明线（除下水道、上水总管和煤气总管外）。

e. 并列管道上的管件与阀件应错开安装，阀门的位置应便于操作，温度计、压力表的位置应便于观察，同时不易撞坏。

f. 输送有毒或腐蚀性介质的管路，不得在人行道上设置阀件、伸缩器、法兰等，以免管路发生泄漏时伤及行人。输送易燃易爆介质时，一般应设有防火安全装置和防爆安全装置。

g. 长管路要有支撑，以免弯曲存液及受震，并保持一定的坡度。

h. 一般上下水管及废水管适宜埋地铺设，埋地管路的安装深度，在冬季结冰地区，应在当地冰冻线以下。

i. 平行管路的排列要遵守一定的原则：如垂直排列时，热介质管路在上，冷介质管路在下；高压管路在上，低压管路在下；无腐蚀性介质的管在上，有腐蚀性介质的管在下。水平排列时，低压管路在外，高压管路靠近墙柱；检修频繁的在外，不常检修的靠近墙柱；重量大的要靠近管件支柱或墙。

j. 输送要求保持温度稳定的热流体或冷流体时，必须将管路保温或保冷；管路安装完毕后，应按照规定进行强度及气密性实验；管路在开工前须用压缩空气或惰性气体进行吹扫；对于各种非金属的管路及特殊介质管路的布置与安装，还要考虑一些特殊问题，如氧气管路安装前应脱油等。

1.2.3 液体输送工作过程——流体输送机械

一次盐水生产过程中，需要把化盐用水、粗盐水、中间过程的液体物料从一个设备内送到另一个设备内，需要对这些输送的物料进行做功，以克服管道上的阻力和提高液体的升举高度，这必然要涉及液体输送的问题，那么液体物料是如何完成输送过程的？

流体输送机械是向流体输送机械能的设备，用于补充流体流动过程中损失的机械能及输送过程中所不足的能量。

目前常用的输送机械按工作原理可以分为四大类：离心式、往复式、旋转式和流体作用式。通常输送液体的机械称为泵，输送气体的机械称为风机或压缩机等。在我们这次的任务完成过程中要输送盐水，常用的泵为离心泵，故我们重点学会如何使用离心泵。

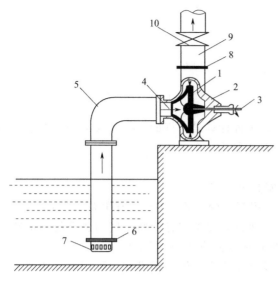

図 1-24 離心泵的结构和工作原理示意图
1—叶轮；2—泵壳；3—泵轴；4—吸入口；5—吸入管；
6—底阀；7—滤网；8—排出口；9—排出管；10—调节阀

1.2.3.1 液体输送机械工业应用案例 ——离心泵输送清水

（1）离心泵的结构和工作过程，如图 1-24。

① 结构　离心泵是典型的高速旋转叶轮式液体输送机械，其特点是泵的流量与压头灵活可调、输液量稳定且适用介质范围广。离心泵的种类很多，但工作原理相同，结构大同小异，主要由叶轮和泵壳构成。叶轮是主要部件，通常由 4～12 片向后弯曲的叶片组成。安装在由电动机带动的泵轴上，并被密闭在泵壳内。泵壳为蜗壳形，泵壳内的叶轮外圈有一逐渐加宽的蜗形通道，其通道在壳侧有排出口与压出导管相连接；在泵壳中央有吸入口与吸入导管相连接，吸入导管末端装有带滤网的底阀，泵体结构如图 1-25。

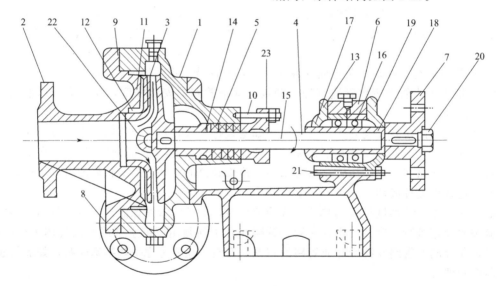

图 1-25　B 型离心泵
1—泵体；2—进口法兰；3—叶轮；4—轴；5—填料；6—托架；7—联轴器；8—出口法兰；9—填片；10,21—螺栓；
11—泵盖；12—耐磨环；13,19—轴承箱；14—衬托；15—转轴；16—滚动轴承；17,18—轴承固定套；
20,22—螺母；23—填料压盖

a. 叶轮　叶轮是离心泵的重要部分，其作用是将电机的机械能直接传送给液体，增加液体的静压能及动能。叶轮一般有 4～12 片后弯的叶片，后弯叶片的边缘产生的液体动能较小，而静压能较大，动能在转换成静压能的过程中损失较小，故泵的效率高。叶轮通常有如图 1-26 的几种形式。

叶轮按机械结构可分为：包括前后都有盖板的封闭式；前后都没有盖板的敞开式；只有后盖板而没有前盖板的半开式。一般离心泵都采用封闭式叶轮，效率高，但易堵塞，适于输送不含杂质的清洁液体。敞开式和半开式叶轮流道不易堵塞，适用于输送含固体颗粒的悬浮液，但敞开式和半开式叶轮没有或一侧有盖板，叶轮外周端部没有很好地密合，流体在流动中容易脱离叶轮，流回叶轮中心的吸液区，效率较低。

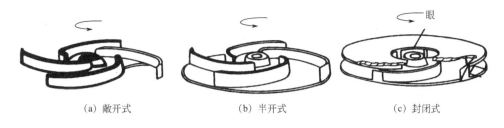

（a）敞开式　　　　　　　（b）半开式　　　　　　　（c）封闭式

图 1-26　离心泵叶轮

　　闭式和半开式叶轮在运行时，部分高压液体漏入叶轮后侧，使叶轮后盖板所受压力高于吸入口侧，对叶轮产生轴向推力。轴向推力会使叶轮与泵壳接触而产生摩擦，严重时会引起泵的震动。为了减小轴向推力，可在后盖板上钻一些小孔，称为平衡孔，使部分高压液体漏至低压区，以减小叶轮两侧的压力差。平衡孔可以有效地减小轴向推力，但也降低了泵的效率。

　　叶轮按吸液方式的不同可分为单吸式和双吸式两种。单吸式叶轮结构简单，液体从叶轮一侧吸入；双吸式叶轮可同时从叶轮两侧对称地吸入液体，可较好地消除轴向推力，常用于大流量的场合。

　　b. 泵壳　　泵壳通常是一个截面逐渐扩大的蜗壳形通道，愈接近液体出口，通道截面积愈大，也称蜗壳。泵壳是汇集由叶轮抛出的液体并使其发生机械能转换的部件。从叶轮四周抛出的高速液流进入蜗壳，随着通道的逐渐增大，液体的流速逐渐降低，大部分动能逐渐转化为静压能，从而减小能量损失。为了减少流体直接进入蜗壳时因碰撞引起的能量损失，提高离心泵内液体能量转换效率，有的离心泵在叶轮和泵壳之间装有固定的导轮，导轮有许多逐渐转向的流道，具有缓和流体直接进入泵壳的作用，使流体因碰撞引起的能量损失减少，使由动能向静压能的转换更为有效。

　　c. 轴封装置　　固定在泵轴一端的叶轮与泵轴一起旋转，泵轴的另一端需要穿过静止的泵壳与电机的旋转轴相连，旋转的泵轴与泵壳上的轴承之间的间隙应有密封结构，称为轴封。轴封的作用是防止泵内高压液体的泄漏及空气从外面漏入泵内负压空间，又能保护轴承保证泵轴的正常旋转。离心泵中常用的轴封装置有两种基本结构，即填料密封和机械密封，如图 1-27、图 1-28。填料密封主要由填料套、填料环、填料和压盖等组成。填料多用浸渍石墨的石棉绳或包有抗磨金属的石棉填料。机械密封又称为端面密封，比起填料密封，具有结构紧凑、摩擦功率消耗小、使用时间长等特点。

　　② 离心泵实现液体输送工作原理　　离心泵启动前，先将离心泵灌满，启动离心泵后，泵轴带动叶轮一起作高速旋转运动，迫使预先充灌在叶片间的液体旋转，在惯性离心力的作用下，液体自叶轮中心向外周作径向运动。液体在流经叶轮的运动过程获得了能量，静压能增高，流速增大。当液体离开叶轮进入泵壳后，由于壳内流道逐渐扩大而减速，部分动能转化为静压能，最后沿切向流入排出管路。当液体自叶轮中心甩向外周的同时，叶轮中心形成低压区，在储槽液面与叶轮中心总势能差的作用下，致使液体被吸进叶轮中心。依靠叶轮的不断运转，液体便连续地被吸入和排出。液体在离心泵中获得的机械能量最终表现为静压能的提高。

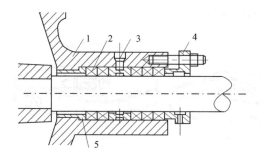

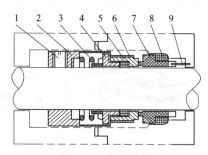

图 1-27 填料密封
1—填料函壳；2—软填料；3—液封圈；
4—填料压盖；5—内衬套

图 1-28 机械密封
1—螺钉；2—传动座；3—弹簧；4—推环；5—动环密封圈；
6—动环；7—静环；8—静环密封圈；9—防转销

若在离心泵启动前没向泵壳内灌满被输送的液体，由于空气密度低，叶轮旋转后产生的离心力小，叶轮中心区不足以形成吸入储槽内液体的低压，因而虽启动离心泵也不能输送液体。这表明离心泵无自吸能力，此现象称为气缚。吸入管路安装单向底阀是为了防止启动前灌入泵壳内的液体从壳内流出。空气从吸入管道进到泵壳内都会造成气缚。

（2）离心泵的性能和特性曲线描述

① 离心泵的性能参数

a. 流量 Q 泵在单位时间内向管路系统输送的流体量，表示泵的输液能力，常用体积流量表示。以 Q 表示。单位为 m^3/s 或 m^3/h。影响因素有泵的结构尺寸、叶轮的转速、叶轮的尺寸等。

b. 扬程 H 通常将泵向单位重量流体提供的有效能量称为该机械的扬程或压头，单位为米液柱。其值与泵的结构、转速、流量等有关。扬程的测定实验装置如图 1-29。

以水池表面为水平基准面，在截面 1-1 与 2-2 之间列柏努利方程。由扬程的定义可知，扬程为柏努利方程中的外加压头，由下式

$$Z_1 + \frac{p_1}{\rho g} + \frac{u_1^2}{2g} + H_e = Z_2 + \frac{p_2}{\rho g} + \frac{u_2^2}{2g} + H_f$$

得出 $$H_e = Z_2 - Z_1 + \frac{p_2 - p_1}{\rho g} + \frac{u_2^2 - u_1^2}{2g} + H_f$$

$$(1-51)$$

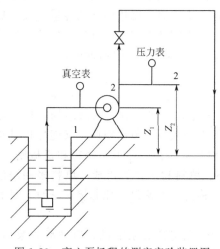

图 1-29 离心泵扬程的测定实验装置图

因为截面 1-1 与 2-2 之间的管路很短，其流动阻力可忽略不计，即 $H_f = 0$。令扬程 $H = H_e$，$Z_2 - Z_1 = h_0$ 得：

$$H = h_0 + \frac{p_2 - p_1}{\rho g} + \frac{u_2^2 - u_1^2}{2g}$$

$$(1-52)$$

若泵的吸入管与压出管路的管径相等或相近，可近似看成 $u_2 = u_1$，得扬程

$$H = h_0 + \frac{p_2 - p_1}{\rho g}$$

$$(1-53)$$

扬程不是升扬高度，用泵将液体从低处送到高处的高度，称为升扬高度，升扬高度只是扬程的一部分。泵运转时，其升扬高度一定小于扬程。

c. 轴功率（N）与有效功率 N_e 泵运转时，电机传给泵轴的功率，称为泵的轴功率。以 N 表示。其单位为 J/s，即 W 或 kW。随设备的尺寸、液体的黏度等的增大而增大。单位时间内泵对输出液体所做的功称为有效功率。以 N_e 表示。其单位为 J/s，即 W 或 kW。其计算公式：

$$N_e = QH\rho g \tag{1-54}$$

式中，Q 为泵的流量，m^3/s；H 为扬程，米液柱；ρ 为液体的密度，kg/m^3；g 为 $9.81m/s^2$。

d. 效率 η 液体在泵内流动时，存在各种能量损失，如泵内的液体泄漏损失，实际流体在泵内流动时的摩擦损失，泵轴运转时的机械摩擦等，会导致液体从离心泵得到的能量要小于泵轴从电机得到的能量。所以电机传给泵轴的功率，不可能全部传给液体而成为有效功率，即 N 一定大于 N_e，所以我们把泵的有效功率与轴功率之比，称为泵的效率 η。即

$$\eta = \frac{N_e}{N} \tag{1-55}$$

其值与泵的大小、类型和输送的液体的性质、流量等因素有关，一般由实验测得。

【实例计算 1-6】为了核定一台离心泵的性能，采用图 1-29 的实验装置。在转速为 2900r/min 时，以 20℃的水为介质测得以下数据：流量为 $0.0125m^3/s$，泵出口处压强表上的读数为 255kPa，入口处真空表的读数为 26.7kPa，两测压口的垂直距离为 0.5m。用功率表测得电机的输入功率为 6.2kW，电机效率为 0.93，泵由电机直接带动，电机给予泵轴的传动效率可视为 1。泵的吸入与排出管路的管径相同。试求该泵在输送条件下的扬程、轴功率和效率。

解：（1）泵的扬程

由式（1-51）　$H = Z_2 - Z_1 + \dfrac{p_2 - p_1}{\rho g} + \dfrac{u_2^2 - u_1^2}{2g} + H_f$

已知：$Z_2 - Z_1 = h_0 = 0.5m$，$p_1 = -26.7 \times 10^3 Pa$，$p_2 = 255 \times 10^3 Pa$，$u_1 = u_2$，$\rho = 998$ kg/m^3

因为两测压点之间的管路很短，其流动阻力可忽略不计，即 $H_f = 0$

将以上数据代入

$$H = 0.5 + \frac{(255 + 26.7) \times 10^3}{998 \times 9.81} = 29.3(m)$$

（2）泵的轴功率

电机输出功率＝电机输入功率（即电机上铭牌标注的最大功率）×电机效率（即电机电能的转换效率）＝$6.2 \times 0.93 = 5.77$（kW）

泵的轴功率：

N＝电机输出功率×传动效率＝$5.77 \times 1 = 5.77$（kW）

（3）泵的效率

$$\eta = \frac{N_e}{N} \times 100\% = \frac{QH\rho g}{N} \times 100\% = \frac{0.0125 \times 29.3 \times 998 \times 9.81}{5.77 \times 10^3} \times 100\% = 62\%$$

② 离心泵的特性曲线描述　泵的铭牌上标注的扬程与流量并不是泵唯一的工作状态，而是保持最高效率时的工作状态。

通过理论与实验表明，离心泵的扬程、功率和效率等主要性能参数均与流量有关，为了更好地了解和利用离心泵的性能，我们将离心泵的流量、扬程、轴功率和效率之间的相互关系用一组曲线来表示，即为离心泵的特性曲线。离心泵在出厂前均由厂家通过实验测定了该泵的特性曲线，附在泵的使用说明书上，其测定条件一般为20℃清水，转速也固定。如图1-30为离心泵在转速在2900r/min时的特性曲线，不同型号的离心泵，特性曲线是不同的，但是都具有如下的共同点。

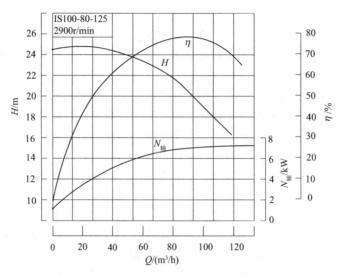

图 1-30　IS100-80-125 型离心泵的特性曲线

a. H-Q 曲线　表示泵在输送不同流量的液体时，加给流体的扬程。离心泵的扬程一般在较大范围内随流量的增大而减小。

b. N-Q 曲线　表示轴功率与流量的关系。离心泵的轴功率随流量的增大而增大，流量为零时，轴功率最小。故离心泵启动时，应关闭泵的出口阀门，使流量为零，让电机的启动电流值达到较小，以避免电机因启动电流超载而烧坏电机，从而达到保护电机的目的。

c. η-Q 曲线　当流量 $Q=0$ 时，$\eta=0$；随着流量的增大，泵的效率也增大，达到一最大值后，又随流量的增加而下降。说明泵在一定转速下有一最高效率点，称为泵的设计点。显然泵在该点所对应的流量和压头下工作最为经济，通常要求泵工作不小于最高效率的92%。

一般泵的铭牌上所标注的性能参数均为最高效率下的数值。

③ 影响离心泵性能的因素　化工生产中，所输送的液体是多种多样的，同一台离心泵用于输送不同液体时，由于液体的性质不同，泵的性能就要发生变化。此外，若改变泵的转速和叶轮直径，也会使泵的性能改变。

a. 密度的影响。被输送的液体的密度，对离心泵的扬程、流量和效率均无影响。所以 H-Q 与 η-Q 曲线保持不变。但泵的轴功率随密度的增大而增大，因此当泵所输送液体的密度与常温清水的密度不同时，原生产部门所提供的 N-Q 曲线不再适用，此时泵的轴功率应重新按式（1-54）及式（1-55）计算。

b. 黏度的影响。若被输送的液体的黏度大于常温清水的黏度，则泵内能量损失增大，泵的扬程、流量都要减小，效率降低，而轴功率增大，即泵的特性曲线发生改变。

c. 转速的影响。离心泵的特性曲线都是在一定转速下测定的，在实际使用时有时会遇到要改变转速的情况，这时泵的扬程、流量、轴功率及效率也随之改变。当液体的黏度不大，泵的效率不变时，泵的流量、扬程、轴功率与转速的近似关系为

$$\frac{Q_1}{Q_2}=\frac{n_1}{n_2}; \quad \frac{H_1}{H_2}=\left(\frac{n_1}{n_2}\right)^2; \quad \frac{N_1}{N_2}=\left(\frac{n_1}{n_2}\right)^3 \tag{1-56}$$

式中，Q_1、H_1、N_1 为转速 n_1 时泵的性能参数；Q_2、H_2、N_2 为转速 n_2 时泵的性能参数。

式（1-56）称为比例定律。当转速变化小于 20％ 时，可以认为效率不变，用式（1-56）计算误差不大。若在转速为 n_1 的特性曲线上多选几个点，利用比例定律可以求得转速变化为 n_2 时相应的数据，并将结果标绘在坐标上，就能得到泵在转速为 n_2 时的特性曲线图。

d. 叶轮直径的影响。为了扩大泵的适宜使用范围，同一型号的泵配备有几个直径不同的叶轮，以供选用。若对同一型号的泵，换用直径较小的叶轮，而其他几何尺寸不变，这种现象称为叶轮的"切割"。当叶轮的直径变化不大（叶轮直径变化不超过 20％），而转速不变时，叶轮直径与流量、扬程、轴功率之间的近似关系为

$$\frac{Q}{Q'}=\frac{D}{D'}; \quad \frac{H}{H'}=\left(\frac{D}{D'}\right)^2; \quad \frac{N}{N'}=\left(\frac{D}{D'}\right)^3 \tag{1-57}$$

式中，Q、H、N 为叶轮直径是 D 时泵的性能参数；Q'、H'、N' 为叶轮直径是 D' 时泵的性能参数。

式（1-57）称为切割定律。应用式（1-57）可在泵的转速不变的条件下，根据叶轮直径为 D 时的特性曲线换算出将叶轮减小为 D' 时的性能参数。

（3）汽蚀现象的发生与离心泵的安装高度

① 汽蚀现象的发生　离心泵之所以能吸入液体是由于叶轮旋转时叶轮中心处形成真空，而液面上方处的压强 p 与离心泵的吸入口处的压强 p_1 之差，作为推动力 $\Delta p = p - p_1$，就会将液体源源不断地吸入泵体内。当液面上面的压强 p 一定时，在一定流量下，泵的安装高度越高，泵吸入口的压强越低。

当泵的安装位置达到一定的高度，就会使泵吸入口的压强等于或低于输送液体在输送温度下的饱和蒸气压，此时液体就会开始发生汽化现象。因部分液体汽化产生的气泡，就会随着输送液体从低压区进入高压区的过程中，因压力升高气泡迅速凝结，气泡的消失形成真空，周围液体以极高的速度向气泡中心冲去，产生非常大的冲击压力，对叶轮和壳体造成撞击和振动，同时液体中的微溶氧对金属有一定的化学腐蚀，日久致使叶轮变成海绵状或大块脱落，泵不能正常运转，甚至吸不上液体。这种现象称为泵的汽蚀现象。生产中一定要加以防止。为了避免汽蚀现象的发生，因此要限制泵的安装高度。

② 离心泵的安装高度

a. 汽蚀余量　考虑到流速影响，为防止汽蚀现象的发生，在离心泵的入口处液体的静压头 $p_1/(\rho g)$ 与动压头 $u_1^2/(2g)$ 之和必须大于输送液体温度下的液体饱和蒸气压头 $p_s/(\rho g)$ 某一数值，二者之差即为离心泵的气蚀余量（Δh），即

$$\Delta h = \frac{p_1}{\rho g} + \frac{u_1^2}{2g} - \frac{p_s}{\rho g} \tag{1-58}$$

式中　p_1——泵入口处的绝对压力，Pa；

p_s——输送液体温度下的液体饱和蒸气压，Pa。

为避免汽蚀现象的发生，离心泵入口处压强 p_1 不能过低，应有最低允许值 p_1'，即为刚发生汽蚀时的泵入口处压力，则其对应的汽蚀余量为允许汽蚀余量 $\Delta h'$，即

$$\Delta h' = \frac{p_1'}{\rho g} + \frac{u_1^2}{2g} - \frac{p_s}{\rho g} \tag{1-59}$$

正常操作时，泵的实际汽蚀余量必须大于允许汽蚀余量，一般大于 0.5m。允许汽蚀余量一般由泵制造厂家通过汽蚀实验测得，列于泵产品样本中。

b. 允许吸上真空高度　为了使泵正常运转，不发生汽蚀现象，泵入口处的绝对压强必须大于输送液体温度下液体饱和蒸气压，即 $p_1' > p_s$。满足此关系的 p_1' 为泵入口处允许的最低绝对压强，用 p_1' 表示泵入口处的最低压强后，我们易于理解，知道了如果泵入口处的压强 p_1 小于 p_1' 时，就会发生汽蚀现象了，这样就会造成泵的工作状态产生异常了。但在习惯上把 p_1' 用表示泵入口处压强的另一种方式来表示，即泵入口处的真空度（此处的真空度 $= p_0 - p_1'$）大小进行表示，单位为 Pa。当该处真空度的值用以被输送液体的液柱高度为计量单位时，就称为允许吸上真空高度，以 H_s' 表示。H_s' 是指泵入口处允许达到的最高真空度，其表达式为

$$H_s' = \frac{p_0 - p_1'}{\rho g} \tag{1-60}$$

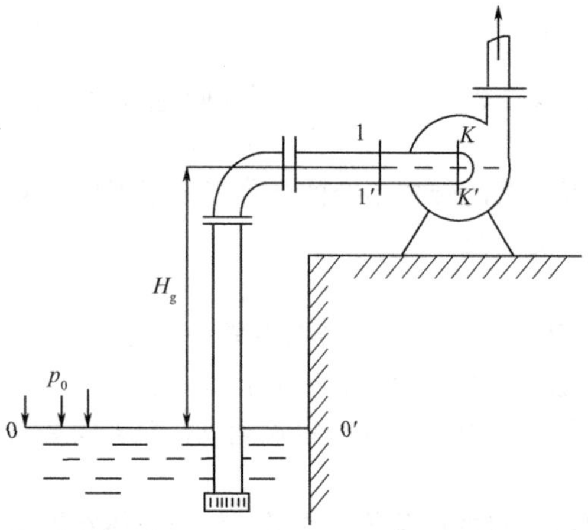

图 1-31　离心泵允许安装高度示意图

c. 离心泵的允许安装高度　离心泵的允许安装高度是指能够避免汽蚀现象发生，储槽液面与泵吸入口之间的最大垂直距离，也称允许吸上高度，以 H_g 表示，如图 1-31。

在如图 1-31 中，0-0′与 1-1′截面间列柏努利方程，可得

$$H_g = \frac{p_0 - p_1'}{\rho g} - \frac{u_1^2}{2g} - H_{f,0-1} \tag{1-61}$$

式中　p_0——储槽液面上方的绝对压力，Pa；
　　　$H_{f,0-1}$——吸入管路上的压头损失，m。

将式（1-59）整理后得：

$$\frac{p_1'}{\rho g} + \frac{u_1^2}{2g} = \Delta h' + \frac{p_s}{\rho g}$$

将整理后的式子代入由式（1-61）变换出的下式

$$H_g = \frac{p_0}{\rho g} - \left(\frac{p_1'}{\rho g} + \frac{u_1^2}{2g} \right) - H_{f,0-1}$$

得到式（1-62）：

$$H_g = \frac{p_0 - p_s}{\rho g} - \Delta h' - H_{f,0-1} \tag{1-62}$$

而 $\dfrac{p_0 - p_1'}{\rho g} = H_s'$，因此式（1-61）也可写成式（1-63）

$$H_g = H_s' - \frac{u_1^2}{2g} - H_{f,0-1} \tag{1-63}$$

应用式（1-62）和式（1-63）都可以计算出离心泵的安装高度 H_g。

在应用式（1-63）计算离心泵的安装高度时，就需要知道允许吸上真空高度 H'_s 的数值。而 H'_s 与被输送液体的物理性质、当地大气压强、泵的结构、流量等因素有关，由泵的制造厂实验测定。当实验测定是在大气压为 $10 \text{mH}_2\text{O}(9.81 \times 10^4 \text{Pa})$ 条件下，以 20℃的清水为工作介质进行时，相应的允许吸上真空高度用 H_s 表示，其值列在泵样本或说明书的性能表上，H_s 随流量的增大而减小，它表示离心泵的汽蚀性能。

如果输送其他液体，且操作条件与上述实验条件不符时，要对泵性能表上的 H_s 值进行换算。

选修内容：

若实际输送的水与实验条件时的清水不同，可用下式把 H_s 换算为实际操作条件下的允许吸上真空高度 H_{s1}，即

$$H_{s1} = H_s + (H_0 - 10) - (H_v - 0.24) \tag{1-64}$$

式中　H_{s1}——实际操作条件下输送水时的允许吸上真空高度，mH_2O；

　　　H_s——实验条件下的允许吸上真空高度，即在水泵性能表上所查得的数值，mH_2O；

　　　H_0——泵安装地区的大气压，mH_2O，其随海拔高度不同而产生差异；

　　　H_v——实际输送温度条件下水的饱和蒸气压，mH_2O；

　　　10——实验条件下的大气压强，mH_2O；

　　　0.24——实验温度（20℃）下水的饱和蒸气压，mH_2O。

由于被输送的液体为水，所以 H_{s1} 与式（1-63）中的 H'_s 在数值上相等，直接将 H_{s1} 代入式（1-63）中，即可求出允许安装高度 H_g。

若输送与实验条件不同的其他液体，则首先选用式（1-64）将性能表中的 H_s 换算为操作条件下的 H_{s1}，然后再用下式将 H_{s1} 值换算为以被输送液体的液柱高度（m 液柱）表示的允许吸上真空高度 H'_s 即

$$H'_s = H_{s1} \frac{\rho_{\text{H}_2\text{O}}}{\rho} \tag{1-65}$$

式中　$\rho_{\text{H}_2\text{O}}$——输送温度条件时，水的密度，$\text{kg/m}^3$；

　　　ρ——输送温度条件下，被输送液体的密度，kg/m^3。

将 H'_s 值带入式（1-63），便可求得在操作条件下，输送其他液体时泵的允许安装高度 H_g。

以上内容为选修内容。

⚙ 小贴士智慧园

　　　$\Delta h'$ 随流量增大而增大，确定允许安装高度时应取最大流量下的 $\Delta h'$。

　　　实际安装时，为安全起见，泵的实际安装高度应比允许安装高度 H_g 低 0.5～1m。

　　　当安装高度 H_g 计算出负值时，说明了离心泵的吸入口安装位置应低于储槽液面。

【实例计算 1-7】　用 B 型离心泵从敞口水槽中将水送到车间。在所用泵的性能表上查得 $H_s = 5\text{m}$，估计吸入管路的压头损失为 1m，液体在吸入管路中的动压头可忽略。泵安装地区的大气压为 $9.81 \times 10^4 \text{Pa}$，试计算：

（1）输送 20℃的水时，泵的允许安装高度；

（2）若改为输送 80℃的水时，泵的允许安装高度。

解：（1）输送 20℃的水时，泵的允许安装高度，可根据式（1-63）

$$H_g = H'_s - \frac{u_1^2}{2g} - H_{f, 0-1}$$

由于输送的介质是20℃的水时，泵安装地区的大气压为9.81×10^4Pa，与泵出厂时的实验测定的条件基本相符，故$H'_s = H_s$（H'_s为泵实际运行时的允许吸上真空高度，H_s为泵的性能表上查得的出厂时测定的实验数值）。

由题意知，$H_{f,0-1} = 1$m；$\frac{u_1^2}{2g} \approx 0$。代入得

$$H_g = 5 - 1 = 4 \text{(m)}$$

为了安全起见，实际安装高度应为3.5m。

（2）选修内容：因泵的使用条件与出厂实验条件不同，故先要校正H_s。查得80℃时水的密度为：

$$\rho = 972 \text{kg/m}^3, \quad p_v = 47.4 \text{kPa}$$

所以$H_v = \dfrac{p_v}{\rho g} = \dfrac{47.4 \times 10^3}{972 \times 9.81} = 4.97$（$mH_2O$），$H_0 = 9.81 \times 10^4 = 10$（$mH_2O$）

由式

$$H_{s1} = H_s + (H_0 - 10) - (H_v - 0.24) = 5 + (10 - 10) - (4.97 - 0.24) = 0.27 \text{(m}H_2O)$$

由于输送的是水，故$H'_s = H_{s1} = 0.27$（mH_2O）

应用式（1-63）计算得泵的允许安装高度为：

$$H_g = H'_s - H_{f,0-1} = 0.27 - 1 = -0.73 \text{（m）}$$

H_g为负值，表示泵应安装在水面以下。为安全起见，泵的实际安装高度H_g应比敞口水槽液面低1.23m（即安装在水面下方的1.23m）。

（4）离心泵输送流量变化的调节方法

① 管路的特性曲线　当把一台泵安装在特定的管路中时，实际的压头与流量不仅与离心泵本身的特性有关，还与管路的特性有关，即由泵的特性与管路的特性共同决定，故讨论泵的工作情况，不应脱离管路的具体情况。

管路特性曲线表示流体通过某一特定管路所需的外加压头与流量的关系。如图1-32。

取输液管路两端列柏努利方程得：

$$H_e = \Delta Z + \frac{\Delta p}{\rho g} + \frac{\Delta u^2}{2g} + H_f \tag{1-66}$$

因为$H_f = \lambda \times \dfrac{l + \sum l_e}{d} \times \dfrac{u^2}{2g} = \dfrac{8\lambda}{\pi^2 g} \times \dfrac{l + \sum l_e}{d^5} q_V^2$

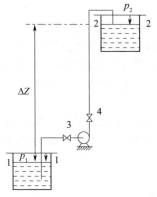

图1-32　液体输送系统示意图

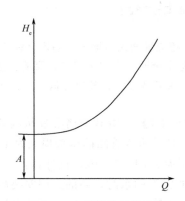

图1-33　管路特性曲线

对于特定的管路，$\Delta Z + \dfrac{\Delta p}{\rho g}$ 为固定值，与管路中的流体流量无关，管径不变，

$u_1 = u_2$，$\Delta u^2 / (2g) = 0$，令 $A = \Delta Z + \dfrac{\Delta p}{\rho g}$，$B = \dfrac{8\lambda}{\pi^2 g} \times \dfrac{l + \sum l_e}{d^5}$

则 $H_e = A + Bq_V^2$ (1-67)

这就是管路特性方程。把方程中的 H_e-Q 关系描绘出的曲线称管路特性曲线，如图 1-33。由于管路特性曲线中的 H_e 是泵所提供的，对泵来说还需遵守泵本身的 H_e-Q 关系。故泵在工作时，其工作状态应为描绘在同一坐标纸上的泵特性曲线与管路特性曲线的交点，该点称为泵的工作点，如图 1-34（a）（离心泵的工作点）。

② 流量的调节方法　如果工作点的流量大于或小于所需的输送量，应改变工作点的位置，即进行流量的调节。

a. 改变管路特性曲线　最简单的方法是在离心泵出口处的管路上安装调节阀。改变阀门的开度即改变管路特性曲线的位置，使调节后管路特性曲线与泵特性曲线的交点移至适当位置，满足流量调节的要求。如图 1-34（b）所示。当关小阀门时，管路局部阻力增大，管路特性曲线变陡，泵的工作点移至 p_1，相应的流量变小；当开大阀门时，则局部阻力减小，工作点移至 p_2，从而增大流量。

这种方法不仅增加了管路阻力损失（在阀门关小时），且使泵在低效率点工作，在经济上很不合理。但操作简便、灵活，故应用较广，尤其适用于调节幅度不大，而需要经常改变流量的场合。

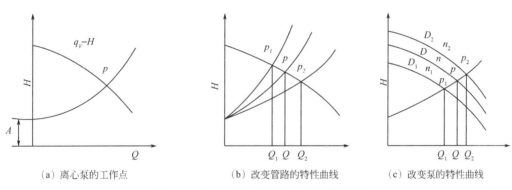

（a）离心泵的工作点　　　　（b）改变管路的特性曲线　　　　（c）改变泵的特性曲线

图 1-34　离心泵的工作点与工作特性曲线

b. 改变泵的特性曲线　方法有两种，即改变叶轮转速或改变叶轮的直径。如图 1-34（c）所示，当叶轮的转速为 n 时，其特性曲线为中间一根曲线，工作点为 p。如转速减为 n_1，其特性曲线下移，工作点由 p 移至 p_1，流量就相应减小。如转速增为 n_2，则工作点移至 p_2，流量相应增加。用改变叶轮直径来改变工作点的道理与改变转速方法相同。用这种方法不仅不额外增加管路阻力，而且在一定范围内可保持泵在高效率区工作，能量利用较为经济。

c. 回路调节　是在压出管路上引一支管路，经过回流阀将一部分压出的液体流回储液槽或吸入管路，通过调节回流阀和泵出口上的调节阀的开度，实现调节泵送液流量大小的目的。此法比较方便，但由回路送回的液体消耗的能量是额外的。如图 1-35。

（5）离心泵的选择

① 离心泵的类型　离心泵的种类很多，化工生产中常用的有：清水泵、耐腐蚀泵、油泵、杂质泵、屏蔽泵、低温用泵等。以下对主要的几种泵作简要介绍。

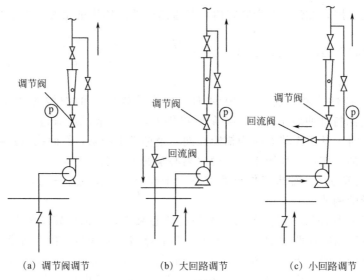

（a）调节阀调节　　　　　（b）大回路调节　　　　　（c）小回路调节

图 1-35　离心泵的流量调节

a. 清水泵　清水泵是应用最广泛的，用于输送各种工业用水及物理、化学性质近似于清水的清洁液体，如本书的输送任务——盐水。

最简单的清水泵是单级单吸式，系列代号是 IS，全系列流量范围为 $4.5\sim360\mathrm{m}^3/\mathrm{h}$，扬程范围为 $8\sim98\mathrm{m}$。

例 IS100-80-125，其中 IS——国际标准单级单吸清水离心泵；

100——吸入管内径，mm；

80——排出管内径，mm；

125——叶轮直径，mm。

若要求的压头较高时，可采用多级离心泵，代号为 D，全系列流量范围为 $10.8\sim850\mathrm{m}^3/\mathrm{h}$，扬程范围为 $14\sim351\mathrm{m}$。例：

D160-120×8，其中 D——节段式多级离心泵；

160——泵设计点流量，m^3/h；

120——泵设计点单级扬程，m；

8——泵的级数。

流量较大时可使用双吸离心泵，代号为 S 或 Sh。

b. 耐腐蚀泵　一般用于输送酸、碱等腐蚀性液体，泵中与液体接触的零件均由各种耐腐蚀材料制成。根据需要多采用机械密封。离心耐腐蚀泵有多种系列，其中常用的系列代号为 F。并在 F 后加一个材料代号加以区别，如：

B——铬镍合金钢；H——灰口铸铁；J——耐碱铝铸铁；Q——硬铅；U——铝铁青铜；M——铬镍钼钛合金钢等。

例：50FM25 泵，即吸入口为直径 50mm；F 为耐腐蚀泵；M 表示所用材料为铬镍钼钛合金钢；25 为最高效率时的扬程，m。

小贴士智慧园

要注意耐蚀泵的密封性能，以防止腐蚀液外泄。操作时还不宜使耐腐蚀泵在高速运转或出口阀关闭的情况下空转，以避免泵内介质发热，加速泵的腐蚀。

c. 油泵　用于输送石油及油类产品，因油类液体易燃、易爆，故油泵的结构特点是密封完善可靠，常用的油泵有离心泵、往复泵、齿轮泵，以离心式为多，系列代号为 Y，双吸式为 YS。输送高温油品（200℃以上）的热油泵还应具有良好的冷却措施，其轴承和轴封装置都带有冷却水夹套，运转时通冷却水冷却。结构形式有单吸和双吸、单级和多级之分。

d. 杂质泵　杂质泵的结构特点是叶片数目少，叶轮流道宽且多为开式或半开式，泵壳内多衬以耐磨铸铁护板，使得流道不易堵塞、易清洗、耐磨。有多种系列，常分为污水泵、渣浆泵、泥浆泵等。

e. 屏蔽泵　屏蔽泵又称为无密封泵，结构特点是将叶轮与电机连为一体，密闭在同一壳体内，不需要轴封装置，可用于输送易燃易爆、剧毒或贵重等严禁泄漏的流体。

② 离心泵的选用原则　流体输送机械的选用原则是先选型号，再选规格。具体选用离心泵时，需要了解泵的工作条件，如液体性质、操作温度、要求提供的压力和流量等，还要了解可提供选用的泵的类型、规格、性能、材质等。一般按以下步骤进行。

a. 根据输送介质和操作条件，确定泵的类型。

b. 选择泵的型号　根据工作条件和输送系统管路的情况，计算流量和扬程，从泵样本或产品目录中选出合适的型号。选用时要留有一定的余量。

c. 校核泵的轴功率　当输送的液体密度大于清水时，需要对泵的轴功率进行校核。

（6）离心泵的操作　离心泵并联时能增大流量，但阻力损失也增加，且流量不成比例增加，还不如选一台大流量的泵更经济合理。在任何情况下，都不能用三台泵并联来增大流量。

离心泵串联时能提高输出压头，仍不成比例增加。还不如选一台多级离心泵更安全合理。

① 离心泵启动前的准备工作

a. 接到开泵通知时，应问清楚对方姓名，了解所送物料的种类、来源、去向，确定能使用的机泵并通知罐区等相关岗位。

b. 穿戴好劳动护具，检查泵体、轴承座、电动机的基础地脚螺栓是否松动及安全罩是否良好。

c. 检查电流表、压力表、温度表是否良好。

d. 检查润滑油是否达到规定高度（油面控制在 1/2～2/3 高度），是否变质。

e. 盘车 3～5 圈（轴转后和原位置相差 180°），检查转动是否平衡，有无杂音。

f. 打开泵入口阀，按要求进行排气和灌注。如果是输送易燃、易爆、易中毒介质的泵，在灌注、排气时，应特别注意勿使介质从排气阀内喷出；如果是易腐蚀介质，勿使介质喷到电机或其他设备上。排尽泵内气体，排完后关上放空阀。

② 离心泵的启动

a. 启动机泵前，与罐区等相关岗位约定启泵时间，并严格执行。

b. 启动机泵时，无关人员应远离机泵。

c. 按约定时间，接通电源，启动机泵。

d. 机泵启动后，检查压力、电流、振动情况，检查泄漏及轴承、电机温度等情况。

e. 待泵出口压力稳定后，缓慢打开出口阀，使压力和电流达到规定范围，并和相关岗位取得联系。

f. 重新全面检查机泵的运行情况，在泵正常运行 10min 后司泵人员方可离开，并做好记录。

（Ⅰ）离心泵应严格避免抽空。

（Ⅱ）离心泵启动后，在关闭出口阀的情况下，不得超过 3min，因为泵在关闭排出阀运转时，叶轮所产生的全部能量都变成热能使泵变热，时间一长有可能把泵的摩擦部位烧毁。

（Ⅲ）正常情况下，不得用调节入口阀的开度来调节流量。

（Ⅳ）结构复杂的离心泵必须按照制造厂家的要求进行启动、停泵和维护。

③ 离心泵正常运转及维护

a. 经常检查出口压力、电流有无波动，应及时调节，使其保持正常指标，严禁机泵长时间抽空，用出口阀控制流量。

b. 经常检查泵及电机的轴承温度是否正常，滚动轴承温度不得超过 70℃，滑动轴承温度不得超过 65℃，电机温度不得超过 65℃。

c. 检查端面密封泄漏情况，轻质油不大于 10 滴/min，重质油不大于 5 滴/min。

d. 严格执行润滑三级过滤和润滑制度，经常检查润滑油的质量，发现乳化变质应立即更换，检查油标防止出现假油液面，液面控制在 1/2～2/3 高度。

e. 经常检查机泵的运行情况，做到勤摸、勤听、勤看、勤检查电机和泵体运转是否平稳，有无杂音。

f. 备用泵在备用期间及停用泵每班盘车一次（180°）。

g. 做好运行记录，保持泵、电机、泵房的清洁卫生。

④ 离心泵的切换

a. 与相关岗位联系，准备切换泵。

b. 做好备用泵启动前准备工作，开泵的入口阀，使泵内充满液体，打开放空阀放空，放空后关闭放空阀。

c. 启动备用泵，电机运转 1～2min 后观察出口压力，电流正常后，缓慢打开泵出口阀门。

d. 打开备用泵出口阀时，逐渐关小原来运行泵的出口阀，尽量减小流量、压力的波动。

e. 待备用泵运行正常后，停原来运行泵。

f. 紧急情况下，可先停运行泵，后启动备用泵。

⑤ 离心泵的正常停泵

a. 慢慢关闭出口阀。

b. 切断电源。

c. 关闭入口阀，关闭压力表手阀。

d. 有冷却水的泵，待泵冷却后，关闭冷却水，以防冻凝。

1.2.3.2 液体输送机械能力拓展——往复泵工作情况介绍

（1）往复泵的结构和工作原理解读　如图 1-36 所示。

① 结构　往复泵也是化工生产中较常用的一种泵，是典型的容积式泵，主要由泵缸、活塞和单向阀所构成。

② 往复泵工作原理解读　工作原理是借助往复运动的活塞将机械能以静压能的形式直接传给液体。

当活塞向右运动时，泵缸内工作容积增大而形成低压，造成真空，排出阀受压而自动关闭，吸入阀开启，液体进入泵缸内，当活塞移至右端点，吸液过程结束；当活塞向左运动时，工作容积减小，活塞的挤压使液体压力升高，吸入阀受压关闭，液体不断冲开排出阀向外排液。活塞不断地往复运动，液体交替地吸入和排出，可见，往复泵是由活塞将外功以静压强的方式直接传给液体的，而且不能连续地排出液体。

（2）往复泵的类型　按往复泵的动力来源可分为以下两种。

① 电动往复泵　电动往复泵由电动机驱动，是最常见的一种。

② 汽动往复泵　汽动往复泵直接由蒸汽机驱动。

按作用方式可分为以下两种。

① 单动泵　活塞往复一次，完成吸液和排液各一次。

② 双动泵　活塞往复一次，完成吸液和排液各两次。

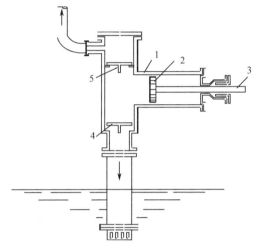

图 1-36　往复泵装置简图

1—泵缸；2—活塞；3—活塞杆；4—吸入阀；5—排出阀

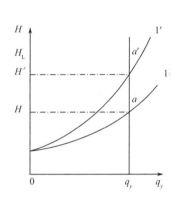

图 1-37　往复泵的工作特性曲线
与工作点

（3）往复泵输送流量变化调节方法　往复泵属于正位移泵，它的流量与管路特性无关，如图 1-37 往复泵的工作特性曲线与工作点，其提供的压头只取决于管路情况，若在往复泵出口安装调节阀，非但不能调节流量，而且还会造成危险。随阀门开启度减小，要求泵提供的压头增大，一旦出口阀门完全关闭，泵缸内的压强将急剧上升，导致机件破损或电机烧毁。

流量调节方法如下。

① 旁路流程调节　从图 1-38 看出增加旁路，并未改变泵的总流量，只是使部分液体经旁路又回到泵的出口，从而减小了主管路系统的流量。显然，这种调节不经济，只适用于变化幅度较小的经常性调节。

② 改变活塞行程或改变驱动机构的转速。带有变速装置的电动往复泵采用改变转速来调节流量，是一种较经济且常用的方法。

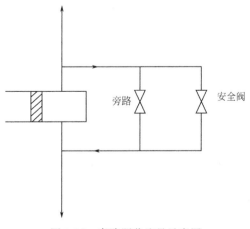

图 1-38　旁路调节流量示意图

a. 往复泵有自吸能力，启动前不必向缸内灌液。启动前必须打开导管上的出口阀门，否则泵缸内压力就会急剧上升，轴功率增大，以致缸体破裂或电机烧坏。

b. 往复泵主要用于高压头、小流量的场合，输送高黏度液体的效果较离心泵为佳，但不宜腐蚀性和含固体颗粒的液体。

1.2.4　岗位操作技能训练

实训项目要根据前面章节教学目标的需要，灵活地安排到前面的教学过程中去。

1.2.4.1　流体流动阻力测定仿真实训

（1）通过仿真实训的操作，测定光滑管、粗糙管和孔板的阻力大小变化，使学生在模拟的环境下，理解管道和管件的阻力随液体流量大小变化的规律。

（2）掌握阻力系数的测定方法和操作过程，能达到独立操作，进行采集数据并能分析，写出实训报告。

1.2.4.2　流体流动阻力测定实训装置（计算机数据采集型）

（1）能全面了解流体在流动过程中所涉及的流体阻力实验方法、流量计、倒 U 形压差计及电容式差压变送器的操作使用方法。

（2）管阻力（光滑管、粗糙管）、局部阻力测定实验，湍流区 λ 与雷诺数 Re 的关系。

1.2.4.3　雷诺实训装置

（1）能定性直观地观察到层流、过渡流、湍流等各种流型的状况。清晰地观察到流体在圆管内流动过程的速度分布情况。

（2）强化学生对流体流动理论知识的理解掌握，同时提高学生的动手操作能力。

1.2.4.4　能量转换实训装置（柏努利实训装置）

（1）了解单管压力计测定静压力的实训方法。

（2）观察液体通过不同管径时流体静压力的变化。

（3）能测定高位槽液位。

（4）能观察分析不可压缩流体在管内流动时各种形式机械能的相互转化现象、质量守恒和能量守恒的表现形式。

（5）能分析问题和解决问题的能力，培养学生严谨踏实的工作态度。

1.2.4.5　离心泵仿真操作

（1）理解离心泵的工作原理、工艺流程。

（2）掌握该系统的工艺参数调节方法及控制。

（3）能熟练操作冷态开车及正常停车，会对离心泵正常进行工况维护，对操作过程中出现的典型故障会正确分析并加以排除。

1.2.4.6　离心泵特性曲线测定实训装置（计算机数据采集型）

（1）能全面了解流体流动过程中涉及的流量计、离心泵性能及管路性能概念和实验方法。

（2）学生能充分了解离心泵的结构与特性、学会离心泵操作，测定恒定转速条件下泵有效扬程（H）、轴功率（N）及电动调解阀自动调节。

（3）能使学生提高对离心泵的认识和完成开停泵操作。

（4）能正确分析离心泵在运转时不上料的原因，并提出解决的办法。

1.2.4.7 生产现场学习

走进生产现场，观察化工实际生产管路组成、设备、仪表等运行状况，提高学生学习知识的迁移性。能从根本上理解化工生产过程与自己所学知识与技能之间的关系，提高学习兴趣。

1.2.5 做中学、学中做岗位技能训练题

（1）写出雷诺数的表达式，并说明如何判断流体的流动类型。

（2）简述流体流动产生阻力的主要原因。

（3）一定量的流体在圆形直管内作层流流动。若管长及流体物性不变，而管径减至原来的 1/2 。试通过简单计算说明因流动阻力而损失的能量变为原来的多少倍？

（4）什么是稳定流动和不稳定流动？

（5）画出离心泵的特性曲线示意图，并标出各线名称。

（6）离心泵的扬程和升扬高度有什么不同？

（7）简述离心泵的工作原理。

（8）为什么离心泵在启动和停车时要先关闭出口阀？

（9）简述离心泵流量调节的方法。

（10）简述离心泵的主要部件及其作用。

（11）如图所示的开口容器内盛有油和水。油层高度 $h_1 = 0.7m$，密度 $\rho_1 = 800kg/m^3$；水层高度 $h_2 = 0.6m$，密度 $\rho_2 = 1000kg/m^3$。试计算水在玻璃管内的高度。

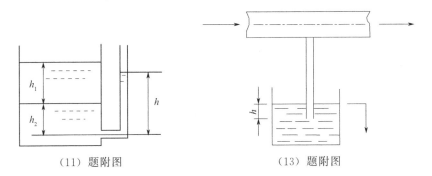

（11）题附图　　　　　　　　　　（13）题附图

（12）若将 60kg 密度为 830kg/m³ 的油与 40kg 密度为 710kg/m³ 的油混在一起；试求混合油的密度。假设混合油为理想溶液。

（13）为了排除煤气管中的少量积水，用如图水封设备，水由煤气管道上的垂直支管排出，已知煤气压力为 10kPa（表压）。问水封管插入液面下的深度最小为多少？

（14）有一输水管路，20℃的水从主管向两支管流动，主管内水的流速为 1.06m/s，支管 1 与支管 2 的水流量分别为 20t/h 与 10t/h。支管 1 为 φ108mm×4mm，支管 2 为 φ89mm×3.5mm。

试求：① 主管的内径；

② 支管 1 内水的流速。

（15）如图所示的输水管道，管内径为：$d_1 = 2.5cm$，$d_2 = 10cm$，$d_3 = 5cm$。

① 当流量为 4L/s 时，各管段的平均流速为若干？

② 当流量增至 8L/s 或减至 2L/s 时，平均流速如何变化？

（16）如图所示，有一垂直管路系统，管内径为 100mm，管长为 16m，其中有两个截止

阀，一个全开，另一个半开，直管摩擦系数为 $\lambda=0.025$。若只拆除一个全开的截止阀，其他保持不变。试问此管路系统的流体体积流量将增加百分之几？

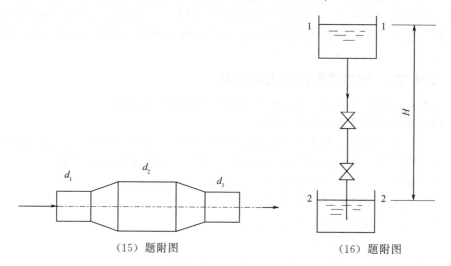

（15）题附图　　　　　　　（16）题附图

（17）某流体在直管中稳定流动，已知流体相对密度为 $d=0.8$，管子规格为 $\phi78\times4$，流体流量为 $1.33\times10^3\,\mathrm{kg/h}$，流体黏度为 $1.005\mathrm{cP}$。

试求：① 判断流体流型？

② 求 $u_{\max}$？

（18）用水对一离心泵的性能进行测定，在某一次实验中测得：流量 $10\mathrm{m^3/h}$，泵出口的压强表读数 $0.17\mathrm{MPa}$，泵入口的真空表读数 $160\mathrm{mmHg}$，轴功率 $1.07\mathrm{kW}$。真空表与压强表两截压截面间的垂直距离为 $0.5\mathrm{m}$。试计算泵的扬程及效率。

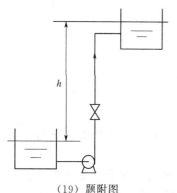

（19）题附图

（19）如图所示，用泵将水由水池送至高位槽，已知输送流量为 $72.8\mathrm{m^3/h}$，管子总长为 $248\mathrm{m}$（包括各种局部阻力的当量长度在内），管子规格为 $\phi108\times4$，水的密度可取 $1000\mathrm{kg/m^3}$。

试求：① 管路总阻力？（已知流体流动摩擦系数 $\lambda=0.026$）

② 若两槽液面高度差 $h=20\mathrm{m}$，求泵的有效功率？（请表示成 kW）

③ 若 $\eta=70\%$，求泵的轴功率？（请表示成 kW）

（20）用泵将水以 $48\mathrm{m^3/h}$ 的流量由水池送入水塔。已知水塔液面比水池液面高出 $13\mathrm{m}$，水塔和水池均通大气，输水管路均为 $\phi114\times4\mathrm{mm}$ 无缝钢管，管长 $180\mathrm{m}$（包括所有局部阻力损失的当量长度）。摩擦系数可取为 0.02，此时泵的效率为 76%。试求：① 管内流速；② 管路系统的总阻力损失；③ 泵的扬程；④ 泵的有效功率；⑤ 泵的轴功率。

（21）分别计算下列情况下，流体流过 $\phi77\times3.5\mathrm{mm}$、长 $10\mathrm{m}$ 的水平钢管的阻力损失 $\sum h_\mathrm{f}$、压头损失 $\sum H_\mathrm{f}$。

① 密度为 $900\mathrm{kg/m^3}$、黏度为 $80\mathrm{cP}$ 的油品，流速为 $1.2\mathrm{m/s}$；

② $20\mathrm{℃}$ 的水，流速为 $2.2\mathrm{m/s}$。

（22）如图所示，某离心泵安装在水井水面上 $4.5\mathrm{m}$，泵流量为 $20\mathrm{m^3/h}$，吸水管为

$\phi108mm\times4mm$，吸水管中损失能量为 24.5J/kg，求泵入口处的压力，当地的大气压强为 100kPa。

（23）如图所示，用泵将储槽中的某油品以 $40m^3/h$ 的流量输送到高位槽。两槽的液面差为 20m。输送管内径为 100mm，管子总长为 450m（包括各种局部阻力的当量长度在内）。试计算泵所需要的有效功率。设两槽的液面恒定。油品的密度为 $890kg/m^3$，黏度为 0.187Pa·s。

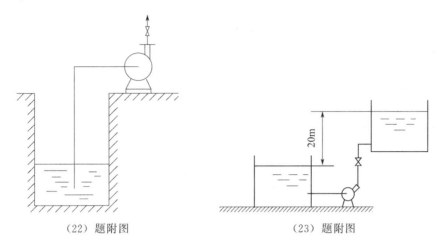

（22）题附图　　　　　　　　　（23）题附图

（24）如图所示为洗涤塔的供水系统。储槽液面压力为 100kPa（绝压），塔内水管出口处高于储槽内水面 20m，排水管与喷头连接处的压强为 300kPa（绝压），管路为 $\phi57mm\times2.5mm$ 钢管，送水量为 $14m^3/h$，系统能量损失 $4.3mH_2O$，求水泵所需的外加压头。

（25）某水塔塔内水的深度保持 3m，塔底与一内径为 100mm 的钢管连接，今欲使流量为 $90m^3/h$，塔底与管出口的垂直距离应为多少？设损失能量为 196.2J/kg。

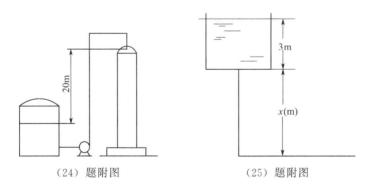

（24）题附图　　　　　　　　　（25）题附图

1.3　一次盐水的生产过程

1.3.1　生产原料——原盐

工业生产中使用的原料食盐称为原盐。原盐在自然界中蕴藏量甚大，分布很广，根据其来源不同，原盐可分为海盐、井盐、湖盐和矿（岩）盐四大类。就其 NaCl 含量而言，湖盐质量最佳，NaCl 含量高达 96%～99%；井盐、矿盐次之，NaCl 含量高达 93%～98%；海盐的 NaCl 含量高达 91%～97%，海盐的钙镁含量最高。

工业原盐溶为盐水后，其中所含的杂质 Ca^{2+}、Mg^{2+}、SO_4^{2-} 和机械不溶杂质对电解是十分有害的。不溶性的机械杂质会堵塞电解槽内的离子交换膜上的微孔，降低离子交换膜的渗透性，恶化电解槽的运行。如果盐水中的 Ca^{2+} 和 Mg^{2+} 不去除，则在电解过程中 Ca^{2+}、Mg^{2+} 将在阴极侧与电解产物发生反应，生成难溶的氢氧化钙和氢氧化镁沉淀，这样，不仅消耗了 NaOH，而且也会堵塞电解槽碱性一侧离子膜的微孔，降低离子膜的渗透性，造成电解液浓度升高、电流效率下降和槽电压升高等现象，从而破坏了电解槽的正常运行，缩短离子膜的使用寿命。

盐水中 SO_4^{2-} 过高时，会促使 OH^- 在阳极放电而产生氧气，降低电流效率，加剧电极的腐蚀，缩短电极的使用寿命。

盐水中含有 Fe^{3+} 时，除在电解过程中可以与 OH^- 形成 $Fe(OH)_3$ 沉淀，沉积于二次盐水精制过程中的螯合树脂塔，堵塞树脂床层与树脂上的微孔外，还能堵塞电解槽内的离子交换膜，增加膜电压降，降低电解电流效率，同时还能使阳极室内的氯中含氢增加，形成不安全因素。

在原盐或化盐用水中，如果含有铵离子或有机氮化合物，在电解槽内会被氯转化为极易爆炸的 NCl_3，伴随氯气在液化过程中的集聚而可能发生爆炸。

盐水中存在重金属离子，将会对阳极涂层的电化学活性产生相当大的影响，如盐水中锰沉积在阳极表面，会形成不导电的氧化物，使阳极涂层的活性降低，增加电解的槽电压，使电耗升高。

盐水中的不溶性的泥沙等杂质随盐水进入螯合树脂塔，除堵塞树脂床层与树脂上的微孔外，还能堵塞电解槽内的离子交换膜，降低离子膜的渗透性，造成离子膜电解槽运行恶化。

因此，原盐溶化后的食盐水必须经过精制后才能进入电解槽。

选择原盐的主要标准：① 氯化钠含量要高，一般要求大于 95％；② 化学杂质要少，Ca^{2+}、Mg^{2+} 总量要小于 1％，SO_4^{2-} 要小于 0.5％；③ 不溶于水的杂质要少；④ 盐的颗粒要粗，否则容易结成块状，给运输和使用带来困难。此外，盐的颗粒太细时，盐粒容易从化盐池内泛出，使化盐和澄清操作难以进行。因为原盐质量的复杂性，盐水生产过程可分为粗盐水的制备、粗盐水的精制、盐泥的洗涤与处理、SO_4^{2-} 的脱除四个生产项目。

1.3.2 粗制盐水制备与 Mg^{2+} 去除的工艺流程

1.3.2.1 粗制盐水制备与 Mg^{2+} 去除的生产工艺流程图

如图 1-39（a）所示。

1.3.2.2 粗制盐水制备与 Mg^{2+} 的去除的生产工艺流程叙述

原盐溶化是指原盐从立式盐仓经皮带输送机连续加入化盐池。为确保盐水浓度，化盐池内盐层高度应保持在 2.5m 以上。化盐用水来自洗盐泥桶的洗水和电解送来的脱氯脱硫酸根后的淡盐水以及外加水，经过混合后加热到（55±2）℃作为化盐用水，从化盐池底部均匀分布的分水管出口上安装的菌状溢流帽下的出水通道流出，与盐层逆向接触，在流动中溶解原盐，制成饱和粗盐水。原盐中夹带的草屑等杂质由化盐池上方的铁栅除去；沉积于池底的泥沙则定期从化盐池底部清除。饱和粗盐水被输送进粗盐水储罐内。

盐水在化盐池内的停留时间应不小于 30min。原盐在水中的溶解度与温度有关，并在一定温度下其溶解度保持不变，溶解原盐的量与溶剂水的量成正比例。

从化盐池内流出的粗盐水，流进粗盐水的集中槽内，加入 NaOH 溶液与粗盐水中的 Mg^{2+} 反应后，再用泵送入溶气混合罐内溶解部分空气后，流进文丘里混合器内定量加入 $FeCl_3$ 溶液，经充分混合后从浮上澄清桶的中部流入浮上澄清桶内斜板间隙实现固液分离，其中从澄清桶的底部沉降下来的是部分盐泥和不溶水沉淀物，从澄清桶上面漂浮而出的是氢氧化物絮状沉淀，这两部分沉淀物定期排入盐泥回收池内，送盐泥压滤岗位进行处理。

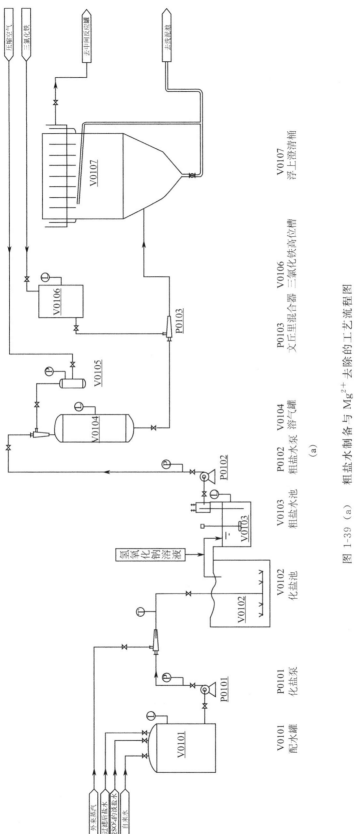

图 1-39 (a) 粗盐水制备与 Mg^{2+} 去除的工艺流程图

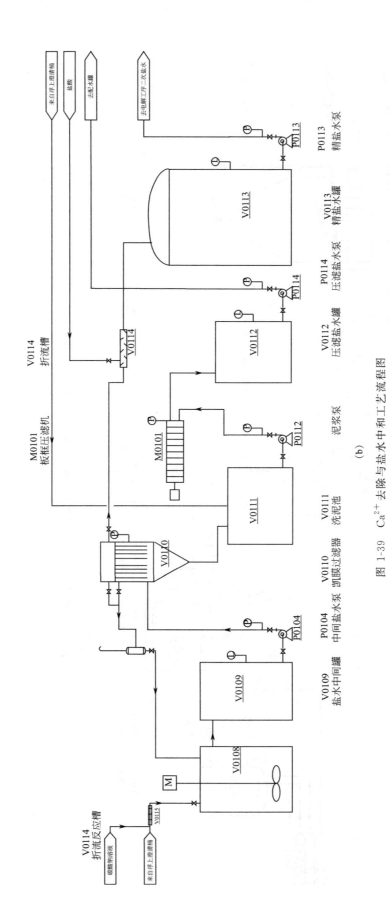

图 1-39 Ca²⁺ 去除与盐水中和工艺流程图

（b）

52

【实例计算 1-8】 某氯碱厂要配制 100t 电解用食盐（NaCl）饱和溶液。在温度 90℃ 时，食盐的溶解度为 38.5g。问需要水和食盐各多少吨？

解：设需要食盐 xt。

根据溶解度的定义，在 90℃ 时，100g 水溶解 38.5g 食盐，可达到盐水饱和溶液，此时 100g 水可溶解 38.5g 食盐就可达到饱和，所以饱和溶液的总质量为：$100+38.5=138.5$g

根据：$\dfrac{溶质的溶解度}{溶质的溶解度+100}=\dfrac{饱和溶液中所含溶质的质量}{饱和溶液的质量}$，得

$$\frac{38.5}{100+38.5}=\frac{x}{100}$$

$$x=\frac{100\times38.5}{100+38.5}=27.8（t）$$

即需要食盐 27.8t；需要水为 $100-27.8=72.2$（t）。

1.3.2.3 Mg^{2+} 去除的方法

镁离子和铁离子一般以氯化物存在于原盐中，精制时加入烧碱溶液，可生成难溶于水的氢氧化镁 [25℃ 时 $Mg(OH)_2$ 的溶度积为 5×10^{-12}] 和氢氧化铁 [25℃ 时 $Fe(OH)_3$ 的溶度积为 1×10^{-36}]。其化学反应式为：

$$MgCl_2+2NaOH \Longrightarrow Mg(OH)_2\downarrow+2NaCl$$

$$FeCl_3+3NaOH \Longrightarrow Fe(OH)_3\downarrow+3NaCl$$

生成的氢氧化镁是一种絮状沉淀物，烧碱的加入量需要适当过量，以保证 Mg^{2+}、Fe^{3+} 在较短的时间内反应完全。在生产中一般将 NaOH 的过量控制在 0.07～0.3g/L。

1.3.3 Ca^{2+} 去除的工艺流程

1.3.3.1 Ca^{2+} 去除的生产工艺流程图

见图 1-39（b）所示。

1.3.3.2 Ca^{2+} 去除的生产工艺流程叙述

从浮上澄清桶中部溢流出的上清液汇聚在一起，流入曲颈反应槽内，加入 Na_2CO_3 溶液和少量的 Na_2SO_3 溶液混合后，流进反应罐，盐水中的 Ca^{2+} 与 Na_2CO_3 进行充分的反应，反应时间应不少于 30min 为宜，将反应后的盐水用泵送入凯膜（膨体聚四氟乙烯膜）盐水过滤器内进行固液分离，以除去反应生成的 $CaCO_3$ 沉淀，从凯膜过滤器溢流而出的盐水进入曲颈反应槽内，加入盐酸调节盐水的 pH 值，使之达到 8～10。而凯膜过滤器内的盐泥经 PLC 或 DCS 控制，定时进行反冲洗，这些盐泥也送入盐泥回收池内。从凯膜过滤器溢流而出的盐水质量指标见表 1-4。

表 1-4 从凯膜过滤器溢流而出的盐水质量指标

控制项目	指标要求
NaCl/(g/L)	≥315
Na_2CO_3（过量）/(g/L)	0.3～0.6
NaOH（过量）//(g/L)	0.07～0.3
盐水温度/℃	50 左右
SS（浊度）/（mg/L）	<1（Ca、Mg 固体物除外）

1.3.3.3 Ca^{2+} 去除的方法

Ca^{2+} 一般以氯化钙或硫酸钙的形式存在于原盐中，精制时向粗盐水中加入 Na_2CO_3 溶

液，使 Ca^{2+} 生成不溶性的 $CaCO_3$ 沉淀（25℃时 $CaCO_3$ 的溶度积为 $4.8×10^{-8}$）。其化学反应式为：

$$Na_2CO_3+CaCl_2\!\!=\!\!=\!\!CaCO_3\downarrow+2NaCl$$
$$Na_2CO_3+CaSO_4\!\!=\!\!=\!\!CaCO_3\downarrow+Na_2SO_4$$

但是如果按理论量 Na_2CO_3 加入时，需要搅拌数小时才能反应完全。如果加入超过理论用量 0.8g/L 时，反应在 15min 内即可完成 90%，在不到一个小时之内就能全部完成。反应生成的固体碳酸钙颗粒通过凯膜过滤器过滤后就能使粗盐水达到表 1-4 所示的质量指标。那么凯膜过滤器究竟是如何完成过滤固体碳酸钙颗粒的呢？让我们还是从膜过滤过程开始学习。

1.3.3.4 膜分离技术

（1）膜分离的基础　借助于膜而实现各种分离的过程称为膜分离。如果在一个流体相内或两个流体相之间有一薄层凝聚相物质把流体分隔开来成为两部分，则这一薄层物质就是膜。这里所谓的凝聚相物质可以是固态的，也可以是液态或气态的。膜本身可以是均匀的一相，也可以由两相以上的凝聚态物质所构成的复合体。

膜的种类繁多，大致可以按以下几方面对膜进行分类。

① 根据膜的材质，从相态上可分为固体膜和液体膜。

② 从材料来源上，可分为天然膜和合成膜，合成膜又分为无机材料膜和有机高分子膜。

③ 根据膜的结构，可分为多孔膜和致密膜，如图 1-40、图 1-41 所示。

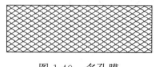

图 1-40　多孔膜

图 1-41　致密膜

④ 按膜断面的物理形态，固体膜又可分为对称膜、不对称膜和复合膜。对称膜又称均质膜。不对称膜具有极薄的表面活性层（或致密层）和其下部的多孔支撑层。复合膜通常是用两种不同的膜材料分别制成表面活性层和多孔支撑层。

⑤ 根据膜的功能，可分为离子交换膜、渗透膜、微孔过滤膜、超过滤膜、反渗透膜、渗透汽化膜、闸膜、气体渗透膜等。

⑥ 根据固体膜的形状，可分为平板膜、管式膜、中空纤维膜以及具有垂直于膜表面的圆柱形孔的核径蚀刻膜（简称核孔膜）等。

膜分离技术的发展经历了较长时间，才真正成为工业生产过程的重要物料分离的工具。1748 年 Abble Nelkt 发现水能自然地扩散到装有酒精溶液的猪膀胱内，首次揭示了膜分离现象。人们发现动植物体的细胞是一种理想的半透膜，即对不同质点的通过具有选择性，生物体正是通过它进行新陈代谢的生命过程。直到 1950 年，W. Juda 首次发表了合成高分子离子交换膜，膜现象的研究才由生物膜转入到工业应用领域，合成了各种类型的高分子离子交换膜，电渗析过程得到迅速发展。固态膜经历了 20 世纪 50 年代的阴阳离子交换膜，60 年代初的一二价阳离子交换膜，60 年代末的中空纤维膜以及 70 年代的无机陶瓷膜等 4 个发展阶段，形成了一个相对独立的学科。具有分离选择性的人造液膜是 Martin 在 60 年代初研究反渗透脱盐时发现的，他把百分之几的聚乙烯甲醚加入盐水进料中，结果在醋酸纤维膜和盐溶液之间的表面上形成了一张液膜。由于这张液膜的存在而使盐的渗透量稍有降低，但选择透过性却明显增大。此液膜是覆盖在固膜之上的，因此称为支撑液膜。60 年代中，美籍华人黎念之博士在用 Du Nuoy 环法测定表面张力观察到皂草苷表面活性剂的水溶液和油作实验时能形成很强能够挂住的界面膜，从而发现了不带固膜支撑的新型液膜。这种新型液膜可以制成乳状液，膜很薄且面积大，因此处理能力比固膜和支撑性液膜大得多，这一重大技术发现奠定了液膜技术发展的基础。1960年Leob和Sourirajan共同制成了具有高脱盐率、高透水量的非对称醋酸纤维素反渗透膜，使反渗透过程走向了工业应用，其后这种使用相转化方法制备超薄皮层的制膜工艺，引起了学术、技术和工业界的广泛重视，出现了研究各种分离膜，发展不同膜过程的高潮。

随着制膜技术的发展，膜分离技术不断进入工业应用领域。反渗透、超滤、微滤、电渗析、气体膜分离、无机膜分离、液膜分离等都取得很多新的进展，其应用范围也不断地扩大，遍及海水与苦咸水淡化、环保、化工、石油、生物制药、轻工食品等领域。膜分离技术作为分离混合物的重要方法，在生产实践中越来越显示其重要作用。

我国膜科学技术的发展是从1958年研究离子交换膜开始的，1965年着手反渗透的探索，1967年开始的全国海水淡化会战，大大促进了我国膜科技的发展。20世纪80年代以来对各种新型膜分离过程和制膜技术展开了全面研究与开发，目前已有多种反渗透、超滤、微滤和电渗析膜与膜组件的定型产品，在各个工业、科研、医药部门广为应用。几种常见膜的分离过程见表1-5。

表1-5　几种常见膜的分离过程

过程	简图	推动力	传递机理	透过物	截留物	膜类型
微孔过滤（0.02～10μm）	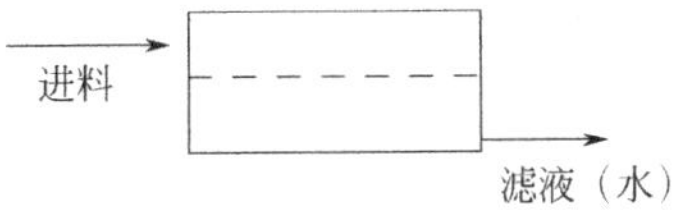 进料 → 滤液（水）	压力差 1.0～100kPa	颗粒大小、形状	水、溶剂溶解物	悬浮物颗粒、纤维	多孔膜
超滤（0.001～0.02μm）	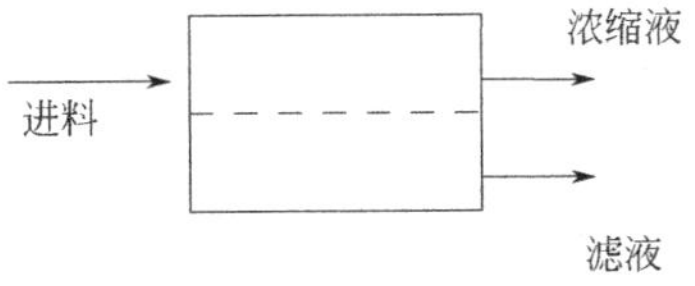 进料 → 浓缩液 滤液	压力差 100～1000kPa	分子物性、大小、形状	水、溶剂	胶体大分子（不同分子量）	非对称性膜
反渗透（0.0001～0.001μm）	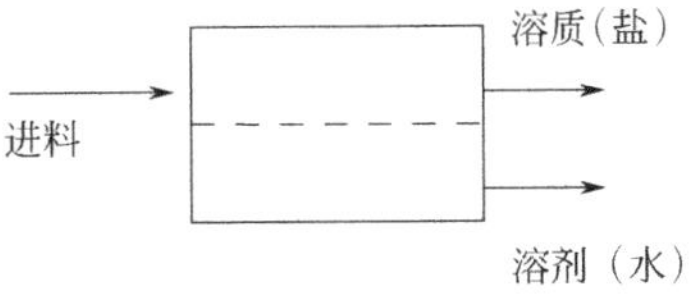 进料 → 溶质（盐） 溶剂（水）	压力差 1000～10000kPa	溶剂的扩散传递	水、溶剂	溶质、盐（悬浮物大分子、离子）	非对称性膜或复合膜
渗析	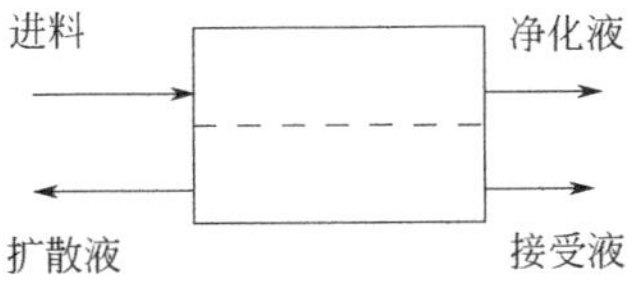 进料 → 净化液 扩散液 接受液	浓度差	溶质的扩散传递	低相对分子质量物离子	溶剂相对分子质量>1000	非对称性膜、离子交换膜

55

过程	简图	推动力	传递机理	透过物	截留物	膜类型
电渗析	浓电解质／产品（溶剂）／＋极／－极／阴离子交换膜／进料／阳离子交换膜	电化学势	电解质离子的选择传递	电解质离子	非电解质大分子物质	离子交换膜
气体分离	进气／渗余气／渗透气	压力差1000～10000kPa，浓度差（分压差）	气体和蒸气的扩散渗透	渗透性的气体或蒸气	难渗透性的气体或蒸气	均匀膜、复合膜、非对称性膜
渗透汽化	进料／溶质或溶剂／溶剂或溶质	分压差	选择传递（物性差异）	溶质或溶剂（易渗组分的蒸气）	溶剂或溶质（难渗组分的液体）	均匀膜、复合膜、非对称性膜
液膜（促进传递）	内相／膜相／外相	化学反应和浓度差	反应促进和扩散传递	杂质（电解质离子）	溶剂、非电解质	液膜

常见的膜分离设备主要有如下几种膜组件。

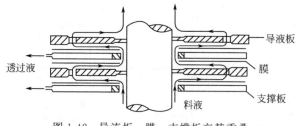

图1-42 导流板、膜、支撑板交替重叠

① 板框式膜组件 板框式膜组件使用平板式膜，故又称为平板式膜组件。这类膜器件的结构与常用的板框压滤机类似，由导流板、膜、支撑板交替重叠组成。如图1-42是一种板框式膜器的部分示意。其中支撑板相当于过滤板，它的两侧表面有窄缝。其内部有供透过液通过的通道，支撑板的表面与膜相贴，对膜起支撑作用。导流板相当于滤框，但与板框压滤机不同，由导流板导流流过膜面，透过液通过膜，经支撑板面上的窄缝流入支撑板的内腔，然后从支撑板外侧的出口流出。料液沿导流板上的流道与孔道一层层往上流，从膜器上部的出口流出，即为过程的浓缩液。导流板面上设有不同形状的流道，以使料液在膜面上流动时保持一定的流速与湍动，没有死角，减少浓差极化和防止微粒、胶体等的沉积。

如图1-43是另一种形式的板框式膜器件，它将导流板与支撑板的作用合在一块板上。图中板上的弧形条突出于板面，这些条起导流板的作用，在每块板的两侧各放一张膜，然后一块块叠在一起。膜紧贴板面，在两张膜间形成由弧形条构成的弧形流道，料液从进料通道送入板间两膜间的通道，透过液透过膜，经过板面上的孔道，进入板的内腔，然后从板侧面的出口流出。

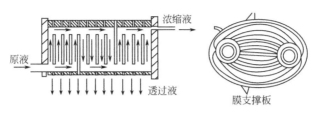

图 1-43　导流板与支撑板的作用合在一块板上

　　板框式膜组件的优点是组装方便，膜的清洗更换比较容易，料液流通截面积较大，不易堵塞，同一设备可视生产需要而组装不同数量的膜。但其缺点是需密封的边界线长，为保证膜两侧的密封，对板框及其起密封作用的部件的加工精度要求高。每块板上料液的流程短，通过板面一次的透过液相对量少，所以为了使料液达到一定的浓缩度，需经过板面多次，或者料液需多次循环。

　　② 卷式膜组件　卷式膜组件也是用平板膜制成的，其结构与螺旋板式换热器类似。如图 1-44，支撑材料插入 3 边密封的信封状膜袋，袋口与中心集水管相接，然后衬上起导流作用的料液隔网，两者一起在中心管外缠绕成筒，装入耐压的圆筒中即构成膜组件。使用时料液沿隔网流动，与膜接触，透过液透过膜，沿膜袋内的多孔支撑流向中心管，然后由中心管导出。

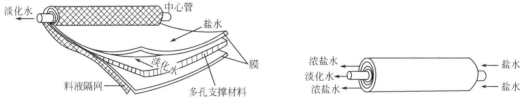

图 1-44　卷式膜组件

　　卷式膜组件应用比较广泛，与板框式相比，卷式膜组件的设备比较紧凑、单位体积内的膜面积大、制作工艺相对简单。其缺点是清洗不方便，膜有损坏时，不易更换，尤其是易堵塞，膜必须是可焊接的或可粘贴的。近年来，随着预处理技术的发展，卷式膜组件的应用越来越广泛。

　　③ 管式膜组件　管式膜组件由管式膜制成，它的结构原理与管式换热器类似，管内与管外分别走料液与透过液，如图 1-45，管式膜的排列形式有列管、排管或盘管等。管式膜分为外压和内压两种，外压即为膜在支撑的外侧。因外压管需有耐高压的外壳，应用较少；膜在管内侧的则为内压管式膜。亦有内、外压结合的套管式管式膜组件。

　　管式膜组件的缺点是单位体积膜组件的膜面积少，一般仅为 $33\sim330\text{m}^2/\text{m}^3$，除特殊场合外，一般不被使用。

　　④ 中空纤维膜组件　中空纤维膜组件的结构与管式膜类似，即将管式膜由中空纤维代替。如图 1-46 是中空纤维膜制成的膜组件示意，它由很多根纤维（几十万至数百万根）组成，众多中空纤维与中心进料管捆在一起，一端用环氧树脂密封固定，另一端用环氧树脂固定，料液进入中心管，并经中心管上下孔均匀地流入管内，透过液沿纤维管内从左端流出，浓缩液从中空纤维间隙流出后，沿纤维束与壳间的环隙从右端流出。这类膜组件的特点是设

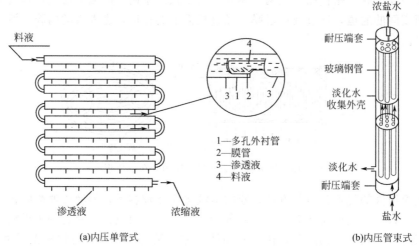

(a)内压单管式

1—多孔外衬管
2—膜管
3—渗透液
4—料液

(b)内压管束式

图 1-45 管式膜组件

备紧凑,单位组件体积内的有效膜面积大(高达 $16000\sim30000m^2/m^3$)。因中空纤维内径小,阻力大,易堵塞,所以料液走管间,渗透液走管内,透过液侧流动损失大,压降可达数个大气压,膜污染难除去,因此对料液处理要求高。

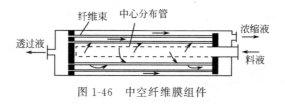

图 1-46 中空纤维膜组件

(2) 膜分离技术的类型

① 反渗透

a. 反渗透工作过程 如图 1-47。当纯水与盐水用一张能透过水的半透膜隔开时,纯水则透过膜向盐水侧渗透,过程的推动力是纯水和盐水的化学位之差,表现为水的渗透压 π,渗透压是溶液的一个性质,与膜无关。随着水的不断渗透,盐水侧水位升高,当提高到 h 时,盐水侧的压力 p_2 与纯水侧的压力 p_1 之差等于渗透压时,渗透过程达到动态平衡,宏观渗透为零。如果在盐水侧加压,使盐水侧与纯水侧压差 p_2-p_1 大于渗透压,则盐水中的水将通过半透膜流向纯水侧,这一过程就是所谓的反渗透。

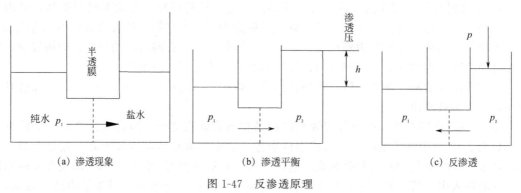

(a) 渗透现象   (b) 渗透平衡   (c) 反渗透

图 1-47 反渗透原理

显然反渗透过程的推动力为：$\Delta p = (p_2 - p_1) - \pi$ (1-68)

式中　π——组成为 x（摩尔分数）的溶液中水的渗透压。

渗透压 π 与水的活度 a_w 之间的关系如下

$$\pi V_w = -RT \ln a_w \tag{1-69}$$

$$a_w = \gamma_w x_w \tag{1-70}$$

式中　V_w——水的偏摩尔体积；

$\quad\quad R$——气体常数；

$\quad\quad T$——温度，K；

$\quad\quad a_w$——水的活度；

$\quad\quad \gamma_w$——水的活度系数；

$\quad\quad x_w$——溶液中水的摩尔分数。

以下为选修内容：对理想溶液，$\gamma_w = 1$，当溶液中盐浓度极低时，则

$$\ln x_w = \ln(1 - \sum x_{si}) \approx -\sum x_{si} \approx -\sum c_i V_w \tag{1-71}$$

这时渗透压可用下式计算

$$\pi = RT \sum c_{si} \tag{1-72}$$

式中，x_{si}、c_i 分别表示溶液中溶质量 i 的摩尔分数与摩尔浓度，上式即为著名的 Van't Hoff（范特霍夫）方程。

对于实际溶液，可在 Van'tHoff 方程中引入渗透系数 ϕ 以修正其非理想性。

$$\pi = \phi_i RT c_{si} \tag{1-73}$$

实际上，在等温条件下许多物质的水溶液的渗透压近似地与其摩尔浓度成正比。

$$\pi = B c_{si} \tag{1-74}$$

溶液浓度越高，其渗透压越大，表 1-6 是几种物质溶液的 B 值。

表 1-6　各种溶质-水体系的 B 值 （273K）

体　系	尿素	砂糖	NH_4Cl	KNO_3	KCl	$NaNO_3$	NaCl	$CaCl_2$	$MgCl_2$
$B \times 10^3 \times 101.33/$（kPa/％）	1.33	1.40	2.45	2.34	2.48	2.44	2.52	3.63	3.63

在实际过程中，透过液不可能是纯水，其中多少含有一些溶质，此时过程的推动力为

$$\Delta p = (p_2 - p_1) - (\pi_1 - \pi_2) \tag{1-75}$$

式中，π_1 与 π_2 分别为原液侧与透过侧溶液的渗透压。以上为选修内容。

由以上分析可知，为了实现反渗透过程，在膜两侧的压差必须大于两侧溶液的渗透压差。一般反渗透过程的操作压差为 2～10MPa。

b. 反渗透过程的操作　反渗透过程设计的目标在于提高分离效率，降低能耗。除膜本身质量以外，过程的浓差极化、操作条件对其影响甚大。

浓差极化：在反渗透过程中，由于膜的选择透过性，溶剂从高压侧透过膜到低压侧表面上，造成由膜表面到主体溶液之间的浓度梯度，如图 1-48，引起溶质从膜表面通过边界层向主体溶液扩散，这种现象即称为浓差极化。

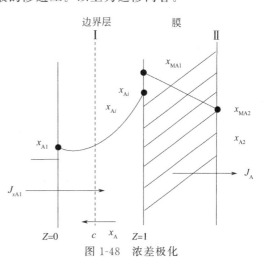

图 1-48　浓差极化

浓差极化现象的存在会给反渗透带来不利影响。由于浓差极化，使膜表面处溶液浓度升高，导致溶液的渗透压升高，因此反渗透操作压力亦必须相应提高，同时，膜表面处溶液浓度升高，易使溶质在膜表面沉积下来，使膜的传质阻力大为增加，膜的渗透通量下降。提高压力也不能明显增加通量，因为压力的提高反而会增加沉积层的厚度。

为了克服浓差极化的不利影响，在反渗透操作过程中必须予以考虑，尽量减少其影响。一般通过提高料液的流速可以使边界层大大减薄，导致传质系数增大。当然，流速增大，输送料液的能耗亦大，因此对于浓差极化不明显的料液，尽量减小膜的表面流速。在料液流道内增加湍流促进器，亦可增强料液的湍流程度，可在同样流速下，提高传质系数；另一些学者采用脉冲形式进料也可起到增加湍动程度的作用，虽然这类方法给装置设计带来很大的困难，但却能有效地降低浓差极化的影响。在操作方式上，提高温度可使分子运动加快，降低黏度，也可以使浓差极化得到部分的控制。

（Ⅰ）操作条件　在反渗透过程中，除浓差极化影响外，料液中含有的固体微粒、胶体、可溶性高分子物、微生物等对膜亦有堵塞、沉积等影响，因此为提高分离效率、降低能耗，常采用以下措施，以达到最佳效果。

· 料液的预处理　预处理的目的在于除去料液中的固体物质，降低浓度；抑制和控制微溶盐的沉淀；调节和控制进料的温度和 pH 值；杀死和抑制微生物的生长；去除各种有机物等。一般而言，固体微粒可用沉降过滤方法除去，而亚微粒子则需使用微孔过滤或超过滤除去，有些胶体物则宜采用加入无机电解质而使其凝聚后除去；微生物与有机物可以用氯或次氯酸钠氧化除去，也可用活性炭来吸附有机物。加六偏磷酸钠之类的沉淀抑制剂可防止钙镁离子在反渗透过程中形成沉淀，也可以用石灰苏打进行水的软化。调整 pH 值对于保护膜十分有效，对于含蛋白分子的溶液，pH 值的调节对膜通量影响甚大。因此，在反渗透过程中，一般均加砂滤、微滤、超滤对料液进行预过滤，并根据料液和膜的性质而加入一些特定的化学物质处理料液以增加渗透过程的效率。

· 温度　温度升高有利于降低浓差极化的影响，提高膜的渗透通量，但温度升高导致能耗增大，并且对高分子膜的使用寿命有影响，因此反渗透过程一般在常温或略高于常温下操作。

· 压力　反渗透过程的推动力是压差，因此操作压差愈高，渗透通量增大，但压差增大往往导致浓差极化的增加，使得膜面的渗透压增高，达到一定压力，增加压力并不能提高渗透通量，即膜面形成了一层凝胶层。另一方面，操作压差的增大将导致能耗增加，因此综合考虑，必须根据经济核算选择适宜的操作压差。一般来说，反渗透的操作压差在 $2 \sim 3MPa$ 之间，对用于低压反渗透膜来说，操作压力可远低于 2MPa。

（Ⅱ）膜的清洗　反渗透技术经济性在很大程度上受膜污染和浓差极化的影响。反渗透膜在操作一段时间后必然会受到污染，导致膜通量的下降和盐的脱除率降低，这时就需要对其进行清洗。清洗的方法有两种：物理清洗和化学清洗。

物理清洗中最简便的方法是采用流动的清水冲洗膜的表面，也可以采用水和空气的混合流冲洗。对于内压管式膜，尚可以加入海绵球用水带动海绵球冲刷膜面。物理清洗时冲刷不能过分，以免损坏膜面，因此物理清洗只能除去一些附着力不牢的污染物，清洗往往不够完全。化学清洗则是采用各种清洗剂来清洗，清洗效果好。清洗剂必须根据溶液性质和膜的性质来选择，常用的有草酸、柠檬酸、加酶洗涤剂和双氧水等。用草酸、柠檬酸或 EDTA 等配制的清洗液可以有较好的清洗效果；双氧水溶液对有机物也有良好的洗涤效果。如果在膜的微孔中有胶体堵塞，则可以利用分离效率极差的物质，如尿素、硼酸、醇等作清洗剂。这些物质易于渗入细孔而达到清洗的目的。

（Ⅲ）工艺流程　根据料液的情况和对分离过程的要求，反渗透过程可以采用以下几种工艺流程。

● 一级一段连续流程　如图 1-49，料液通过膜组件一次即排出，由于单个组件料液流程不可能很长，因此料液的浓缩率低，这种流程工业上较少采用。

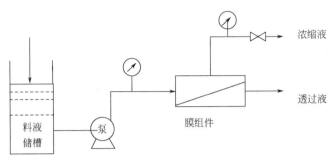

图 1-49　一级一段连续流程

● 一级一段循环式流程　如图 1-50 所示，采用部分浓缩液循环的操作流程，这种流程浓缩倍数较高，但料液浓度必然也高，将导致膜通量的下降或渗透压的增高。

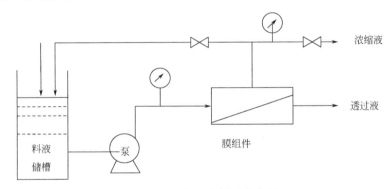

图 1-50　一级一段循环式流程

● 一级多段连续式流程　如图 1-51，实质是多个组件串联的操作方式，直至达到设定的浓度倍数。采用这种流程，各段膜组件大小要根据膜的渗透通量和分离要求进行设计。

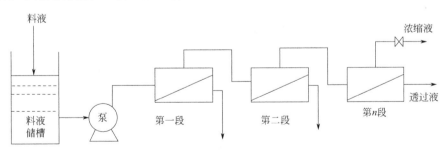

图 1-51　一级多段连续式流程

● 一级多段循环式流程　如图 1-52，这种流程主要适宜以料液为目的的分离过程。

此外尚有多级式流程以及回流反渗透等流程，其目标均在于根据不同的要求而通过流程安排以降低操作成本或设备投资，具体采用何种流程，要根据经济核算来确定。

（Ⅳ）反渗透的应用　反渗透过程的特征是从水溶液中分离出水，其应用也主要局限于水溶液的分离。目前反渗透的应用主要是海水和苦咸水淡化，纯水制备以及生活用水处理，

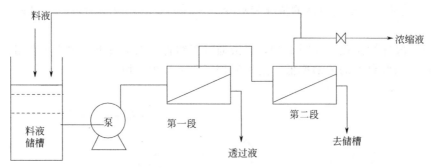

图 1-52 一级多段循环式流程

并逐渐渗透到食品、医药、化工等部门的分离、精制、浓缩操作之中。

● 苦咸水与海水淡化 按 1984 年统计,全球咸水淡化装置的总产水量为 992×10^4 m^3/d,其中用反渗透法制造的淡水约占 20%,最大反渗透淡水装置于 1983 年建于马耳他伽尔拉夫基,日产水 20 万立方米,装置操作压力为 2.8MPa,水利用率 70%,脱盐率大于 99%,水的渗透通量 $0.9 \sim 1.2 m^3/(m^2 \cdot d)$。到 1995 年的统计,反渗透产水量达 5×10^6 m^3/d。用反渗透法生产淡水的成本与原水中的盐含量有关,盐含量越高,则淡化成本越高。苦咸水一般比海水的盐含量低得多,因此其淡化成本也低得多,开发苦咸水的反渗透淡化技术前途更为光明。

● 纯水生产 纯水、超纯水是现代工业必不可少而又重要的基础材料之一。电子工业用超纯水生产过程中,一般均采用反渗透除去大部分盐后,再用离子交换法脱除残留的盐,这样既可减轻离子交换剂的操作负荷,又可延长其使用寿命。市售饮用纯水亦可由反渗透法生产,1997 年全国纯净水生产企业总生产能力达(500~600)万吨/年。

● 废水处理 用反渗透法处理废水很彻底,可以直接得到清水,但其成本相当高,因此只能对那些危害极大的废水,或含有回收价值的废水,如金属电镀废水处理就是反渗透技术应用的成功实例。金属电镀装置由一个电镀槽和若干个清洗槽组成,电镀好的部件在一串清洗槽中用清水逆流洗涤,得到有含金属离子的废水可用反渗透处理,所得纯水可重新用于清洗,浓缩液可加到电镀槽作原料使用。随着废水排放要求和水资源再生要求的提高,用反渗透处理城市废水有广阔的前景。

● 低分子量物质水溶液的浓缩 食品工业中液体食品的部分脱水,与常用的冷冻干燥和蒸发脱水相比,反渗透脱水比较经济,而且产品的香味和营养不致受到影响。

在医药工业中已成功地应用反渗透浓缩某些低分子物质的水溶液,特别是对乙醇水溶液的分离已进行了大量研究,在这类应用中的主要矛盾是膜的选择性问题,是有待于解决的研究课题。

② 超滤和微滤

a. 过程原理 超过滤(简称超滤)和微孔过滤(简称微滤)也是以压力差为推动力的膜分离过程,一般用于液相分离,也可用于气相分离,比如空气细菌与微粒的去除。

超滤所用的膜为非对称膜,其表面活性分离层平均孔径为 $10 \sim 100 Å$($1 Å = 0.1nm$,下同),能够截留相对分子质量为 500 以上的大分子与胶体微粒,所用操作压差在 $0.1 \sim 0.5MPa$。原料液在压差作用下,其中溶剂透过膜上的微孔流到膜的低压侧,为透过液;大分子物质或胶体微粒被膜截留,不能透过膜,为浓缩液,从而实现原料液中大分子物质与胶体物质和溶剂的分离。超滤膜对大分子物质的截留机理主要是筛分作用,决定截留效果的主要是膜的表面活性层上孔的大小与形状。除了筛分作用外,膜表面、微孔内的吸附和粒子在膜孔中的滞留也使大分子被截留。实践证明，有的情况下，膜表面的物化性质对超滤分离有重要影响，因为超滤处理的是大分子溶液，溶液的渗透压对过程有影响。从这一意义上说，它与反渗透类似，但是，由于溶质分子量大、渗透压低，可以不考虑渗透压的影响。

微滤所用的膜是微孔膜，平均孔径 $0.02\sim$ $10\mu m$，能够截留直径 $0.05\sim10\mu m$ 的微粒或相对分子质量大于 100 万的高分子物质，操作压差一般为 $0.01\sim0.2MPa$。原料液在压差作用下，其中水透过膜上的微孔流到膜的低压侧，为渗透液，大于膜孔的微粒被截留，从而实现原料液中的微粒与溶剂的分离。微滤过程对微粒的截留机理是筛分作用，决定膜分离效果的是膜的物理结构、孔的形状和大小。超滤与微滤原理见图 1-53。

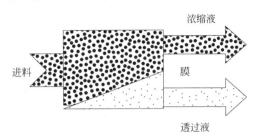

图 1-53 超滤与微滤原理示意图

超滤膜一般为非对称膜，其制造方法与反渗透法类似，一般采用相转化方法。超滤膜的活性分离层上有无数不规则的小孔，且孔径大小不一，很难确定其孔径，也很难用孔径去判断其分离能力，故超滤膜的分离能力均用截留分子量来予以表述。定义能截留 90% 的物质的分子量为膜的截留分子量。工业产品一般均是用截留分子量方法表示其产品的分离能力，但用截留分子量表示膜性能不是完美的方法，因为除了分子大小以外，分子的结构形状、刚性以及测定时物质的浓度、操作条件等对截留性能也有影响，显然当分子量一定，刚性分子较之易变形的分子，球形和有侧链的分子较之线形分子有更大的截留率。目前用作超滤膜的材料主要有聚砜、聚砜酰胺、聚丙烯腈、聚偏氟乙烯、醋酸纤维素等。

微滤膜一般为均匀的多孔膜，孔径较大，可用多种方法测定，如气体泡压法、液体排除法等，直接用测得的孔径来表示其膜孔的大小。

超滤、微滤和反渗透均是以压差作为推动力的膜分离过程，它们组成了可以分离溶液中的离子、分子、固体微粒的这样一个 3 级分离过程。根据所要分离物质的不同，选用不同的方法，但也需说明，这 3 种分离方法之间的分界并不十分严格。表 1-7 列出超滤、微滤和反渗透过程的原理和操作性能，以资比较。

表 1-7 超滤、微滤和反渗透的比较

性能	反渗透	超滤	微滤
过程用膜	表面致密的不对称膜	不对称微孔膜	微孔膜
操作压力/MPa	$2\sim10$	$0.1\sim0.5$	$0.01\sim0.2$
分离物质	相对分子质量小于 500 的小分子物质	相对分子质量大于 500 的分子直至细小胶体微粒	微粒大于 $0.1\mu m$ 的分子
分离机理	非简单筛分，膜物化性能起主要作用	筛分，但膜物化性能有影响	筛分
水通量/$[m^3/(m^2\cdot d)]$	$0.1\sim2.5$	$0.5\sim5$	$2\sim2000$

b. 过程与操作　与反渗透过程相似，微滤、超滤过程也必须克服浓差极化和膜孔的堵塞带来的影响。一般而言，超滤和微滤的膜孔堵塞问题十分严重，对于无机膜而言，往往需要高压反冲技术予以再生。因此在设计微滤、超滤过程时，除像设计反渗透过程一样，注意膜面流速的选择，料液的湍动、预处理以及膜的清洗等因素以外，尚需特别注意膜的反冲洗

以恢复膜的通量。

由于超滤过程膜通量远高于反渗透过程，因此其浓度差极化更为明显，很容易在膜面形成一层凝胶层，此后膜通量将不再随压差增加而升高，这一渗透量称为临界渗透通量。对于一定浓度的某种溶液而言，压差达到一定值后渗透通量达到临界值，所以实际操作应选在接近临界渗透通量附近操作。超滤的工作压力范围一般为 0.1～0.7MPa，过高的压力不仅无益而且有害。

超滤过程操作一般均呈错流，即料液与膜面平行流动，料液流速影响着膜面边界层的厚度，提高膜面流速有利于降低浓差极化影响，提高过滤通量，这与反渗透过程机理是类似的。微滤过程以前大都采用折褶筒过滤，属终端过滤，对于固相含量高的料液无法处理，近年来发展起来的错流微滤技术的过滤过程类似于反渗透和超滤，设计时可以借鉴。

微滤、超滤过程的操作压力、温度以及料液预处理、膜清洗过程的原理与反渗透极为相似，但其操作过程亦有自己的特点。

超滤过程流程与反渗透类似，采用错流操作，常用的操作模式有三种。

• 单段间歇操作　如图 1-54，在超滤过程中，为了减轻浓差极化的影响，膜组件必须保持较高的料液流速，但膜的渗透通量较小，所以料液必须在膜组件中循环多次才能使料液浓缩到要求的程度，这是工业过滤装置最基本的特征。图 1-54 所示两种回路的区别在于闭式回路中采用双泵输送方式，料液从膜组件出来后不进料液槽而直接流至循环泵入口，这样输送大量循环液所需能量仅仅是克服料液流动系统的能量损失，而开式回路中的循环泵除了需提供料液流动系统的能量损失外，还必须提供超滤所需的推动力即压力差，所以闭式回路的能耗低。

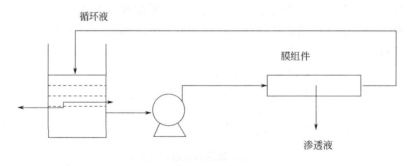

(a) 间歇操作-开式回路

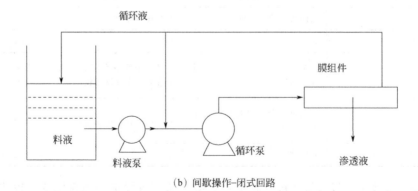

(b) 间歇操作-闭式回路

图 1-54　单段间歇操作

间歇操作适用于实验室或小规模间歇生产产品的处理。

64

● 单段连续操作　如图 1-55，与间歇操作相比，其特点是超滤过程始终处于接近浓缩液的浓度下进行，因此渗透量与截留率均较低，为了克服此缺点，可采用多段连续操作。

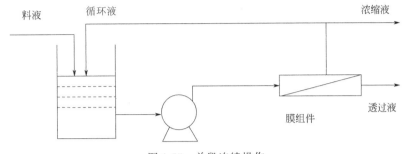

图 1-55　单段连续操作

● 多段连续操作　如图 1-56，各段循环液的浓度依次升高，最后一段引出浓缩液，因此前面几段中料液可以在较低的浓度下操作。这种连续多段操作适用于大规模工业生产。

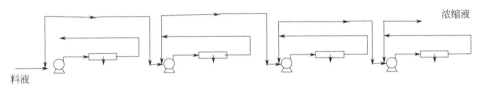

图 1-56　多段连续操作

c. 应用

● 超滤的应用　超滤技术广泛用于微粒的脱除，包括细菌、病毒、热源和其他异物的去除，在食品工业、电子工业、水处理工程、医药、化工等领域已经获得广泛的应用，并在快速发展着。

在水处理领域中，超滤技术可以去除水中的细菌、病毒、热源和其他胶体物质，因此用于制取电子工业超纯水、医药工业中的注射剂、各种工业用水的净化以及饮用水的净化的预处理。

在食品工业中，乳制品、果汁、酒、调味品等生产中逐步采用超滤技术，如牛奶或乳清中蛋白和低分子量的乳糖与水的分离，果汁澄清和去菌消毒，酒中有色蛋白、多糖及其他胶体杂质的去除等，酱油、醋中细菌的脱除，较传统方法显示出经济、可靠、保证质量等优点。在医药和生物化工生产中，常需要对热敏性物质进行分离提纯，超滤技术对此显示其突出的优点。用超滤来分离浓缩生物活性物（如酶、病毒、核酸、特殊蛋白等）是相当合适的，从动、植物中提取的药物（如生物碱、荷尔蒙等），其提取液中常有大分子或固体物质，很多情况下可以用超滤技术来分离，使产品质量得到提高。

在废水处理领域，超滤技术用于电镀过程淋洗水的处理是成功的例子之一。在汽车和家具等金属制品的生产过程中，用电泳法将涂料沉积到金属表面上后，必须用清水将产品上吸着的电镀液洗掉。洗涤得到含涂料 1%～2% 的淋洗废水，用超滤装置分离出清水，涂料得到浓缩后可以重新用于电涂，所得清水也可直接用于清洗，即可实现水的循环使用。目前国内外大多数汽车工厂使用此法处理电涂淋洗水。

随着新型膜材料（功能高分子、无机材料）的开发，膜的耐温、耐压、耐溶剂性能得以大幅度提高，超滤技术在石油化工、化学工业以及更多的领域应用将更为广泛。

● 微滤的应用　微滤主要用于除去溶液中大于 $0.05\mu m$ 的超细粒子，其应用十分广泛，在目前膜过程营业销售额中占首位。

在水的精制过程中，用微滤技术可以除去细菌和固体杂质，可用于医药、饮料用水的生产。在电子工业超纯水制备中，微滤可用于超滤和反渗透过程的预处理及产品的终端过滤过程。微滤技术亦可用于啤酒、黄酒等各种酒类的过滤，以除去其中的酵母、霉菌和其他微生物，使产品澄清，并延长存放期。

③ 其他膜过程（拓展学习内容）

a. 气体膜分离　气体膜分离是指利用主体混合物中各组分在非多孔性膜中渗透速率的不同使各组分分离的过程。气体膜分离过程的推动力亦是膜的两侧的压力差，在压力差作用下，气体首先在膜的高压侧溶解，并从高压侧通过分子扩散而传递到膜的低压侧，然后从低压侧解吸而进入气相，由于各种物质溶解、扩散速率的差异而达到分离目的。

对气体分离膜的要求是渗透通量高、分离系数大，具有较高的机械强度，一般均是非对称膜和复合膜。

气体膜分离设备主要有中空式和卷式两类。如图1-57为Monsanto公司的Prism气体膜分离设备示意，采用聚砜中空纤维，表面涂上一层厚度为 $500\sim1000\text{Å}$ 的聚甲基硅氧烷。中空纤维外径 $450\sim540\mu m$，内径 $225\sim250\mu m$。原料气在中空纤维外流过，渗透气通过纤维管壁进入管内，汇合到一端而流出。如图1-58是Separex公司推出的卷式气体膜分离器的示意图，卷式组件由膜和支撑体组成的膜叶外流，渗透气通过膜汇集到中心的渗透管而流出。

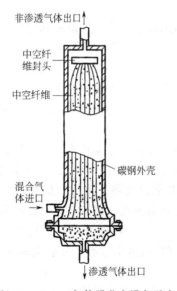

图1-57　Prism气体膜分离设备示意

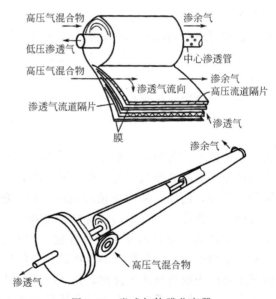

图1-58　卷式气体膜分离器

气体膜分离技术虽然起步较晚，但发展十分迅速，目前在工业上已取得了许多成功的应用。

● 工业气体中氢的回收　工业上应用最广泛的气体膜分离过程是从合成氨厂排放和石油化工厂中各种含氢气体中回收氢。使用气体膜分离组件可以从合成氨排放气中回收96%的氢，国内已有近百家氮肥企业使用了该技术，取得了很好的经济效益。

● 氧氮分离器　用膜分离方法分离空气制取氧含量30%～50%的富氧空气受到普遍重

66

视，现有富氧膜的氧/氮分离系数为2～3。富氧空气用于工业炉中助燃可以大大提高燃料的利用率。小型制取富氧空气的膜分离器在医药上也有广泛的应用前景。用于氧氮分离的膜材料有硅橡胶、PPO等。气体膜分离在天然气提氦、CO_2等酸性气体脱除等方面亦有广泛的应用前景。

b. 渗透汽化　渗透汽化是利用膜对液体混合物中组分的溶解与扩散性能的不同来实现其分离的膜过程。渗透汽化过程可用图1-59的实验室用渗透汽化器来说明。在膜的上部充满要分离的流体混合物，膜的下部空腔为气相，接真空系统。流体混合物与膜接触，各组分溶解到膜的表面上，并依靠膜两侧表面间的浓度差向膜的下侧扩散，被真空泵抽出，可冷凝成透过液。由于组分通过膜的渗透速率不同，易渗透组分在透过物中浓集，难渗透组分则在原液侧浓集。膜的下部空腔也可以不接真空而用惰性气体吹扫，将透过物带出。

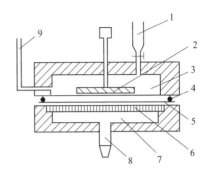

图1-59　渗透汽化器
1—流体混合物进口；2—搅拌；3—液相室；
4—渗透分子；5—渗透膜；6—支撑栅板；7—气相室；
8—气相物出口；9—渗余物出口

渗透汽化过程的主要操作指标也是渗透通量与分离系数，这主要取决于物质在膜的渗透性质。一般认为物质透过渗透汽化膜是溶解扩散机理，过程分三步进行：

原料组分在膜表面溶解；

组分以分子扩散方式从膜的液相侧而传递到气相侧；

在膜的气相侧，透过的组分解吸到气相中。

渗透汽化过程的突出优点是分离系数高，可达几十甚至上千，因而分离效率高，但其透过物有相变，需要提供汽化热，因此，此过程对于一些难于分离的近沸点混合物、恒沸物以及混合物中少量杂质的分离十分有效，可以取得良好的经济效益。

恒沸分离是渗透汽化研究和应用的重要领域，对乙醇-水分离研究得最多。无水乙醇是重要的原料和溶剂，可由植物纤维发酵制得，属有前途的汽油代用品和再生能源。其生产过程中最大的问题在于从发酵液中将百分之几的乙醇提浓至无水乙醇。目前可用渗透汽化过程将稀乙醇溶液中的乙醇透过膜而富集，这种膜称为透醇膜，尚在研究开发中。另一类是透水膜，可用其将高浓度的乙醇溶液中的少量水透过膜而除去，这样即可打破乙醇-水混合物的恒沸点。这一过程已经实现工业化，并已有几套工业规模装置在运转。

对于近沸点组分，如苯和环己烷二元组成共沸物，其沸点分别是80.1℃和80.7℃，环己烷组成为48.8%的混合物的共沸点是77.6℃，难以用一般的精馏方法分离，采用渗透汽化过程，其分离系数可达200左右，显示出很好的发展前景。此外，混合物中少量水的分离和废水中少量有机物质的分离也是渗透汽化有可能应用的领域。

从1982年巴西建立第一套实验装置开始，至今已建立了上百套工业装置，其中最大的一套乙醇脱水装置的膜面积已达2400m^2，每年生产99.8%的无水乙醇4万吨。目前渗透汽化的应用范围正在扩展。根据应用的对象，渗透汽化过程的应用可以分为以下几个方面：

有机物脱水，如乙醇脱水；

水中有机物的脱出，如发酵物中提取有机物，酒类饮料中脱乙醇，溶剂回收等；

有机物的分离，如乙醇/乙醚混合物的分离，芳烃与脂肪烃的分离等；

蒸气渗透；

在反应过程的应用。

c. 液膜分离技术　液膜分离技术是 20 世纪 60 年代发展起来的，其特点是高效、快速和节能。液膜分离技术和溶剂萃取过程十分相似，也是由萃取和反萃取两步过程组成的，但在液膜分离过程中，萃取和反萃取是在同一步骤中完成，这种促进传输作用，使得过程中的传递速率大为提高，因而所需平衡级数明显减少，大大节省萃取溶剂的消耗量。液膜分离技术按其构型和操作方式的不同，可以分为乳状膜和支持液膜。

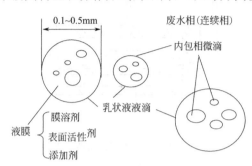

图 1-60　乳状液膜处理废水

乳状液膜可以看成一种"水-油-水"型（W/O/W）或"油-水-油"型（O/W/O）的双重乳状液高分散体系。将两种互不相溶的液相通过高速搅拌或超声波处理制成乳状液，然后将其分散到第 3 种液相（连续相）中，就形成了乳状液膜体系。如图 1-60 给出了一种乳状液膜的示意图。这种体系包括 3 个部分：膜相、内包相和连续相，通常内包相和连续相是互溶的，膜相则以膜溶剂为基本成分。为了维持乳状液一定的稳定性及选择性，往往在膜相中加入表面活性剂和添加剂。乳状液膜是一个高分散体系，提供了很大的传质比表面积，待分离物质由油相（外侧）经膜相向内包相传递，在传质结束后，乳状液通常采用静电凝聚等方法破乳，膜相可以反复使用，内包相经进一步处理后回收浓缩的溶质。

支撑液膜是将膜相溶液牢固地吸附在多孔支撑体的微孔中，在膜的两侧则是与膜相互不相溶的料液相和反萃相，待分离的溶质自液相经多孔支撑体中的膜相向反萃相传递。这类操作方式比乳状液膜简单，其传质比表面积也可能由于采用中空纤维膜做支撑体而提高，过程易于放大。但是，膜相溶液是依据表面张力和毛细管作用吸附于支撑体微孔之中的，在使用过程中，液膜会发生流失而使支撑液膜的功能逐渐下降，因此支撑体膜材料的选择性往往对过程影响很大，一般认为聚乙烯和聚四氟乙烯制成的疏水微孔膜效果较好，聚丙烯膜次之，聚砜膜做支撑的液膜的稳定性较差。在工艺过程中，一般需要定期向支撑体微孔中补充液膜溶液，采用的方法通常是在反萃相一侧隔一定时间加入膜相溶液，以达到补充的目的。

液膜过程可分为制乳、分离、沉降、破乳 4 步，其中乳状液膜的制备、破乳是关键。

（Ⅰ）乳状液膜的制备　将含有膜溶剂、表面活性剂、流动载体以及其他膜增强添加剂的液膜溶液同内相试剂溶液进行混合，可以制得所需的水包油（O/W）或油包水（W/O）型乳状液，制乳过程中主要应注意表面活性剂的加入方式，制乳的加料顺序、搅拌方式和乳化器材质的浸润性能等。

（Ⅱ）接触分离　这一阶段乳状液膜与料液进行混合接触，实现传质分离。在间歇式混合设备中，适当的搅拌速度是极其关键的工艺条件之一。在连续塔式接触器中，需选择适当流量的塔内转盘的转速，以降低塔内的轴向混合，提高塔内乳液的滞留量，从而为传质提供有利条件。

（Ⅲ）沉降澄清　这一步使富集了迁移物质的乳状液与残液之间沉降澄清分层，以减少两相的相互夹带。

（Ⅳ）破乳　使用过的乳状液需要重新使用，富集了溶质的内相亦需汇集，这就需要破乳。目前一般认为采用高压静电凝聚法破乳较为适宜。交流和脉冲直流电源均可以采用，频率和波形对破乳速度有一定影响，提高频率可加快破乳速度，波形以方波为好。

由于液膜分离具有快速方便、选择性高等特点，应用前景广泛，尤其是在烃类混合物分离、废水处理、铀矿浸出液中提取铀以及金属离子萃取等领域，均有广阔的应用市场。虽然液膜技术发展甚快，应用前景乐观，但目前大都处于实验室和中间试验阶段。

（3）工业应用案例——凯膜过滤器

a. 结构　凯膜过滤器由罐体、反冲罐、管道、自动控制阀、过滤元件、自动控制系统、气动控制系统等组成。

b. 工作过程流程图　见图1-61。

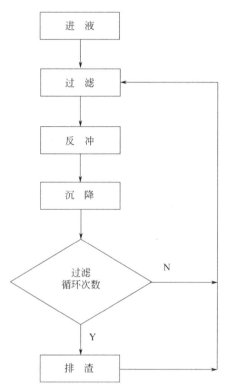

图 1-61　凯膜过滤器工作过程流程图

c. 工作过程叙述　凯膜过滤器系统工作原理图见图1-62。

过滤液通过 1# 阀进入过滤器，经过 HVM 膜过滤膜进行过滤。清液经过过滤膜进入上腔（清液腔），并经过液位罐流至中和箱内，调节 pH 值为 8～10 后，进入一次盐水储槽。过滤液中的固体物质（滤渣）被过滤膜截留在过滤膜表面。当过滤一段时间后，过滤膜上的滤渣达到一定厚度后，过滤器自动进入反冲清膜状态，1#、4#、7# 阀按各自的功能自动切换，使滤渣脱离过滤薄膜表面并沉降到过滤器的锥形底部，过滤器自动进入下一个过滤、反冲、沉降周期；当过滤器锥形底部的滤渣达到一定量时，过滤器自动打开 6# 阀排除滤渣，然后重新进入下一运行循环周期。

d. 凯膜过滤器的操作

（a）凯膜过滤器开机程序

（Ⅰ）检查控制箱电源是否正确，220V。

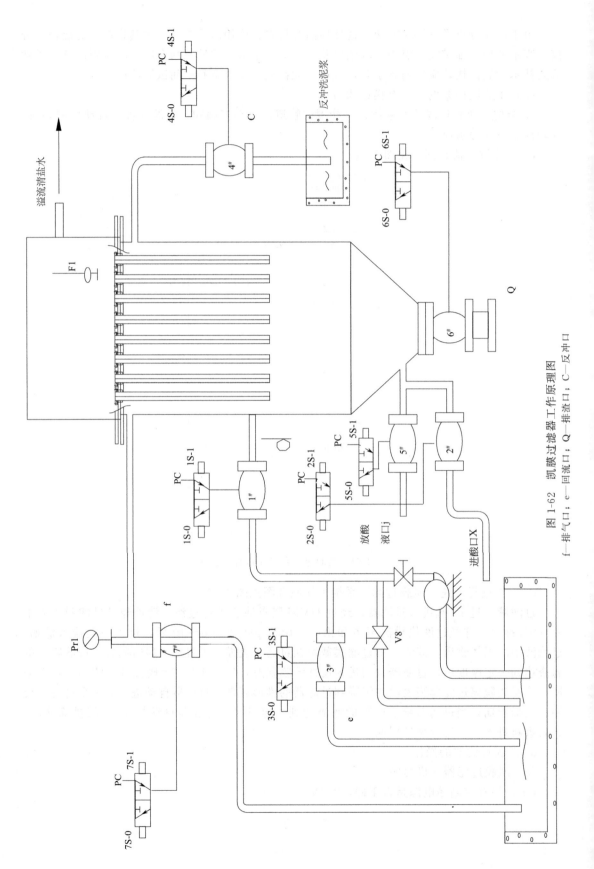

图 1-62 凯膜过滤器工作原理图

f—排气口；e—回流口；Q—排渣口；C—反冲口

（Ⅱ）仪表风压力在 0.5～0.6MPa。

（Ⅲ）旁通阀 8# 处于半开状态。

（Ⅳ）打开控制器电源开关。

（Ⅴ）按工艺要求设置好运行参数。

（Ⅵ）按遥控键 S13。

（Ⅶ）启动盐水泵。

（Ⅷ）按控制箱启动按钮 P1，进入过滤状态。

（Ⅸ）当清液上升至 F1 液位开关时，过滤器进入自动过滤状态；或清液上升至管板以上后，按过滤键，进入过滤状态。然后调节盐水流量，用回流阀门控制，使过滤压力调整到 0.03～0.05MPa，系统进入正常运行状态。

（Ⅹ）如果系统要停车时，在过滤、放气、泄压状态时，按停机按钮，系统经反冲清膜后自动停机。在其他状态时，只要按停机按钮，就进入停机状态。

（b）凯膜过滤器停机程序

（Ⅰ）按停机按钮，过滤器进入停机状态。

（Ⅱ）停盐水泵。

（c）巡回检查的内容

（Ⅰ）清液状况（笼骨与管板的密封及滤袋夹箍的密封是否有泄漏）。

（Ⅱ）清液量。

（Ⅲ）过滤压力（开始过滤压力及过滤结束时的压力）。

（Ⅳ）反冲时间（TIME 显示的时间，秒）。

（Ⅴ）反冲负压（反冲时压力表指示的最大负压）。

（Ⅵ）挠性阀的开关，可以通过现场电磁阀上的开关来控制，按上面键为开阀，按下面键为关阀。

（d）滤袋的维护和保养　凯膜过滤袋是过滤器的关键部件，是采用膨体聚四氟乙烯材料制成的，使用时应注意以下几点：（Ⅰ）防止滤袋被油污染；（Ⅱ）滤袋遇水以后，要保持湿润，当停机时，液位在管板以上；（Ⅲ）凯膜过滤器长期停机，需用 200g/L 淡盐水浸泡滤袋，并加入少量 NaClO（约 0.1‰NaClO），防止菌藻类污染；（Ⅳ）防止滤袋上有盐结晶；（Ⅴ）滤袋流量下降时，要进行清洗。

（e）过滤膜的一般清洗方案

（Ⅰ）清洗液槽内配制好 15％左右的 HCl 溶液。

（Ⅱ）薄膜过滤器的过滤液全部放空。

（Ⅲ）打开过滤器管板上的几个闷盖。

（Ⅳ）用水进入过滤器对滤袋进行漂洗一次。

（Ⅴ）清洗液用泵打入过滤器，液位控制在浸满过滤膜，但必须在管板以下。

（Ⅵ）开启过滤器底部压缩空气手动阀门，用压缩空气鼓泡搅拌 1h。

（Ⅶ）过滤器内清洗液放回清洗液槽。

（Ⅷ）必须用清水对滤袋进行漂洗一次。

（Ⅸ）过滤器清洗结束后请马上进行滤液。

（f）控制器维修保养　控制器要保持清洁，不能在控制机箱上放重物。控制器箱体不能接触苯、汽油、氯仿、丙酮等有机溶剂。

（g）气动挠性阀维护保养　当气动挠性阀排气管内有大量液体流出或阀严重关不死时，说明挠性阀内胆已损坏有泄漏，须立即停机更换。挠性阀内胆应定期更换，通常一年更换一次。

（4）做中学、学中做岗位技能训练题

① 膜分离设备有哪几种？简述其基本构成部件名称。

② 在实际生产过程中，常用哪些措施提高反渗透的分离效率，从而降低能耗？

③ 反渗透过程常采用哪几种工艺流程？简述其优缺点。

④ 反渗透过程目前主要应用在哪些方面？

1.3.4 SO_4^{2-} 的去除

从电解工序送回的脱氯淡盐水中因加入了 Na_2SO_3 溶液除去淡盐水中的游离氯，生成了 SO_4^{2-} 以及原盐杂质中也含有少量的 SO_4^{2-}，会在盐水电解的过程中累积超标（精制盐水中的 SO_4^{2-} 小于 5g/L）。如果精制盐水中 $SO_4^{2-} > 5g/L$，SO_4^{2-} 含量过高，易在膜上与 Na^+、Ba^{2+} 生成硫酸盐沉淀，造成膜的物理损伤，其中 Na_2SO_4 结晶会在停车洗槽时溶解，使膜形成孔洞，影响膜的使用性能，为保证电解槽内的电解盐水中含 SO_4^{2-} 不超标，应将多余的 SO_4^{2-} 除去。目前国内外有多种脱除盐水中 SO_4^{2-} 的方法，比较常见的有以下几种。

（1）$BaCl_2$法　投加二水氯化钡，将 SO_4^{2-} 以 $BaSO_4$ 的形式除去，适用于任何 SO_4^{2-} 含量的去除要求。其化学反应式为：

$$BaCl_2 + Na_2SO_4 =\!=\!= BaSO_4 \downarrow + 2NaCl$$

优点：设备投资少，操作方便，是目前最普遍应用的方法。

缺点：$BaCl_2$ 有毒，运行费用高，废渣产生二次污染。

（2）冷冻法　制备高芒盐水，将高芒盐水冷冻，将 SO_4^{2-} 以 $Na_2SO_4 \cdot 10H_2O$ 的形式去除，适用于 SO_4^{2-} 质量浓度在 25g/L 以上盐水除硝的要求。

优点：可以副产芒硝。

缺点：一次设备投资大，能耗高，当原料中 SO_4^{2-} 的质量浓度小于 25g/L 时没有经济性。

（3）钙法　投加过量的 $CaCl_2$，将 SO_4^{2-} 以硫酸钙的形式除去，适用于 SO_4^{2-} 质量浓度超过 10g/L 的去除要求。

优点：可投加废料 $CaCl_2$，运行成本低，无毒无害。

缺点：操作比较复杂，且原料中的过量钙需加碳酸钠除去，原料中 SO_4^{2-} 的质量浓度小于 10g/L 时没有经济性。

（4）膜法　特种膜对 SO_4^{2-} 有高效的截留作用，据此使淡盐水中 SO_4^{2-} 的质量浓度达到 40～80g/L，制成芒硝，再排放，从而去除 SO_4^{2-}。目前国内氯碱企业淡盐水脱除 SO_4^{2-} 主要采用 SRS 法和 CIM 法。SRS 是加拿大的 CHEMETICS 公司的技术，全称叫 sulphate removal system，硫酸根脱除系统。CIM 是凯膜公司的技术，他们这套技术主要增加了冷冻脱硝，该套操作系统共分为三个操作单元，分别是淡盐水预处理系统、MRO 膜过滤系统和浓缩液后处理系统。

其主要操作方法为把从电解工序送来的不含游离氯淡盐水经换热器冷却到 35～50℃，调整 pH 值至 3.5～7；通过进料泵打入硫酸根脱除膜系统。在膜过滤单元中，盐水被分离成两股流体：渗透液和浓缩液。渗透盐水含硫酸根达到控制指标后，与未脱硫酸根的淡盐水系统，汇入总管送入一次盐水生产系统；最终的浓缩液送到后处理系统，采用冷冻法，被冷冻降温到 −5℃，其中浓缩液中的大部分硫酸钠被结晶出，冷冻后的浓缩液含有大量的 Na_2SO_4·$10H_2O$（芒硝），呈浑浊状态，经过沉降分离后，固含量较高的硝泥由锥底排出后自流到双级推料离心机中，将硝泥中的游离水甩干并脱除部分结晶水，使排出的含水芒硝的含水量低于 60%（包括结晶水），将其中的 Na_2SO_4 结晶再分离出系统或排出系统。

优点：工艺稳定，无须投加有毒有害药剂。

缺点：除硝同时产生浓硝盐水，或排放，或投资冷冻设备，浓缩浓硝盐水生产芒硝。随着科技的发展，膜法除硝已成为氯碱行业发展的主流。

（5）做中学、学中做岗位技能训练题

① 目前我国氯碱企业离子膜烧碱生产过程中淡盐水脱除 SO_4^{2-} 的方法主要有哪几种？

② 在国内膜法脱除 SO_4^{2-} 的方法主要有哪两种？其主要操作方法是什么？

1.3.5　盐泥的洗涤与处理

从处理粗盐水的浮上澄清桶和薄膜过滤器内排出的盐泥中含盐量约为 300g/L，生产 1t 100% 的 NaOH 产生 0.3～0.9m³ 盐泥。为了降低原盐的消耗定额，必须将其中的盐回收利用。

回收氯化钠的操作一般在洗泥池内进行，盐泥在洗泥池内与洗涤水逆流接触多次，使 NaCl 充分溶解于水中，所得的淡盐水供化盐用，盐泥则自上而下经层层洗涤后由桶底定时排出。洗涤后的盐泥含盐量应小于 10g/L。洗泥时盐泥与洗水的比例控制在 13～5 之间。为了洗涤干净，洗涤水的温度应保持在 40～50℃。

盐泥是盐水工序的主要三废，其中固体物占 10%～12%，它的主要成分为 $Mg(OH)_2$、$CaCO_3$ 等。盐泥经压滤后可以制成轻质氧化镁，供造纸或橡胶工业填充剂或制成高级耐火材料等。发生的主要化学反应过程如下：

$$Mg(OH)_2 + 2CO_2 =\!=\!= Mg(HCO_3)_2$$

$$Mg(HCO_3)_2 \xrightarrow{95℃} MgCO_3 + H_2O\uparrow + CO_2\uparrow$$

$$MgCO_3 \xrightarrow{850℃} MgO + CO_2\uparrow$$

此法对盐泥中 NaCl 的含量要求在 2g/L 以下，否则氧化镁中含氯太高，不符合产品质量要求。因此盐泥在碳酸化以前还需进行洗涤、处理。

经过洗涤后的盐泥需要进行固液分离，进一步回收悬浮液中的液体物质，那么这些悬浮液是如何实现分离的呢？

1.3.5.1　固液分离

一次盐水制备过程中产生的固液悬浮液——盐泥，在其内部存在两种相态，内部有相界面存在，在界面两侧物料性质截然不同，称为非均相物系；而物系——精制盐水内部不存在相界面，物系内部各处性质均匀一致，称为均相物系。在非均相物系内，处于分散状态的物质称为分散相或分散物质；处于连续状态的物质称为连续相或连续介质。盐泥分离操作工艺流程图见图 1-63。在化工生产中，常常需要将非均相物系进行分离，分离操作的目的如下。

① 回收分散相　例如从催化反应器出来的气体，常夹带着有价值的催化剂颗粒，需要将这些颗粒加以回收并循环使用，再如在结晶操作后，从母液中分离出晶粒。

② 净化分散介质　例如，原料气在进入催化反应器之前，需除去气体中的灰尘和有害物质。

③ 环境保护　近年来，各种工业污染成为国计民生中亟待解决的严重问题，因此要求工厂对排出的废气、废液中的有害物质加以处理，使其浓度符合规定的标准，以保护环境。

由于非均相物系中的连续相和分散相具有不同的物理性质（如密度），故一般可用机械方法将它们分离。要实现这种分离，必须使分散相和连续相之间发生相对运动，因此，非均相物系的分离操作遵循流体力学的基本规律。按两相运动方式的不同，机械分离大致分为沉降、离心分离、过滤、筛分几种操作。

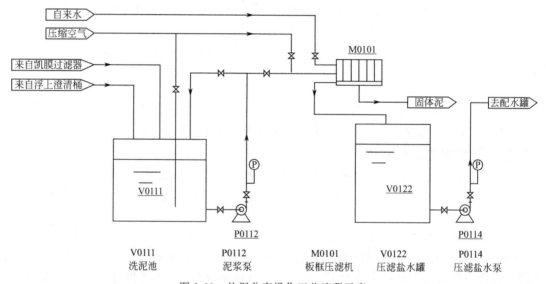

图 1-63　盐泥分离操作工艺流程示意

沉降：空气中的尘粒会受重力作用逐渐降落到地面，而从空气中分离出来，这种现象称为沉降。令含尘气体旋转，其中的尘粒因离心力的作用而甩向四周，落在周壁上，这种现象也称为沉降。前一种是重力沉降，适用于分离较大的颗粒，后一种是离心沉降，可以分离较小的颗粒。固粒或液滴在液体介质中也会发生沉降现象。

重力沉降：首先以简单的刚性球形颗粒的自由沉降为例，讨论沉降速度的计算、分析影响沉降的因素，简要介绍沉降设备的结构或操作原理。

（1）自由沉降与沉降速度

① 沉降速度　单个颗粒在流体中沉降，不受周围颗粒和器壁的影响，称为自由沉降。

将表面光滑的刚性球形颗粒置于静止的流体介质中，如果颗粒的密度大于流体的密度，则颗粒所受的重力大于浮力，颗粒将在流体中降落。此时，颗粒受到三个力的作用，即重力、阻力和浮力。见图 1-64。

重力的方向与颗粒降落的方向一致，而阻力和浮力的方向则与降落的方向相反。对于一定颗粒和介质，其重力和浮力是恒定的，而阻力随着颗粒与介质的相对运动速度的增大而增加。悬浮于静止介质中的颗粒，借本身重力作用降落时，最初由于重力大于阻力和浮力，致使颗粒作加速运动。由于介质对颗粒的阻力随着降落速度的增大而迅速增加，经过很短的时间，当阻力和浮力之和等于颗粒的重力时（即作用于颗粒上的合力为零），颗粒沉降就变为等速运动，这种不变的降落速度，称为沉降速度。沉降速度的大小表明颗粒沉降的快慢。下面推导沉降速度的计算公式。

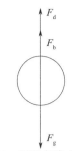

图 1-64　颗粒在静止介质中
降落时所受的作用力

一个球形颗粒在介质中作重力沉降运动所受到的力为：

重力
$$F_g = mg = \frac{\pi}{6} d^3 \rho_s g \qquad (1-76)$$

浮力
$$F_b = V_s \rho g = \frac{\pi}{6} d^3 \rho g \qquad (1-77)$$

阻力
$$F_d = \zeta A \times \frac{\rho u^2}{2} \qquad (1-78)$$

式中　ζ——阻力系数，无量纲；

　　　A——颗粒在垂直于其运动方向的平面上的投影面积，其值为 $\frac{\pi d^2}{4}$，m^2；

　　　u——颗粒相对于流体的降落速度，m/s。

根据牛顿第二定律有：
$$F_g - F_d - F_b = ma \qquad (1-79)$$

颗粒开始沉降的瞬间，速度 $u = 0$，则阻力 $F_d = 0$，此时加速度具有最大值；颗粒开始沉降后，阻力随着运动速度 u 的增大而增大，直至加速度为零，u 等于某一数值后达到匀速运动，这时颗粒所受的合力为零，即
$$F_g - F_d - F_b = 0 \qquad (1-80)$$

因此，静止流体中颗粒的沉降过程可分为两个阶段，即加速段和等速段。工业上沉降操作所处理的颗粒甚小，因而颗粒与流体间的接触表面相对甚大，故阻力速度增长很快，可在短暂时间内与颗粒所受到的净重力达到平衡，所以重力沉降过程中，加速度阶段常可忽略不计。等速段中颗粒相对于流体的运动速度 u_0 称为沉降速度，以 u_t 表示。

在等速段中
$$F_g - F_d - F_b = 0 \qquad (1-81)$$

或
$$\frac{\pi}{6} d^3 \rho_s g - \frac{\pi}{6} d^3 \rho g - \zeta \frac{\pi}{4} d^2 \times \frac{\rho u_t^2}{2} = 0 \qquad (1-82)$$

可得
$$u_t = \sqrt{\frac{4gd(\rho_s - \rho)}{3\zeta\rho}} \quad (m/s) \qquad (1-83)$$

② 阻力系数 ζ　式（1-83）中的 ζ 称为颗粒与介质相对运动的阻力系数。在计算 u_t 时，关键在于确定阻力系数 ζ。ζ 是颗粒与流体相对运动时的雷诺数 Re 的函数。即：$\zeta = f(Re)$ 得出：

$$Re = \frac{d u_t \rho}{\mu} \qquad (1-84)$$

式中　μ——流体介质的黏度，Pa·s；

　　　d——固体颗粒的直径，m；

　　　ρ——流体介质的密度，kg/m^3。

通过实验，得到球形颗粒的阻力系数 ζ 和雷诺数 Re 的函数关系，如图 1-65。阻力系数也可按 Re 值的大小分为层流、过渡流和湍流三个区域。各区域内的曲线可分别用相应的关系式来表示。即：

层流区 $$Re < 1，\zeta = \frac{24}{Re} \tag{1-85}$$

过渡区 $$1 \leqslant Re < 10^3，\zeta = \frac{18.5}{Re^{0.6}} \tag{1-86}$$

湍流区 $$10^3 \leqslant Re < 10^5，\zeta = 0.44 \tag{1-87}$$

当 Re 值超过 2×10^5 时，边界层本身也变为湍流，实验结果显示不规则现象。

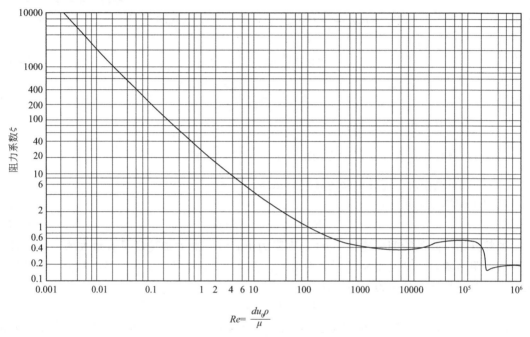

$$Re = \frac{du_0\rho}{\mu}$$

图 1-65　球形颗粒的阻力系数 ζ 与 Re 的关联图

将式 (1-85)～式 (1-87) 分别代入式 (1-83) 中，可得

层流区： $$u_t = \frac{d^2(\rho_s - \rho)g}{18\mu} \tag{1-88}$$

此式称为斯托克斯公式。

过渡区： $$u_t = 0.27\sqrt{\frac{d(\rho_s - \rho)g}{\rho}Re^{0.6}} \tag{1-89}$$

此式称为艾伦公式。

湍流区： $$u_t = 1.74\sqrt{\frac{d(\rho_s - \rho)g}{\rho}} \tag{1-90}$$

此式称为牛顿公式。

计算 u_t 时，首先要先判断流动形态，即需要计算 Re 值，然后根据颗粒的流动形态，确定使用哪一个公式进行计算。而 Re 又与 u_t 有关，需要用试差法。计算相对较为复杂，不做介绍。

③ 影响沉降速度的因素　如果分散相的体积分率较高，颗粒间有显著的相互作用，容器壁面对颗粒沉降的影响不可忽略，则称为干扰沉降或受阻沉降。液态非均相物系中，当分

散相浓度较高时，往往发生干扰沉降。实际操作中，影响速度的因素有以下几个。

a. 颗粒的体积浓度　当颗粒的体积浓度小于 0.2% 时，理论计算值的偏差在 1% 以内。当颗粒浓度较高时，发生干扰沉降。

b. 器壁效应　当器壁尺寸远远大于颗粒尺寸时（例如在 100 倍以上），器壁效应可忽略，否则应加以考虑颗粒形状的影响。

c. 同一种固体物质，非球形颗粒的形状及其投影面积 A 均影响沉降速度。颗粒形状与球形的差异程度，可用它的球形度来表征。

（2）重力沉降设备

① 降尘室　通过重力沉降从气流中分离出尘粒的设备称为沉降室，如图 1-66。其工作原理为：含尘气体进入降尘室后，因流道截面积扩大而速度减慢，只要颗粒能够在气体通过的时间内降至室底，便可从气流中分离出来，如图 1-67。

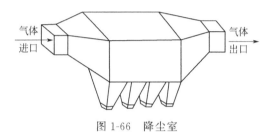

图 1-66　降尘室

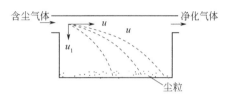

图 1-67　颗粒在降尘室内沉降情况

设颗粒沉降至室底所需时间为 θ_t，则

$$\theta_t = \frac{H}{u_t} \tag{1-91}$$

式中　H——降尘室的高度。

设气体通过降尘室的时间为 θ，则

$$\theta = \frac{l}{u} \tag{1-92}$$

式中　l——降尘室的长度，m；

u——气体在降尘室的水平通过速度，m/s。

尘粒被分离出来的条件为

$$\theta \geqslant \theta_t \quad 或 \quad \frac{l}{u} \geqslant \frac{H}{u_t} \tag{1-93}$$

气体在降尘室的水平通过速度为

$$u = \frac{V_s}{bH} \tag{1-94}$$

式中　V_s——降尘室处理的含尘气体的体积流量，m^3/s；

b——降尘室的宽度，m。

将上式代入式（1-93），得

$$V_s \leqslant blu_t \tag{1-95}$$

可见，理论上降尘室的生产能力只与沉降面积 bl 及颗粒的沉降速度 u_t 有关，而与降尘室高度无关。故降尘室应设计成扁平形，或在室内均匀设置多层水平隔板，构成多层降尘室，以提高降尘室的生产能力。

a. 降尘室结构简单，流体阻力小，但体积庞大，分离效率低，通常只适用于分离粒度大于 $50\mu m$ 的粗颗粒，一般作为预除尘使用。多层降尘室虽能分离较细的颗粒且节省地面，但清灰比较麻烦。

b. 需要指出沉降速度 u_t 应根据需要完全分离下来的最小颗粒尺寸计算。此外，气体在降尘室内的速度不应过高，一般应保证气体流动的雷诺数处于层流区，以免干扰颗粒的沉降或把已沉降下来的颗粒重新扬起。

② 沉降槽　借助重力从悬浮液中分离出固体颗粒的设备称为沉降槽，可分为间歇式和连续式两种。

如图 1-68 为连续式沉降槽。需处理的料浆自中央进料口缓慢送入液面以下 $0.3\sim1m$ 处，尽量减小已沉降颗粒的扰动和反混。料液进槽后，颗粒下沉，溶液上浮，当静止足够时间后，增浓的沉渣由槽底排出，排出的稠浆液又称底液，清液通过槽壁顶部周围上的溢流堰，由溢流口连续排出，称溢流。

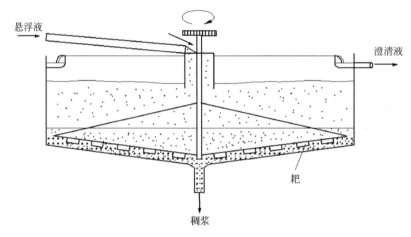

图 1-68　连续式沉降槽

连续沉降槽适合处理量大、固相含量不高、颗粒较粗的悬浮液，常见的污水处理就是一例，还可用于盐水精制设备。经沉降槽处理后的沉渣中，仍含有约 50% 的液体。

（3）离心沉降过程　当分散相与连续相的密度相差较小或颗粒细小时，在重力作用下沉降速度很低，可利用离心力的作用，使固体颗粒沉降速度加快来达到分离的目的，这样的操作称为沉降。离心沉降是利用惯性离心力的作用分离非均相物系的一种有效方法。常用来从悬浮物系中分离出固体颗粒，或者从乳浊液中分离出重液和轻液等。离心分离设备可分为两类，一类是设备静止不动，悬浮物作旋转运动的离心沉降设备如旋液分离器和旋风分离器；另一类是设备本身旋转的离心分离设备，称为离心机。

① 离心分离速度　在离心沉降设备离心分离中，当流体带着颗粒旋转时，如果颗粒的密度大于流体的密度，则惯性离心力会使颗粒在径向方向上与流体发生相对运动而飞离中心。与颗粒在重力场中受到三个作用力相似，惯性离心力场中颗粒在径向上也受到三个力的作用，即惯性离心力、向心力（相当于重力场的浮力，其方向为沿半径指向旋转中心）和阻

力（与颗粒的运动方向相反）。如果颗粒呈球状，其直径为 d_s，密度为 ρ_s，流体密度为 ρ，颗粒与中心轴的距离为 R，切向速度为 u，颗粒在径向上相对于流体的速度 u_r，则所受的三个力为

惯性离心力
$$F_c = \frac{\pi}{6} d^3 \rho_s \times \frac{u^2}{R} \tag{1-96}$$

浮力
$$F_s = \frac{\pi}{6} d^3 \rho \times \frac{u^2}{R} \tag{1-97}$$

阻力
$$F_R = \zeta \times \frac{\pi}{4} d^2 \times \frac{\rho u_r^2}{2} \tag{1-98}$$

当此三力达平衡时，颗粒在径向上相对于流体的速度，即是它在此位置上的离心沉降速度，即

$$\frac{\pi}{6} d^3 \rho_s \times \frac{u^2}{R} - \frac{\pi}{6} d^3 \rho \times \frac{u^2}{R} - \zeta \times \frac{\pi}{4} d^2 \times \frac{\rho u_r^2}{2} = 0 \tag{1-99}$$

得离心沉降速度为

$$u_r = \sqrt{\frac{4d(\rho_s - \rho) u^2}{3\zeta \rho R}} \tag{1-100}$$

我们把离心力（ma_T）与重力（mg）或离心加速度与重力加速度之比称为分离因数，用 K_c 表示，即

$$K_c = \frac{ma_T}{mg} = \frac{u^2}{gR} \tag{1-101}$$

② 离心分离设备

a. 旋风分离器　可分离 $5\sim75\mu m$ 的非纤维、非黏性干燥粉尘，可用多种材料，气-固非均相物系的分离一般在旋风分离器中进行。标准旋风分离器的结构形式如图1-69，主体的上部为圆筒形，下部为圆锥形，中央有一升气管。含尘气体由圆筒上部进气管切向进入，受器壁的约束而向下作螺旋运动，在惯性离心力的作用下颗粒被抛向器壁，与气流分离，再沿壁面落至锥底的排尘口。净化后的气体在中轴附近由下向上作螺旋上升运动，最后由顶部排气管排出。旋风分离器结构简单，分离效率高，操作不受压强、温度的限制，一般制造容易，价格低廉，性能稳定，广泛地应用于多种工业部门。

b. 旋液分离器　旋液分离器是一种利用离心力的作用分离悬浮液的设备，其结构和旋风分离器相似。如图1-70，设备主体是由圆筒和圆锥两部分构成。悬浮液从切向自入口管进入圆筒中部，并向下作螺旋运动，密度大的固体颗粒受惯性离心力较大，被迅速抛向器壁，并随螺旋液流降至锥底，由底部排出的含固体颗粒较多的浓稠液流称为底流；含固体颗粒较少的液体形成螺旋上升的内旋流，由上部中心溢流管排出，称为溢流。

由于旋液分离器是分离固、液相混合物，与旋风分离器分离气、固相相比，两相的密度差要小，分离效果相对较

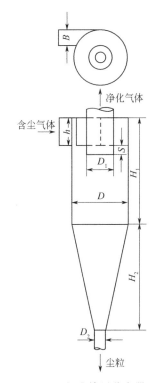

图 1-69　标准旋风分离器

差。因此，旋液分离器在结构上要减小直径，加长锥体长度，以提高惯性离心力，保证分离效果。

目前旋液分离器在很多工业部门得到应用。它的优点是体积小，结构简单，本身无活动部件，生产能力大，制造方便，常用于悬浮液的增稠。

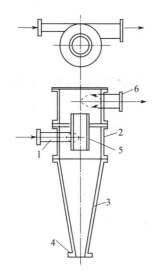

图 1-70　旋液分离器
1—悬浮液入口管；2—圆筒；3—锥形管；
4—底流出口；5—中心溢流管；6—溢流出口管

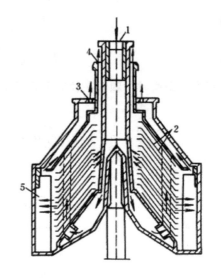

图 1-71　碟片式高速离心机
1—乳浊液入口；2—倒锥体盘；3—重液出口；
4—轻液出口；5—隔板

c. 碟片式高速离心机　结构如图 1-71，外壳的上部和下部呈倒锥形与外圆面连在一起，顶部有盖板，用螺钉紧固在外壳上构成转鼓。鼓内有 50～100 片倒锥形的薄金属片称为碟片，碟片的直径视转鼓直径而定，一般为 0.2～1m。各碟片上都开有数个圆孔，安装时，圆孔对正而形成数个孔道。

离心机工作时，转鼓高速旋转（转速可达 4700～6500r/min），分离因数可达 4000～10000，料液由空心转轴顶部进入转鼓底部，通过碟片形成的孔道，分配至相邻碟片所构成的间隙，形成若干个薄的液层。由于惯性离心力的作用，固体颗粒和重液沿间隙的下侧流向中央，并由中心引出的出口排出。若分离乳浊液，重液沿转鼓内壁上行至排出口引出；若分离悬浊液，固体颗粒则沉降在转鼓内壁面上，达到一定容积后，停机卸出。

碟片式离心机中的许多碟片，彼此间距很小（一般为 0.5～1.25mm），将料液分为若干个薄层，缩短了沉降距离，减少了液体的返混，且沉降面积大，有较好的分离效果，在工业上应用很广。

d. 管式高速离心机　管式高速离心机是沉降式离心机，如图 1-72，主要结构为细长的管状机壳和转鼓等部件。常用的转鼓直径为 0.1～0.15m、长度约 1.500m、转速为 8000～50000r/min，其分离因数 K_c 为 15000～65000。这种离心机可用于分离乳浊液及含细颗粒的稀悬浮液。

在工作时，悬浮液以 0.25～0.3atm（表压）自底部进料管送入转鼓，鼓内设有挡板，带动液体边旋转边向上运动，固体细小颗粒受惯性离心力作用被抛向外并附于鼓壁上，经一段时间后，停车卸料，被分离的清液，在转鼓转动时，即可由上部靠近中心的出口排出。若处理乳浊液时，液体受转鼓作用按密度不同会出现两个环状液层，轻液在内侧，重液在外侧，分别经轻、重液两个出口排出，如图 1-73。

　　管式高速离心机的优点是分离因数大，具有较高的分离效率，能分离一般离心机难以分离的物料。缺点是结构复杂，不易用耐腐蚀材料制造，所以不适用分离腐蚀性液体。

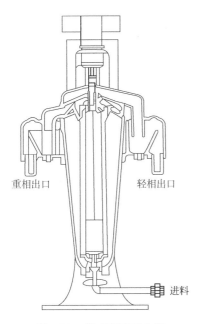

图 1-72　管式高速离心机

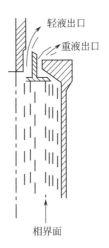

图 1-73　乳浊液在管式高速离心机中的分离

　　（4）过滤过程　过滤是分离悬浮液最普遍和最有效的单元操作之一。通过过滤操作可获得清净的液体或固相产品。与沉降分离相比，过滤操作可使悬浮液的分离更迅速更彻底。在某些场合下，过滤是沉降的后继操作。过滤也属于机械分离操作，与蒸发、干燥等非机械操作相比，其能量消耗比较低。

　　过滤是以某种多孔物质为介质，在外力作用下，使悬浮液中的液体通过介质的孔道，而固体颗粒被截留在介质上，从而实现固、液分离的操作。

　　过滤操作采用的多孔物质称为过滤介质；所处理的悬浮液称为滤液；被截留的固体物质称为滤饼或滤渣；实现过滤操作的推动力可以是重力、压强差或惯性离心力。但在化工中应用最多的还是以压强差为推动力的过滤。

　　① 过滤方式　工业上的过滤操作分为两大类，即滤饼过滤和深层过滤。

　　滤饼过滤时，悬浮液置于过滤介质的一侧，固体物沉积于介质表面而形成滤饼层，如图 1-74。过滤介质中微细孔道的直径可能大于悬浮液中部分颗粒，因而，过滤之初会有一些细小颗粒穿过介质而使滤液浑浊，但是颗粒也会在孔道中迅速地发生"架桥"现象，使小于孔道直径的细小颗粒也能被截拦，故当滤饼开始形成，滤液即变清，此后过滤才能有效地进行，如图 1-75。可见，在滤饼过滤中，真正发挥截拦颗粒作用的主要是滤饼层而不是过滤介质。通常，过滤开始阶段得到的浑浊液，待滤饼形成后应返回滤浆槽重新处理。滤饼过滤适用于处理固体含量较高（固相体积分约在 1% 以上）的悬浮液。

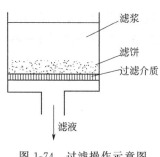
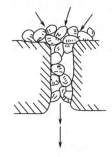

图 1-74　过滤操作示意图　　　　图 1-75　"架桥"现象

在深层过滤中，固体颗粒并不形成滤饼，而是沉积于较厚的过滤介质床层内部。悬浮液中的颗粒尺寸小于床层孔道直径，当颗粒随液体在床层内的曲折孔道中流过时，便附在过滤介质上。这种过滤适用于生产能力大而悬浮液中颗粒小、含量甚微（固相体积分率在 0.1% 以下）的场合。自来水厂饮水的净化及从合成纤维纺丝液中除去极细固体物质等均采用这种过滤方法。

② 过滤介质　过滤介质是滤饼的支撑物，它应具有足够的机械强度和尽可能小的流动阻力，同时，还应具有相应的耐腐蚀性和耐热性，如化学实验室中常用的滤纸就是一种过滤介质。工业上常用的过滤介质主要有以下几种。

a. 织物介质（又称滤布）包括由棉、毛、丝、麻等天然纤维及合成纤维制成的织物，以及由玻璃丝、金属丝等织成的网。这类介质能截留颗粒的最小直径为 $5\sim65\mu m$。织物介质在工业上应用最为广泛。

b. 堆积介质　此类介质由各种固体颗粒（细沙、木炭、石棉、硅藻土）或非编织纤维等堆积而成，多用于深层过滤中。

c. 多孔固体介质　这类介质是有很多微细孔道的固体材料，如多孔陶瓷、多孔塑料及多孔金属制成的管或板，能截拦 $1\sim3\mu m$ 的微细颗粒。

对过滤介质的基本要求是：

（Ⅰ）具有多孔性，阻力小，使液体容易通过，而孔道的大小应该能使悬浮粒子被截留；

（Ⅱ）具有化学稳定性、耐腐蚀和耐热性等；

（Ⅲ）具有足够的机械强度。

过滤介质的选择要根据悬浮液中固体颗粒的含量及粒度范围，介质所能承受的温度和它的化学稳定性、机械强度等因素来考虑。

群策群力

◆ 生活中哪些物质被我们当作滤布使用？

◆ 浑浊的水是怎样变成澄清透明的液体的？

◆ 在你的生活中遇到哪些固液分离的例子？

◆ 平常我们吃的豆腐、用的漏勺是否都与过滤有关？

③ 滤饼的压缩性和助滤剂

a. 滤饼的压缩性　从以上的分析可看出滤饼是真正有效的过滤介质。滤饼是由截留下的固体颗粒堆积而成的床层，随着过滤的进行，饼层厚度和流动阻力都逐渐增加。不同的颗粒特性，流动阻力也不同。若悬浮液中的颗粒有一定的刚性，当滤饼两侧压强差增大时，所形成的滤饼空隙率不会发生明显改变，这种滤饼称为不可压缩滤饼。若悬浮液中的颗粒是非刚性的或粒径较细，则形成的滤饼在操作压强差作用下会发生不同程度的变形，其空隙率明显下降，流动阻力急剧增加，这种滤饼可称为可压缩滤饼。

b. 助滤剂　为了减小可压缩滤饼的流体阻力，有时将某种质地坚硬而能形成疏松滤饼的另一种固体颗粒混入悬浮液或预涂于过滤介质上，以形成疏松的滤饼层，使滤液得以畅流。这种预混或预涂的粒状物质称为助滤剂。对助滤剂的基本要求如下。

（Ⅰ）应是能形成多孔滤饼的刚性颗粒，使滤饼有良好渗透性及较低的流体阻力。

（Ⅱ）应具有化学稳定性，不与悬浮液发生化学反应，也不溶于液相中。

（Ⅲ）在过滤操作的压强差范围内，应具有不可压缩性，以保持滤饼有较高的空隙率。

④ 过滤机的生产能力　过滤过程包括过滤、洗涤、干燥及卸饼四个阶段。

当过滤进行到一定时间后，由于滤渣增厚，过滤速率变得很慢，再进行下去是不经济的，这时只有将滤渣除去，重新开始过滤，才是合理。

在除去滤渣操作之前，滤渣的空隙中还存在滤液。有时为了从滤渣中充分回收这部分滤液，或者由于滤渣是有价值的产品不允许被滤液所污染，都必须从滤渣中将这部分滤液分离出来。因此，常常需要用水或其他溶剂洗涤滤渣。洗涤后得到的溶液称为洗涤液。

滤饼的干燥：在过滤完毕后，有时还要将滤渣用压缩空气吹干或用真空吸干滤渣中的水分，以使滤渣中的水分尽可能地减少。

滤饼的卸除：要求彻底干净，目的是最大限度地得到滤渣，也是为了清洗滤布以减小下次过滤时的阻力。如果滤渣是无用的，可以简单地用水冲洗。

过滤机的生产能力通常用单位时间内所得到的滤液量来表示。连续式过滤机的生产能力主要决定于过滤速度，间歇式过滤机的生产能力，除与过滤速度有关之外，还决定于操作的循环周期。因为间歇式过滤机的生产周期包括过滤、洗涤、卸渣、清洗滤布、重装等各个环节。理论和实践证明，过滤所得到的滤液总量近似地与过滤时间的平方根成正比。因此，过滤时间过长，会降低过滤机的生产能力。当过滤和洗涤滤渣的时间之和等于其他辅助操作时间时，间歇式过滤机的生产能力为最大。

过滤的典型操作方式有两种：一种是恒压过滤，另一种是恒速过滤。恒压过滤是在恒压差、变速率的条件下进行；恒速过滤是在恒速率、变压差的情况下进行。为避免过滤初期因压强差过高而引起滤液浑浊或滤布堵塞，可采用先恒速后恒压的复合操作方式。过滤开始时以较低的恒定速率操作，当表压升至给定数值后，再转入恒压操作。

⑤ 过滤的基本方程式　过滤基本方程式的实质是反映过滤过程中得到的滤液量 V 与所需时间 τ 之间的变化关系。

过滤速率 $$U = \frac{dV}{A d\tau} = \frac{\text{过滤推动力}}{\text{过滤阻力}}$$ (1-102)

a. 滤饼阻力 滤饼层是由大量固体颗粒堆积而成的, 颗粒之间有空隙, 这些空隙连通起来便构成液体流动的通道。由于颗粒很小, 其间各通道的平均直径也必然很小, 而且弯曲不一, 呈不规则网状结构, 液体在其中流动时阻力很大, 流速较小。实验证明, 过滤时滤液通过滤饼层的流动均属层流。故滤液通过滤饼层的压强降可用泊稷叶方程表示。即:

$$\Delta p_1 = \frac{32 \mu u l}{d^2}$$

由上式可得滤液在滤饼层中的流速为:

$$u = \frac{d^2 \Delta p_1}{32 \mu l}$$ (1-103)

式中 u ——滤液在通道里的流速, m/s;

d ——各通道的平均直径, m;

Δp_1 ——滤液在滤饼两侧的压强差, Pa;

μ ——滤液的黏度, Pa·s;

l ——各通道的平均长度, m。

式 (1-103) 中的流速 u 乘以滤饼中全部孔道的截面积 A, 就是滤液的流量。所以流速 u 应与过滤速率 U 成正比, 即:

$$U = \frac{dV}{A d\tau} \propto \frac{d^2 \Delta p_1}{32 \mu l}$$

上式中的 d、l 无法直接测量, 但对一定大小的固体颗粒, d 为常数, 而 l 与滤饼厚度 L 成正比例, 所以可以用 L 替代 l。把 L 与 l 的比例系数、d^2、32 以及把上式写成等式引入的比例系数全部合并到常数 $\frac{1}{r}$ 里, 于是得:

$$U = \frac{dV}{A d\tau} = \frac{\Delta p_1}{r \mu L}$$ (1-104)

式中的 r 为常数, 包括许多因素, 其值只能通过实验测定。

式 (1-104) 表明, 滤液通过滤饼层时的速率 U 与滤饼两侧的压强差 Δp_1 成正比, 与滤饼厚度 L 和滤液黏度 μ 成反比。

由式 (1-104) 可见, 滤液通过滤饼层的速率大小取决于两个因素: 一是过滤推动力 Δp_1, 促使滤液流动的因素; 二是过滤阻力 $r \mu L$, 阻碍滤液流动的因素。

过滤阻力 $r \mu L$ 又取决于两个因素: 一是滤液本身的性质, 即滤液的黏度 μ; 二是滤饼本身的性质, 即 rL。显然, 滤饼厚度 L 越大, 流通截面积越小, 结构越紧密, 对滤液的阻力也越大。这些因素除 L 外, 都包含在 r 里。令 $R_1 = rL$, 即为滤饼的阻力。因此式 (1-104) 又可表示为:

$$U = \frac{dV}{A d\tau} = \frac{\Delta p_1}{\mu R_1}$$ (1-105)

在过滤过程中, 滤饼厚度 L 随过滤时间不断增加, 滤液量 V 也随时间不断增加, 两者必呈一定比例关系。

设获得单位体积 (1m³) 滤液时, 截留在过滤介质上的滤饼体积为 ν (m³/m³)。因此获得 V (m³) 滤液时, 滤饼体积为 νV (m³)。所以, $AL = \nu V$ 或 $L = \frac{\nu V}{A}$, 故滤饼阻力为:

$$R_1 = rL = \frac{r\upsilon V}{A} \qquad (1\text{-}106)$$

式中 A——过滤面积，m^2；

υV——滤饼体积，m^3。

由式（1-106）可见，当 $\upsilon V = 1$，$A = 1$ 时，$R_1 = r$。由此可见 r 的物理意义为：单位过滤面积上，单位体积滤饼的阻力，称为滤饼的比阻。单位为 $1/m$。

b. 介质阻力 过滤介质的阻力虽然一般都比较小，但是有时却不能忽略，尤其在过滤刚开始，滤饼比较薄的时候，过滤介质的阻力与其厚度、本身的致密程度有关，通常把过滤介质的阻力视为常数。仿照式（1-105）可以写出滤液穿过过滤介质的速率式：

$$U = \frac{\mathrm{d}V}{A\mathrm{d}\tau} = \frac{\Delta p_2}{\mu R_2} \qquad (1\text{-}107)$$

式中 Δp_2——过滤介质两侧的压差，Pa；

R_2——过滤介质的阻力，$1/m$。

为了方便起见，设想以一层厚度为 L_e 的滤饼来代替过滤介质，而滤液通过厚度为 L_e 的滤饼时的阻力与通过过滤介质时的阻力相等，并设想生成厚度为 L_e 的滤饼所得滤液量为 V_e，则由式（1-106）可得过滤介质的阻力：

$$R_2 = rL_e = \frac{r\upsilon V_e}{A} \qquad (1\text{-}108)$$

式中 L_e——过滤介质的当量滤饼厚度，m；

V_e——过滤介质的当量滤液体积，m^3。

（Ⅰ）过滤基本方程式 实际上，由于很难划定过滤介质与过滤滤饼之间的分界面，更难测定分界面处的压强，因而过滤介质的阻力与最初形成的滤饼层的阻力也是无法分开的，所以，过滤操作中总是把过滤介质与过滤滤饼联合起来考虑。即用滤饼与过滤介质两侧的压强差 $\Delta p = \Delta p_1 + \Delta p_2$ 表示总推动力，用两层的阻力之和 $R = R_1 + R_2$ 表示总阻力。

过滤是滤液通过滤饼层和过滤介质层的流动过程，因此，过滤的总推动力为滤饼与介质两侧的压强差 $\Delta p = \Delta p_1 + \Delta p_2$，过滤总阻力为滤饼阻力与过滤介质阻力之和，即 $R = R_1 + R_2$。

通常，滤饼与滤布的面积相等，所以滤液通过两层的速率相等，即

$$U = \frac{\mathrm{d}V}{A\mathrm{d}\tau} = \frac{\Delta p_1 + \Delta p_2}{\mu R} = \frac{\Delta p}{\mu \left(\dfrac{r\upsilon V}{A} + \dfrac{r\upsilon V_e}{A} \right)} \qquad (1\text{-}109)$$

$$\frac{\mathrm{d}V}{\mathrm{d}\tau} = \frac{A^2 \Delta p}{\mu r \upsilon (V + V_e)} \qquad (1\text{-}110)$$

式中 A——过滤面积，m^2；

υ——获得单位体积（$1m^3$）滤液时，截留在过滤介质上的滤饼体积，m^3/m^3；

R——单位过滤面积上，单位体积滤饼的阻力，称为滤饼的比阻；

V_e——过滤介质的当量滤液体积。

式（1-110）为不可压缩滤饼过滤的基本方程的微分式。

（Ⅱ）恒压过滤方程式 过滤操作可以在恒压、恒速或先恒速后恒压等不同条件下进行，其中恒压过滤是最常见的过滤方式。因此，我们这里重点讨论恒压过滤方程式。

在恒压过滤操作中，Δp 为常数，对一定的悬浮液，μ、r、υ 也是常数，所以令：

$$k = \frac{\Delta p}{\mu r \upsilon} \qquad (1\text{-}111)$$

将式（1-111）代入式（1-110）得：

$$\frac{\mathrm{d}V}{\mathrm{d}\tau} = \frac{kA^2}{V + V_e}$$

上式中的 k、A、V_e 均为常数，故其积分式为：

$$\int (V + V_e)\mathrm{d}(V + V_e) = kA^2 \int \mathrm{d}\tau \qquad (1\text{-}112)$$

如前所述，与过滤介质阻力相对应的当量滤液体积为 V_e（虚拟），假定获得体积为 V_e 的滤液所需要的过滤时间为 τ_e（虚拟），则积分的边界条件为：

过滤时间	滤液体积
$0 \to \tau_e$	$0 \to V_e$
$\tau_e \to \tau + \tau_e$	$V_e \to V + V_e$

恒压过滤时，对式（1-112）分别代入积分边界条件积分得，令 $K = 2k$

$$V_e^2 = KA^2 \tau_e \qquad (1\text{-}113)$$

$$V^2 + 2V_e V = KA^2 \tau \qquad (1\text{-}114)$$

两者相加，得

$$(V + V_e)^2 = KA^2(\tau + \tau_e) \qquad (1\text{-}115)$$

令 $q = \dfrac{V}{A}$ 及 $q_e = \dfrac{V_e}{A}$，则

$$q_e^2 = K\tau_e \qquad (1\text{-}116)$$

$$q^2 + 2qq_e = K\tau \qquad (1\text{-}117)$$

$$(q + q_e)^2 = K(\tau + \tau_e) \qquad (1\text{-}118)$$

式中，K 为由物料特性及过滤压强差所决定的常数，称为滤饼常数，$\mathrm{m^3/s}$；τ_e 与 q_e 反映过滤介质大小的常数，称为介质常数，s 或 $\mathrm{m^3/m^2}$，三者总称为过滤常数。

【实例计算 1-9】某悬浮液在过滤面积为 $1\mathrm{m^2}$ 的压滤机上进行恒压过滤，得到 $1\mathrm{m^3}$ 时用了 $2.25\mathrm{min}$，得到 $3\mathrm{m^3}$ 滤液时用了 $14.5\mathrm{min}$，试计算欲得 $10\mathrm{m^3}$ 滤液时所需的过滤时间。

解：$q^2 + 2qq_e = K\tau$，$q = \dfrac{V}{A}$

代入实验数据，可得

$$1^2 + 2 \times q_e = K \times 2.25$$

$$3^2 + 2 \times 3q_e = K \times 14.5$$

解得 $\qquad\qquad K = 0.77(\mathrm{m^2/min})$；$q_e = 0.37 (\mathrm{m^3/m^2})$

则 $\qquad\qquad 10^2 + 2 \times 10 \times 0.37 = 0.77\tau$

所以 $\qquad\qquad \tau = 140 (\mathrm{min})$

⑥ 过滤设备　过滤悬浮液的设备为过滤机。过滤机有多种类型，按操作方式分为间歇过滤机和连续过滤机，按过滤推动力的产生方式可分为压滤机、真空过滤机和离心过滤机，我们简要介绍几种工业上常用的过滤设备。

a. 板框压滤机　板框压滤机是一种历史较长，但仍沿用不衰的间歇式压滤机，主要由尾板、滤板、头板和压紧装置等组成。

滤板和滤框一般制成正方形，其构造如图 1-76。板和框的角端均开有圆孔，装合压紧后即构成供滤浆、滤液和洗涤液流动的通道。滤框两侧覆以滤布，空框和滤布围成了容纳滤浆即滤饼的空间。板又分为洗涤板和过滤板两种，为方便区别，常在板、框外侧铸有小钮或其他标志。通常，过滤板为一钮，框为二钮，洗涤板为三钮。装合时即按钮数 1、2、3、2、

1、…的顺序排列板和框。压紧装置的驱动可用手动、电动或液压传动等方式。

过滤时悬浮液在一定压力下，经滤浆孔道由滤框角上的暗孔进入框内，滤液分别穿过框两侧滤布，自相邻滤板沟槽流出液出口排出。固体被截留在框内空间，形成滤饼，待滤饼充满框内，过滤操作结束。

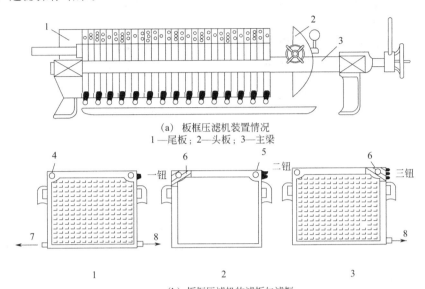

(a) 板框压滤机装置情况

1—尾板；2—头板；3—主梁

(b) 板框压滤机的滤板与滤框

1—滤板；2—滤框；3—洗涤板；4—进料通道；5—洗涤水通道；6—暗孔；7—洗涤液流出口；8—滤液流出口

图 1-76　板框压滤机的装置及滤板与滤框的构造

洗涤时，需先将悬浮液进口阀和洗涤板下方滤液出口阀关闭，将洗水压入洗水通道，经由洗涤板角上的暗孔进入板面和滤布之间。洗水横穿第一层滤布及滤框内的滤饼层，再穿过第二层滤布，最后由滤板下方的洗液出口排出，如图1-77。洗涤结束后，旋开压紧装置，将各板、框拉开，卸下滤饼，洗涤滤布，整理板框，重新装好，以进行下一个操作循环。

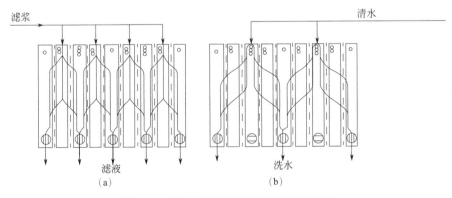

图 1-77　明流式板框压滤机的过滤和洗涤

板框压滤机的操作是间歇式的。装合、过滤、卸渣、洗净等阶段所需的总时间称为一个操作周期。

板框压滤机结构简单，制造方便，附属设备少，过滤面积大，推动力大，操作压力可高达 1.5MPa，管理简单。缺点是装卸板框的劳动强度大，生产效率低，滤渣洗涤慢，不均匀，滤布损耗较大。

b. 转筒真空过滤机　　转筒真空过滤机是连续式真空过滤设备，如图 1-78，主要部分是一个水平放置的回转圆筒（转鼓），筒的表面上有孔眼，并包有金属网和滤布。

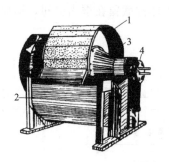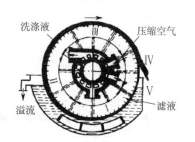

（a）外形图
1—转筒；2—槽；
3—主轴；4—分配头

（b）操作简图
Ⅰ—过滤区；Ⅱ—吸干区；Ⅲ—洗涤区；
Ⅳ—吹松区；Ⅴ—滤布复原区

图 1-78　外滤式转筒真空过滤机的外形图和操作简图

　　转筒真空过滤机的另一个重要部件是分配头，如图 1-79，此分配头由一随转鼓转动的圆盘和一固定盘所组成。转动盘上的小孔与扇形格相接通，固定盘上的孔隙与真空管路或压缩空气管路相接通。当转动盘上的小孔与固定盘上的孔隙 3 相通时，扇形格与真空管路相连通，滤液被吸走而流入滤液槽中。当转动盘继续回转到使小孔与固定盘上的孔隙 4 相连通时，扇形格内仍是真空，但这时吸走的是洗涤液，而流入洗涤槽中。当转动盘上的小孔与固定盘上的孔隙 5 和 6 相通时，扇形格与压缩空气管路相通。格内变成正压，压缩空气将滤饼吹松并将滤布吹净。按照以上顺序操作，即可使各个阶段连续进行。

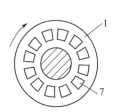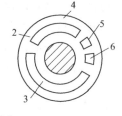

图 1-79　分配头
1—转动盘；2—固定盘；3—与真空管路相通的孔隙；
4—与洗涤液储槽相通的孔隙；5,6—与压缩空气相通的孔隙；
7—转动盘上的小孔

　　转筒在操作时可分为以下几个区域（以下过滤器区域编号仅适用于图 1-78 的内容，与本任务内容整体章节顺序编号无关）。

　　（Ⅰ）过滤区　　当浸在悬浮液内的各扇形格同真空管路接通时，格内为真空。由于转筒内外压力差的作用，滤液透过滤布，被吸入扇形格内，经分配头被吸出。在滤布上形成一层逐渐增厚的滤渣。

　　（Ⅱ）吸干区　　当扇形格离开悬浮液时，格内仍与真空管路相连通，滤饼在真空下被吸干。

　　（Ⅲ）洗涤区　　洗涤水喷洒在滤饼上，格内仍与真空管路相连通，洗涤液与滤液一样，经分配头被吸出。滤饼被洗涤后，在同一区域内被吸干。

　　（Ⅳ）吹松区　　扇形格同压缩空气管相连通，压缩空气经分配头，从扇形格内部吹向滤饼，使其松动，以便卸饼。

（Ⅴ）滤布复原区　这部分扇形格移至刮刀处时，滤饼就被刮落下来。滤饼被刮落后，可由扇形格内的压缩空气或蒸汽经滤布吹洗干净，重新开始下一循环的操作。

因而，转鼓每旋转一周，每个扇形格可依次完成过滤、洗涤、吸干、卸饼等操作。

转筒真空过滤机的优点是可连续操作，生产能力大，适于处理量大而容易过滤的料浆，对于难过滤的细、黏物料，采用助滤剂预涂的方式也比较方便，此时可将卸料刮刀稍微离开转鼓表面一定距离，可使助滤剂不被刮下，而在较长时间内发挥助滤作用。缺点是转鼓体积庞大而过滤面积较小，所需的附属设备较多，投资费用高；对物料的适应能力差，滤饼的洗涤不够充分。

（5）工业应用案例——盐泥压滤机

① 结构与工作过程　板框压滤机是间歇过滤机中应用最广泛的一种。主要由机体部分和控制部分组成。机体部分主要由机架部分、压缩机构、过滤机构、拉板机构等组成。见图1-80。

a. 机架部分　机架是由固定压板、活动压板、横梁、支架、大小脚组成。

（Ⅰ）固定压板：它与小脚连接，中间有进料孔，上两角有洗涤孔，下两角有出液通道。它不仅起到支撑横梁的重要作用，同时具有过滤过程中进料、进气、进洗涤水的通道（暗流还具有出液通道）。

（Ⅱ）活动压板：是用来压紧滤板的。活动压板两侧装有滚轮，供其前后运动时支撑、定位，在压紧或拉开时，滚轮应处于滚动状态；当滚轮出现非滚动状态时，请从滚轮轴的轴杯处添加润滑油或调正滚轮轴的轴心。

（Ⅲ）横梁：它不仅是滤板的运动导轨，同时也是拉板器、拉板器导轨、支架的基础件。横梁前端装有拉板传动机构，后端装有张紧机构。

b. 压紧机构　该压滤机采用液压压紧。在液压油的驱动下，油缸里的活塞杆推动活动压板向前，压紧滤板；向后则带动活动压板复位。

液压系统由油缸、活塞、活塞杆等组成，活塞杆与活动压板连接，油缸固定在缸体支架上。当油缸后腔注入液压油时，活塞向前移动，活塞杆推动活动压板前进，使各滤板形成压紧状态。当油缸内油压上升到电接点压力表设定的上限值时，油泵停止工作。当油缸内油液由于渗漏引起压力下降，压力低于下限值时，系统自动进行压力补偿，以保证油缸内压力基本恒定。当油缸前腔进油时，活塞杆将带动活动压板复位，进入感应区时自动停止。

c. 拉板机构　本压滤机采用自动拉板机构。拉板机构包括拉板器、拉板传动机构、张紧机构及其液压系统。

（Ⅰ）拉板原理　当活动压板拉开复位后，油马达自动工作，拉板器向前运动，行至第一块滤板时，碰上手柄，油马达受阻停止，发出讯号改变电磁换向阀方向，使油马达反向转动，拉板器钩住第一块滤板向后运动，直到被拉的滤板接触到活动压板后，油马达又受阻停止，发出讯号，再次改变马达运转方向，如此往复动作，直至将滤板全部拉完。拉板结束后，拉板器继续往返一次，拉板器复位。

（Ⅱ）拉板器　在拉板器中有输送爪、止退爪和支撑爪，它们都装有扭簧，在输送爪和止退爪之间装有可以自由转动的控制杆等。

（Ⅲ）传动机构　输送拉板的动力来源于油马达，通过链轮、链条带动两只拉板器同步运动。

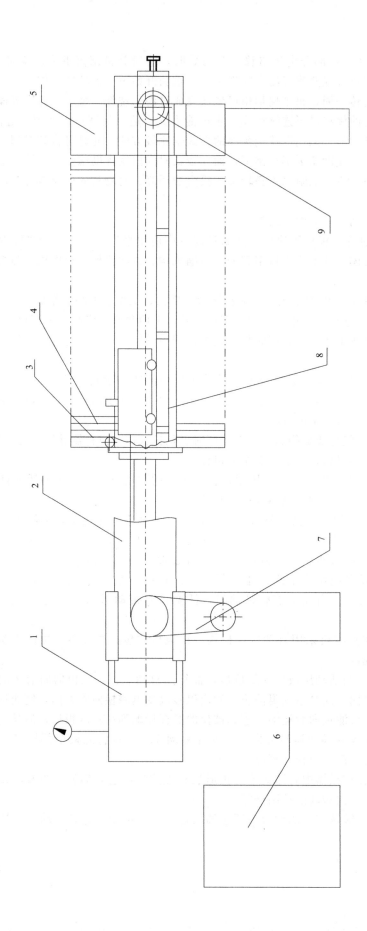

图 1-80 压滤机结构示意图

1—传动缸体部分；2—横梁部分；3—活动压板部分；4—过滤部分；5—固定压板部分；6—油箱部分；
7—传动机构部分；8—拉板机构部分；9—张紧机构部分

90

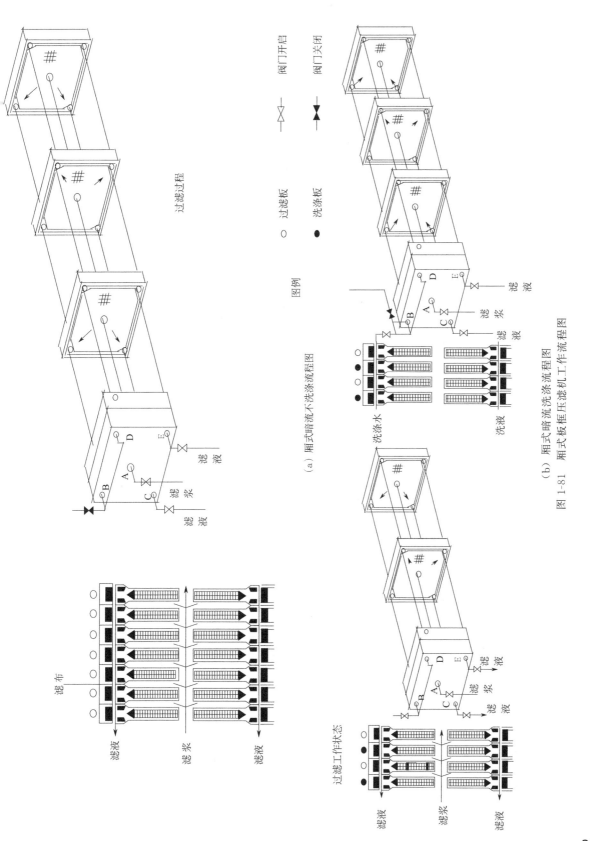

滤布

滤液

滤浆

滤液

过滤过程

图例

○ 过滤板
● 洗涤板

⊲ 阀门开启
◀ 阀门关闭

(a) 厢式暗流不洗涤流程图

洗涤水

洗液

过滤工作状态

滤液

滤浆

滤液

(b) 厢式暗流洗涤流程图

图 1-81 厢式板框压框压滤机工作流程图

（Ⅳ）张紧机构　张紧机构安装于固定压板处横梁外侧。由于拉板器不断往复运动，链条长度在不断地改变，必须适时调整链条的张紧程度。调整时只需松开张紧滑板的固定螺栓，调节张紧螺杆即可。调好后务必再拧紧固定螺栓。张紧应适度，否则会影响链条寿命。

d. 过滤机构　过滤机构由滤板、滤布组成，滤板两面覆盖着滤布，两滤布中间有进料通道。

当滤板压紧后，物料进入滤板密闭形成的滤室内，固体颗粒被滤布截留在滤室内，液体则穿过滤布顺着滤板沟槽进入出液通道，排出机外。见图1-81。

物料通过滤布进行过滤，过滤效果的好坏，滤布起着十分重要的作用，应经常保持滤布的平整、清洁和孔眼畅通。卸料时应注意清理滤板、滤布，特别是密封面，防止卸料时，部分物料黏附在滤板下部的密封面上，造成滤板密封性能下降。目前常用的滤布及其性能见表1-8所示。

丙纶不耐氟磺酸、浓硝酸等强氧化性酸、浓的苛性钠、浓醋酸、丙酸和氯代芳香烃。

在滤布的选择上，为了达到理想的过滤效果，除了需要参照表1-8外，还需要根据物料的粒度、密度、黏度、化学成分和过滤的工艺条件来选择滤布。由于滤布在纺织的材质、方法上的不同，其强度、伸长率、透气性、厚度等均不同，这些都影响着过滤效果。除此之外，过滤介质还包括棉纺布、无纺布、筛网、滤纸和微孔膜等，应根据实际过滤要求而定。

表1-8　目前常用的滤布及其性能

性能	涤纶	锦纶	丙纶	维纶
耐酸性	强	较差	良好	不耐酸
耐碱性	耐弱碱	良好	强	耐强碱
导电性	很差	较好	良好	一般
断裂伸长	30%～40%	18%～45%	大于涤纶	12%～5%
回复性	很好	在10%伸长时回复率90%以上	略好于涤纶	较差
耐磨性	很好	很好	好	较好
耐热性	170℃	130℃略收缩	90℃略收缩	100℃略收缩
软化点	230～240℃	180℃	140～150℃	200℃
熔化点	255～265℃	210～215℃	165～170℃	220℃

注：涤纶不耐浓硫酸和加热的间甲酸。

e. 洗涤　压滤机可进行滤饼的洗涤，洗涤液从固定板上部的进水孔道进入，接着进入滤板，穿过滤布、滤饼，由另一滤板过滤面沟槽经出液口流出。

f. 液压系统　液压系统由液压站、管路、油缸及液压马达等组成。

（Ⅰ）液压系统原理　液压系统动力源采用柱塞泵，泵与高压溢流阀、换向阀、液控单向阀、阀座等连接，控制系统所需压力。采用液控单向阀对油缸进行保压。活塞的活动方向由换向阀进行控制。液压马达的正、反转采用电磁换向阀换向控制，满足拉板器的前进和后退。

（Ⅱ）液压站　液压站由电机、油泵、阀座、阀及油箱等组成，它是油缸和油马达的动力源。

g. 控制系统　电控部分是整机的控制中心。控制系统具体包括压

小贴士智慧园

卸料时，活动压板必须后退到位，否则操作无效。

板压紧、压板拉开、卸料三部分。

② 开停车操作　本系列压滤机运行前须对泵站加足液压油，并确认各部位正常后按以下程序进行操作。

a. 操作前的准备工作

（Ⅰ）检查滤板数量是否符合规定，禁止在板框在少于规定数量的情况下开机工作；

（Ⅱ）检查板框的排列次序是否符合要求，安装是否平整，密封面接触是否良好，滤布状况，不得折叠和破损，滤布孔要比板框孔小且与板框孔相对同心；

（Ⅲ）检查各管路是否畅通，有无漏点，螺栓有否旋紧、垫片有否垫好；

（Ⅳ）液压系统工作是否正常，压力表是否灵活好用。

b. 操作过程

（Ⅰ）操作按下列过程进行：压紧滤板液压保压→进料过滤→进水洗涤→隔膜压榨→放松滤板→人工拉板卸渣或自动拉板卸渣→下一个过程，见图 1-82。

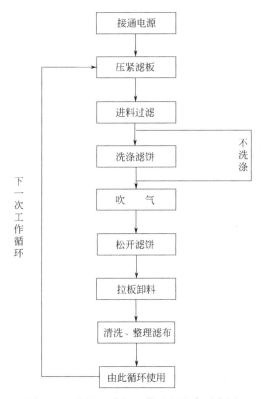

图 1-82　盐泥压滤机工作过程程序示意图

（Ⅱ）合上电源开关，电源指示灯亮。

（Ⅲ）压紧滤板　接通总电源，按下"压板压紧"按钮，启动油泵。活动压板将在活塞杆的推动作用下，把全部滤板压向固定压板一侧，并施以预定的压紧力。

（Ⅳ）进料过滤　滤板压紧后，检查各管路阀门开闭状况，确认无误后，启动进料泵。用储槽进料时，开启进料阀，应缓慢调节到位。浆液即通过固定压板上的进料孔进入各滤室，在规定的压力范围内实现加压过滤，形成滤饼。当滤液缓少时，即可停止进料。

（Ⅴ）洗涤滤饼　过滤完毕，如需要洗涤，由洗涤孔通入洗涤水至各滤室内，渗过滤饼层，通过洗涤以便回收滤饼中的有效成分，或除去其中有害成分。洗涤压力一般应略大于进料压力，洗涤时间应根据物料的要求及实际情况而定。

（Ⅵ）吹气　吹气是一种降低含水率的方法，开启吹气阀门，压缩空气通过吹气进入滤饼层，带走滤饼中一部分水分。吹气压力应略大于进料压力。

根据实际情况，若滤饼的含水率达到要求，可不需吹气工序。

（Ⅶ）松开滤板、卸料　按下"压板松开"按钮，启动油泵，由活塞杆带动活动压板复位。卸料时，按下"正拉"按钮，液压马达运转，使两机械手依次逐一拉开滤板，滤板拉开后，滤饼凭自重自动从滤布上剥离下来。

（Ⅷ）清理、整理滤布　除去滤布密封面上的滤渣，重新整平滤布后开始下一个工作循环。

③ 保养及故障排除

a. 保养　压滤机在使用过程中，需要对整机各部件进行认真保养，才能保证压滤机的正常工作，为此应做到以下几点。

（Ⅰ）使用时，作好运行记录，对设备的运行情况及所出现的问题记录备案，并应及时排除设备的故障。

（Ⅱ）对电控系统，要定期进行绝缘性试验和可靠性试验，对动作不可靠的元件及时进行修理或更换。

（Ⅲ）经常检查滤板的密封面，保证其干净，检查滤布有无折叠、破损，确保平整完好。

（Ⅳ）压滤机滤布，一般一个月洗刷一次，如发现进料时间长，清水流量小，滤布过滤能力下降，即需将滤布取下，放在相应的洗涤液中浸泡 24h 取出，将滤布放平，用毛刷借水刷洗干净后待用。

（Ⅴ）运动部位，如链轮、传动轴、拉板器、大梁导轨、滚轮等处应每班加润滑油，并注意清理杂物，确保运转灵活。每班检查一次油箱内油量是否足够，如不足，按规定加足液压油。

（Ⅵ）检查液压元件及各个连接口的密封性，并保证液压油的清洁度。

（Ⅶ）该机器长期不使用时，整机滤板必须处于压紧状态。同时应将滤板和滤布清洗干净，运动件的外露部分涂以防锈黄油。

b. 故障的排除方法　见表 1-9 所示。

表 1-9　盐泥压滤机故障原因及排除方法

序号	故障现象	产生原因	排除方法
1	电机能启动，但活动压板不能松开	(1) 油位下降，油量不够 (2) 油泵已坏 (3) 电磁换向阀不动作 (4) 溢流阀失灵 (5) 油液太脏 (6) 电磁线圈 YV11 不动作	(1) 加油 (2) 修理或更换 (3) 如属电路故障，需重新接线；如是阀体故障，需清洗更换 (4) 如是弹簧松弛，更换弹簧；如是阀体故障，需清洗更换 (5) 换油清洗阀体 (6) 检查线圈及相关线路

序号	故障现象	产生原因	排除方法
2	电机能启动,但活动压板不能压紧或压紧力不足	(1) 高压溢流阀调节不当 (2) 各阀油路泄漏严重 (3) 高压溢流阀卡死	(1) 重调 (2) 检查修理或更换 (3) 换油、清洗阀体
3	保压失灵	(1) 油路泄漏 (2) 活塞密封圈磨损 (3) 液控单向阀失灵 (4) 电磁换向阀阀芯卡死	(1) 检修油路 (2) 更换 (3) 清洗或更换
4	滤液不清	(1) 滤布破损 (2) 滤布选择不当 (3) 滤布未理平	(1) 检查并更换滤布 (2) 更换合适的滤布 (3) 理平滤布
5	滤板间跑料	(1) 压紧力不足 (2) 滤板密封面有杂物 (3) 滤布不平整、折叠 (4) 进料泵压力超高 (5) 物料温度过高,造成滤板变形	(1) 检查油缸压力 (2) 清理密封面 (3) 整理滤布 (4) 重新调整 (5) 降低温度,更换耐高温滤板
6	过滤效果差	(1) 滤布选择不当 (2) 过滤时间不长,滤布孔眼堵塞 (3) 物料温度不当	(1) 重选滤布 (2) 更换滤布或清洗使之再生 (3) 调整进料温度
7	滤饼含水率高	(1) 进料压力太小 (2) 进料时间短 (3) 助滤剂不适当 (4) 吹气压力太小	(1) 调整进料压力 (2) 延长进料时间 (3) 更换助滤剂 (4) 调整吹气压力
8	拉板装置动作失灵	(1) 传动系统被卡 (2) 电磁阀故障 (3) 溢流阀失灵	(1) 清理调整、加油 (2) 检修或更换 (3) 检修或更换
9	拉板器只能向前,不能向后	(1) 电磁阀线圈 YV52 失灵 (2) 中间继电器失灵	检查、更换相应元件
10	活动压板压紧后,拉不开	电接点压力表 PS1 下限点接触不良	检查、更换
11	拉板器有时不能反向	(1) 中间继电器有一只常开触点不通电 (2) 感应开关失灵,或与检测轮的间隙过大	(1) 检查相应触电或更换相应元件 (2) 更换感应开关,并将感应开关与检测轮的间隙调整在 2～3mm

④ 注意事项

a. 压滤机使用时,进料压力、洗涤水压力和吹气压力等必须控制在规定的压力以内,否则将会影响机器的正常使用。

b. 电接点压力表的上、下限指针经调试后,用户一般不得自行调节。若用户要调节压力,则下限值以不漏液为准。

c. 过滤开始时,进料阀应缓慢开启。

d. 在冲洗涤布和滤板时,注意不要让水溅到油箱电控柜上。

e. 溢流阀压力经调试调好后，用户一般不得自行调节。若用户要调节压力，则需按压力调整的规定进行。

f. 搬运、更换滤板时，用力要适当，防止碰撞损坏，严禁摔打、撞击，以免断裂。滤板的位置不可放错；过滤时不可减少滤板数量，以免油缸行程不够而发生意外；滤板损坏后，应及时更换，不得继续使用，否则会引起其他滤板的损坏。

g. 在压紧滤板前，务必将滤板排列整齐。靠近固定压板端，避免因滤板放置不正而引起横梁弯曲变形。

h. 液压油应通过滤油器加入油箱，并达到规定的油面。绝对禁止污水及杂物进入油箱，以免液压元件生锈、堵塞。

i. 电柜要保持干净，各压力表、电磁阀以及各个电器要定期检查，以确保机器正常工作。停机后须切断电源。

油箱、柱塞泵和溢流阀等液压元件需定期进行清洗，在一般工作环境下使用的压滤机每六个月清洗一次，液压油的过滤精度 $20\mu m$。新机在工作 $1\sim2$ 周后，需更换液压油，换油时将脏油放干净，并清理干净。以后一般每六个月换油一次（根据环境情况而定）。

j. 使用时要注意保持滤布的清洁和平整。对黏性不强的滤饼，一般每过滤十多个周期冲洗一次。若冲洗不清，应卸下滤布进行清洗。

k. 压滤机使用过程中，由于部分滤布破损漏料，应及时更换滤布。否则会引起压滤板不紧，有喷料现象，或压坏滤板的密封面。

l. 卸料时，应注意滤饼的卸清程度，不得残留过多的物料，以免影响下次工作。

⑤ 岗位技能训练：过滤单元实训系统（计算机数据采集控制型）。

搅拌中和釜/板框过滤联动实验/实训装置。一台搅拌中和反应釜装置按照工厂实际设备的结构状况并结合实训教学的要求进行工程化设计。既满足化工单元实训教学，又满足基本理论及专业课程的实训教学。

a. 能完整说出板框压滤机构造和操作流程。

b. 能完成板框压滤机的开停车操作。

c. 使学生通过恒压过滤操作，验证过滤基本原理。

d. 能测定过滤常数 K、q_e、τ_e 及压缩性指数 S。

e. 生产现场教学。

带领学生到生产现场观察盐泥压滤机的操作过程，掌握实际生产操作的控制步骤和控制方法，提高对知识的应用能力培养，提出完善生产操作的方法。

1.3.5.2 做中学、学中做岗位技能训练题

(1) 多层沉降室设计的依据是什么？

(2) 沉降分离必须满足的基本条件是什么？

(3) 在推导沉降速度公式时，作了哪几个假设？试推导重力沉降公式。

(4) 对球形颗粒，当 $Re=10^{-4}\sim1$ 时，颗粒的阻力系数 $\zeta=\dfrac{24}{Re}$，试导出颗粒沉降的斯托克斯公式。

(5) 降尘室的生产能力与哪些因素有关？为什么沉降室通常设计成扁平形或多层？

(6) 离心沉降与离心过滤（以离心过滤机为例）在原理与结构上是否相同？为什么？离心分离因数的大小说明什么？

(7) 简述板框过滤机的结构、操作和洗涤过程，分析其特点。

(8) 要求降尘室每小时处理 $7200m^3$ 的含尘气体，且净化后不含 $30\mu m$ 以上的粉尘。已

知粉尘密度为 $\rho_s = 2000\text{kg/m}^3$，气体密度为 $\rho = 1.093\text{kg/m}^3$，黏度 $\mu = 1.96 \times 10^{-5}$ $\text{N} \cdot \text{s/m}^2$。

① 试求降尘室的面积；

② 若降尘室的长 $l = 4\text{m}$，宽 $b = 2\text{m}$，求降尘室的层数及应装隔板数。

（9）用一板框过滤机在 3000kPa 的压强差下过滤某悬浮液。已知过滤常数为 $K = 7.5 \times 10^{-5}\text{m}^2/\text{s}$，$q_e = 0.012\text{m}^3/\text{m}^2$。要求每一操作周期得 8m^3 的滤液，过滤时间为 0.5h。设滤饼为不可压缩，且滤饼与滤液的体积比为 0.025，试求过滤面积和所得滤渣的体积。

1.3.6 一次盐水生产的开停车操作

1.3.6.1 开车总则

盐水工序的开车与停车服从于电解工序的开停车的需要，在满足电解所需要的精盐水的情况下，可以根据情况短时间停车。

1.3.6.2 开车前的准备工作

检查设备、管道、阀门、仪表是否安全可用。操作人员要充分准备上岗操作。原盐要进仓且要有足够的量。配制好 $FeCl_3$ 溶液，配制合格的纯碱溶液，备满氢氧化钠高位槽，备满盐酸高位槽。备好分析药品和仪器。

1.3.6.3 一次盐水生产开车操作

（1）长期停车后的开车　如果浮上澄清桶内未存有盐水，则盐水工序的开车应比电解开车提前 16~20h。按配水指标的要求配制化盐用水，开启输送三氯化铁溶液的离心泵，将配制合格的三氯化铁溶液（含量 1% 左右）送往三氯化铁高位槽。原盐入盐仓库，用铲车将原盐推入化盐池内，当盐层高度加到大于 3m 高度后，开启化盐泵，将配水罐中的水经预热器预热至 $(55 \pm 2)℃$ 后，从化盐池底部的菌帽分布器送入。与盐层直接接触，从盐层的顶部溢流而出，变成饱和的粗盐水流进粗盐水储槽。当粗盐水储槽内有足够液位时，粗盐水泵通过液位开关控制实现自动开启，将粗盐水送到溶气罐上的气液混合器，同时开启溶气系统的压缩空气的控制阀门，溶气罐内的粗盐水靠位差的作用经过一个文丘里管混合器，启动三氯化铁溶液自动调节阀门，从文丘里管的喉部加入三氯化铁，经过一段直管段混合后，从浮上澄清桶的中部区域进入，进行澄清实现固液分离，新生态的 $Mg(OH)_2$ 沉淀以絮状的形式被溶解的空气气泡一起上浮到液面后，溢流到盐泥集中槽，那些难溶机械杂质则靠重力的作用下沉集到浮上澄清桶的底部，不定期地排入盐泥集中槽，然后再集中送到盐泥的洗涤与处理岗位，而清液则从浮上澄清桶中部的上清液的上升管内汇集到浮上澄清桶上部的清液集中槽内。

当浮上澄清桶上部的清液集中槽内的盐水溢流而出盐水时，盐水清液靠位差流入折流反应槽内，开碳酸钠控制阀门经转子流量计后加入碳酸钠溶液，盐水溢流进反应罐内经过反应溢流到中间罐，然后用盐水泵送入凯膜过滤器内。盐水过滤后的清液经过酸碱中和箱，在酸碱中和箱的进盐水处开盐酸阀注入盐酸，调节 pH 值为 8~10。合格的一次盐水进入一次盐水储罐，在电解工序需要时，用一次盐水泵送往二次盐水精制生产工序。在设备运转了 4~5h 后，预处理器正常排泥，盐泥压滤系统开始正常过滤操作。

（2）短期停车后开车　将化盐池内上满盐，开启化盐水泵，化盐水经过盐水预热器预热到 $(55 \pm 2)℃$。当粗盐水池内液位达到一定高度时，粗盐水泵自动开启，将粗盐水送到溶气罐，并开启溶气罐进气阀，待经溶气的粗盐水流经文丘里混合器时，开启三氯化铁溶液自动注入阀。从文丘里管的喉部加入三氯化铁，经过一段直管段混合后，从浮上澄清桶的中部区域进入，进行澄清实现固液分离，新生态的 $Mg(OH)_2$ 沉淀以絮状的形式被溶解的空气气泡一起上浮到液面后，溢流到盐泥集中槽，那些难溶机械杂质则靠重力的作用下沉集到浮上澄清桶的底部，不定期地排入盐泥集中槽，然后再集中送到盐泥的洗涤与处理岗位，而清液则从浮上澄清桶中部的上清液的上升管内汇集到浮上澄清桶上部的清液集中槽内。

当浮上澄清桶上部的清液集中槽内的盐水溢流而出盐水时，盐水清液靠位差流入折流反应槽内，开碳酸钠控制阀门经转子流量计后加入碳酸钠溶液，盐水溢流进反应罐内经过反应溢流到中间罐，然后用盐水泵送入凯膜过滤器内。盐水过滤后的清液经过酸碱中和箱，在酸碱中和箱的进盐水处开盐酸阀注入盐酸，调节 pH 值为 8～10。合格的一次盐水进入一次盐水储罐，在电解工序需要时，用一次盐水泵送往二次盐水精制生产工序。此后，整个工序中的设备运转转入正常操作。

1.3.6.4　一次盐水生产停车操作

（1）长期停车操作　一般提前 20h，停止向化盐池内上盐（用 200g/L 的回盐水化盐）。等化盐池内溢流而出的粗盐水含 NaCl＜250g/L 时，停化盐泵，停止向二次盐水精制岗位输送一次盐水（停车时间必须服从电解需要）。停车后关三氯化铁阀、关碳酸钠阀、关化盐水蒸气预热器阀门，浮上澄清桶应连续排泥，至桶内排净。停车后，一般设备都要将残余物料清除干净，做好检修和下次开车准备。

（2）临时停车操作　停化盐泵，停止上盐，关进盐水预热器上的蒸汽阀，停粗盐水泵，关 $FeCl_3$ 加料阀、Na_2CO_3 加料阀，停中间泵，关中和箱加酸阀。

1.3.6.5　一次盐水生产正常操作注意事项

（1）及时上盐，维持盐层高度，经常检查化盐水的温度变化，及时调整蒸汽阀门的开度，保持化盐水的温度稳定。

（2）掌握好当班使用的原盐、回盐水和洗泥水中的含盐量，根据三者的 NaCl 含量决定加入精制剂 NaOH 的量，配好使用的化盐水。

（3）定期巡回检查澄清桶上清液的清晰度，检验中和箱内盐水的 pH 变化，以调整盐酸的流量。按时检查机电设备的运转情况，有不正常现象及时处理。

（4）及时调整回盐水和洗泥水的配比，掌握好配水量和配水成分。

（5）按时做操作记录，交接班时认真地检查一遍生产情况，做到严肃认真，责任分明。

（6）化盐是采用逆流接触溶解法，盐层高度要保证，要做到每班分析两次粗盐水含氯化钠、氢氧化钠和碳酸钠。操作时，要保证化盐池上无漂浮杂物，化盐池的溢流槽内无盐泥。

（7）配制 $FeCl_3$ 和 Na_2CO_3 溶液时，一定要达到要求。努力为生产的正常进行创造条件。

（8）凯膜过滤器工作程序为：进液→过滤→反冲→沉降→过滤循环 N 次→排渣。过滤压力≤0.10MPa，凯膜要定期清洗，清洗周期一般为 1～2 周。过滤膜严禁被油等有机物污染，膜浸水后必须保持湿润，过滤器停机时液位必须保持在管板以上，过滤器检修时一定要保持滤袋湿润。

（9）凯膜过滤器要定期进行酸洗。

（10）板框压滤机一个工作循环过程为：滤板压紧→进料→滤饼洗涤→吹干→滤板松开→拉板卸料→清洗、整理。

（11）配化盐用水时，要准确分析配水罐内的化盐水的氯化钠、碳酸钠和氢氧化钠含量。

1.3.6.6　正常工艺条件一览表

见表 1-10 所示。

表 1-10　一次盐水生产过程中正常控制工艺条件一览表

序号	设备名称	工艺条件名称	单位	控制范围	计量仪表
1	化盐池	化盐水温度	℃	55±2（10～5 月） 60±2（6～9 月）	温度表

序号	设备名称	工艺条件名称	单位	控制范围	计量仪表
2	中和箱	盐水的 pH		8~10	广泛试纸
3	HVM 膜过滤器	过滤压力	MPa	≤0.10	压力表
4	板框过滤器	过滤压力	MPa	≤0.45	压力表

1.3.6.7　正常生产操作控制原始记录

见表 1-11 所示。

1.3.6.8　生产正常操作过程的异常情况处理

（1）粗盐水中浓度低

① 原因分析：溶盐的水温太低而导致溶解速度慢；化盐池内盐层低；化盐池内盐泥过多；化盐水流量太大，造成盐水在化盐桶内分布不均匀；上盐不均匀等。

② 处理措施：控制化盐水温度稳定在规定的范围内；加快上盐速度；定期清理池内的盐泥；使化盐池内有足够高盐层，减小化盐水的流速；上盐时要勤、匀。

（2）粗盐水浓度高

① 原因分析：化盐池内盐层过高，化盐水流速快，原盐未来得及溶解而随盐水流走，带入管道，温度降低后结晶，堵塞了管道。

② 处理措施：减缓上盐速度，保持规定的盐层高度；降低化盐水的流速，加强管理，做好管道保温。

（3）浮上澄清桶操作运行不稳定

① 原因分析：a. 溶气罐压力小，溶气不足；b. 溶气罐液位太高或太低，溶气不足；c. 三氯化铁溶液加入过多或过少；d. 粗盐水温度太高，影响溶气量；e. 粗盐水温度不稳定造成预处理器内温差过大；f. 原盐质量差；g. 排泥不及时。

② 处理措施：a. 调节仪表气阀，控制压力；b. 调节溶气罐进口阀，控制好液位；c. 调节好三氯化铁加入量；d. 控制好化盐温度；e. 与优质盐调配使用；f. 及时进行上下排泥。

（4）凯膜过滤器操作运行不稳定

① 原因分析：a. 清液出口返浑；b. 过滤压力高；c. 挠性阀门不严。

② 处理措施：a. 更换 HVM 膜或将过滤膜从过滤器中拆开重新安装密封原件；b. 控制好过碱量，控制好浮上桶的澄清效果，减小流量；c. 及时更换挠性阀内胆或控制好仪表气压力。

（5）中和箱操作运行不稳定

① 原因分析：导致中和盐水的 pH 值忽高忽低的原因是中和前盐水的过碱量不稳或者加酸量不稳。

② 处理措施：根据原盐质量配好水、稳定加酸量。

（6）盐泥压滤机运行不正常

① 原因分析：a. 板框之间密封面漏，是由于压紧压力偏低或板框之间有杂物；b. 压滤机出口清液浑浊的原因是有滤布破损；c. 压滤机板框拉不开的原因是油压系统有问题。

② 处理措施：a. 适当加大压力或清除板框之间的杂物；b. 打开板框检查，找出破损滤布并更换；c. 通知维修车间维修。

1.3.6.9　生产正常操作完成成品控制一览表

一次盐水操作完成成品控制项目见表 1-12。

表 1-11　一次盐水生产岗位操作原始记录

年　月　日

时间 项目 指标	化盐水温度/℃	凯膜过滤器 A 流量/m³/h	凯膜过滤器 A 压力/MPa	凯膜过滤器 B 流量/m³/h	凯膜过滤器 B 压力/MPa	精制剂加入量 NaOH/(g/L)	精制剂加入量 Na₂CO₃/(g/L)	精制剂加入量 FeCl₃/(L/h)	进上浮流量 A	进上浮流量 B	中间罐液位/%	粗盐水 NaOH/(g/L)	粗盐水 Na₂CO₃/(g/L)	一次盐水 NaOH/(g/L)	一次盐水 Na₂CO₃/(g/L)	一次盐水 水质	一次盐水 液位/m
8:00																	
9:00																	
10:00																	
11:00																	
12:00																	
13:00																	
14:00																	
15:00																	
16:00																	
17:00																	
18:00																	
19:00																	
20:00																	
21:00																	
22:00																	
23:00																	
0:00																	
1:00																	
2:00																	
3:00																	
4:00																	
5:00																	
6:00																	
7:00																	

时间 项目 指标	9:00	13:00	17:00	21:00	1:00	5:00
NaCl/(g/L)						
NaOH/(g/L)						
Na₂CO₃/(g/L)						
TH/(mg/kg)						
SS/(mg/kg)						
精盐水 SO₄²⁻/(g/L)						

生产纪要

白班：

值班人员　　　　　　记录员

中班：

值班人员　　　　　　记录员

夜班：

值班人员　　　　　　记录员

100

表 1-12 一次盐水操作完成成品控制项目一览表

序号	控制点名称	取样地点	控制项目	控制指标	控制次数	分析方法	分析人
1	精盐水	一次盐水泵出口	精制盐水中含 NaCl	≥315g/L	一班一次	化学方法	
2	精盐水	一次盐水泵出口	pH 值	8~10	一班一次	比色法	
3	精盐水	一次盐水泵出口	精盐水中含 Na_2CO_3	0.2~0.5g/L	一班一次	化学方法	
4	精盐水	一次盐水泵出口	精盐水中含 Ca^{2+}、Mg^{2+}	≤0.001g/L	一班一次	化学方法	

1.3.6.10 生产正常操作过程安全生产要领

（1）上班前戴好防护用品，操作酸碱及三氯化铁溶液，必须戴眼镜，以防酸碱烧伤或烫伤。

（2）高速运转的设备，其运转部分要有防护罩，转动时严禁擦拭，加油时，不要戴手套。

（3）电机、电盘要有接地线，操作电器开关不能用湿手，阴天下雨要戴胶皮手套。

（4）开动运转设备前，要看设备上有无人员操作或检修，以防设备突然转动伤人。

（5）操作人员上班时严禁吸烟和动火，以防易燃易爆气体爆炸。若电器起火，用干粉灭火器扑火，切不可用水或其他润湿的纤维灭火。

（6）登高操作时，要注意脚步可能踏空，注意身体中心不能失衡，高空作业或维修设备时要系安全带。

（7）严禁酒后上岗操作，切不可穿高跟鞋和披散着长发上岗操作。

1.3.6.11 生产岗位操作仿真实训

根据一次盐水生产任务完成的工作流程，模拟实际生产状况，利用DCS控制技术，把实际生产过程控制的界面，引入化工仿真实训室里，让学生在模拟的真实环境下进行生产控

> **感受一下**
>
> ※ 加强安全操作的第一受益人是谁？
> ※ 目前化工厂进行安全操作的保障是什么？

制操作，可以更深入地理解一次盐水任务完成的方法、过程以及操作程序等，并通过动手操作感受岗位实战的现场感，提高学习效果。培养严谨的工作态度和良好的工作素养。

一次盐水制备的化工仿真操作软件主要包括粗盐水制备、Mg^{2+} 去除、Ca^{2+} 去除与盐水中和、盐泥洗涤与处理、SO_4^{2-} 去除等操作模块的实训。

本操作软件属于校企联合开发的符合最新工艺流程操作的界面。

1.4 工作任务总结与提升

（1）完成任务1的主要工作过程 见图1-83。

（2）任务1完成后获得工作技能的提升 见图1-84。

（3）任务1完成后获得的知识能力的提升

① 化工管路的基本知识，包括管子的型号大小、管子的材质类型、管子的连接以及各种管件的作用等。

② 流体输送的基本知识以及液体输送机械的相关知识。

③ 膜分离技术的类型及其分离特性。

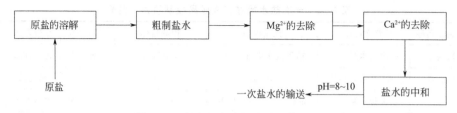

图 1-83 任务 1 完成的主要工作过程

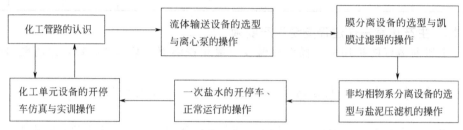

图 1-84 任务 1 完成后获得工作技能的提升

④ 非均相物系——固液分离的基本知识。

⑤ 化工工艺的控制运行方法与注意事项等。

1.5 做中学、学中做岗位技能训练题

(1) 简述完成一次盐水制备工作任务需要哪几个主要工作步骤。

(2) 一次盐水制备操作过程中的工艺控制指标是指的哪几个?

(3) 本岗位的工作任务中重点讲解了哪几个工业应用案例?并举例说明其作用。

(4) 一次盐水合格的工艺控制指标是什么?

(5) 简述一次盐水工序的开停车操作步骤。

(6) 任务 1 完成后工作技能获得哪些提升?

(7) 本岗位在完成操作工作的过程中应注意哪些安全要领?

任务 2　二次盐水精制

能力目标

- 能完成列管式换热器操作。
- 能分析换热器的流体流动状态。
- 能绘制列管换热器的装配图。
- 会根据生产需要选择列管换热器的类型。
- 能读懂二次盐水工艺流程图。
- 能操作二次盐水精制生产装置。
- 能分析螯合树脂运行过程失活的原因，并能采取相应的处理措施。

知识目标

- 理解掌握流体传热的基本知识。
- 掌握列管式换热器的基本类型和工作原理。
- 掌握螯合树脂塔的基本结构与螯合树脂的离子交换机理。
- 掌握二次盐水生产的工艺流程。
- 掌握二次盐水精制生产过程的异常情况分析与处理方法。

2.1　生产作业计划——二次盐水精制生产任务

从一次盐水工序送来的盐水，还不能直接送入离子膜电解槽内进行电解，因为一次盐水中 Ca^{2+}、Mg^2 含量约为 3mg/kg，这与离子膜电解槽对盐水中含钙镁含量总硬度必须小于 $20\mu g/kg$ 的要求还有较大差距。这是因为电解槽所用的阳离子交换膜，具有选择和透过溶液中阳离子的特性，而存在于盐水溶液中的杂质阳离子 Ca^{2+}、Mg^{2+}、Fe^{2+}、Fe^{3+}、Ba^{2+} 等，在精盐水电解过程中，这些杂质阳离子会透过离子交换膜，和从阴极室反渗过来的微量 OH^- 生成氢氧化物，并沉积在离子交换膜内，堵塞离子膜微孔。这样，一方面会导致离子膜的电阻增加，引起膜电压增加；另一方面也会加剧 OH^- 的反渗透而造成电流效率下降。同时，在盐水中如果 Fe^{2+}、Fe^{3+}、Ba^{2+} 含量高，还会破坏金属阳极的钌钛涂层和阴极涂层的活性，影响电极使用寿命。此外，盐水中氯酸根和悬浮物也能影响离子膜的正常运行。用于电解槽盐水的纯度远远高于隔膜电解槽，它必须在原来一次精制的基础上，再进行第二次精制，即本工序要完成的盐水精制工作任务。

2.2　二次盐水精制过程

2.2.1　二次盐水精制工艺流程图

二次盐水工艺流程框图见图 2-1。

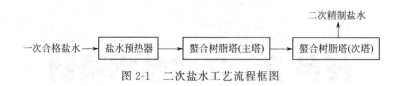

图 2-1　二次盐水工艺流程框图

二次盐水精制生产工艺流程图见图 2-2。

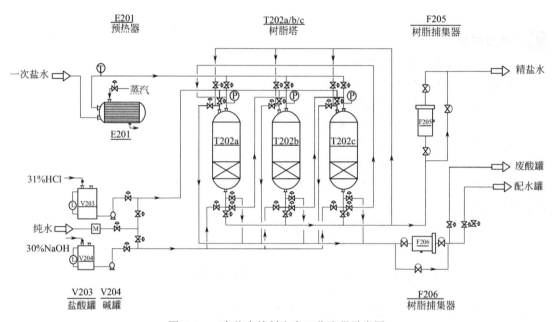

图 2-2　二次盐水精制生产工艺流程示意图

2.2.2　二次盐水精制工艺流程叙述

目前二次盐水精制通常采用三台螯合树脂塔串联流程，见图 2-1 所示。从一次盐水（凯膜过滤后）工序送来合格一次盐水首先经过盐水预热器，加热到 60～65℃后，自树脂塔顶部盐水进口管进入，流经塔内的树脂床层，从塔底流出后再送到另一塔盐水进口，同样进入塔内的树脂床层从塔下部再流出，如果第三塔没有进行再生的话，可继续进入第三塔内。如第三塔的树脂需要进行再生，就可以离线再生，再生合格后，继续串入盐水系统使用，这样从最后一台树脂塔内流出盐水的 Ca^{2+} 和 Mg^{2+} 的总硬度就小于 $20\mu g/kg$，送入精制盐水罐内，为离子膜电解槽供液。

2.2.3　二次盐水精制工序对一次盐水的质量指标要求

二次盐水精制工序对原料一次盐水的质量指标要求见表 2-1。

表 2-1　供给二次精制工序的一次盐水质量指标

项目	控制要求	项目	控制要求
NaCl/(g/L)	290～310	SiO_2/(mg/L)	＜15
pH 值	8～10	ClO^-/(mg/L)	无
温度/℃	65±5	ClO_3^-/(g/L)	＜15

项目	控制要求	项目	控制要求
$Ca^{2+}+Mg^{2+}$/(mg/L)	<4	SO_4^{2-}/(g/L)	5~7
Sr^{2+}/(mg/L)	<2.5	SS/(mg/L)	<1 (Ca、Mg 固体物除外)
Ba^{2+}/(mg/L)	<0.5	其他重金属/(mg/L)	<0.2
Fe^{2+}/(mg/L)	<0.5		

2.2.4 完成二次盐水精制任务的基础工作——传热操作

根据树脂塔的工作温度要求，要求进入树脂塔内的一次盐水必须满足表 2-1 所示的条件，盐水的温度达到 60~65℃，才能使树脂塔内的螯合树脂活性达到最佳工作状态，那么就要对盐水进行预热升温，一次盐水是如何实现热交换工作而达到升温目的呢？下面我们来一起完成换热器的传热操作。如图 2-3 为水-蒸汽给热系数测定实验装置。

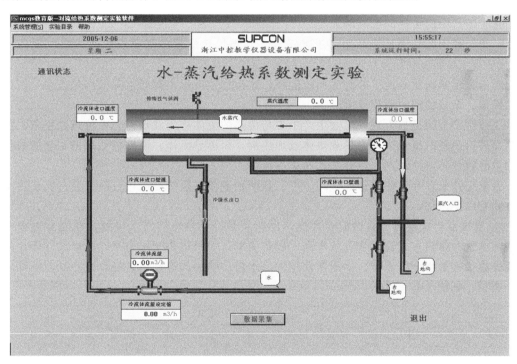

图 2-3　水-蒸汽给热系数测定实验装置仿真示意图

手动操作步骤如下。

（1）检查仪表、水泵、蒸汽发生器及测温点是否正常，检查进系统的蒸汽调节阀是否关闭。

（2）打开总电源开关、仪表电源开关（由教师启动蒸汽发生器和打开蒸汽总阀）。

（3）启动水泵。

（4）调节手动调节阀的开度，阀门全开使水流量达到最大。

（5）排除蒸汽管线中原积存的冷凝水（方法是：关闭进系统的蒸汽调节阀，打开蒸汽管冷凝水排放阀）。

（6）排净后，关闭蒸汽管冷凝水排放阀，打开进系统的蒸汽调节阀，使蒸汽缓缓进入换热器环隙以加热套管换热器，再打开换热器冷凝水排放阀（冷凝水排放阀度不要开启过大，以免蒸汽泄漏），使环隙中冷凝水不断地排至地沟。

（7）仔细调节进系统蒸汽调节阀的开度，使蒸汽压力稳定保持在 0.1MPa 左右（可通过微调惰性气体排空阀使压力达到需要的值），以保证在恒压条件下操作，再根据测试要求，由大到小逐渐调节水流量手动调节阀的开度，合理确定 6 个实验点。待流量和热交换稳定后，分别读取冷流体流量、冷流体进出口温度、冷流体进出口壁温以及蒸汽温度。

（8）实验终了，首先关闭蒸汽调节阀，切断设备的蒸汽来路，关闭蒸汽发生器（由教师完成）、仪表电源开关及切断总电源。

上述的传热操作过程已经完成，这是如何实现传热过程的呢？

2.2.4.1 传热理论

（1）传热在化工生产中的应用及工业换热方式 传热，即热量的传递，是自然界和工程技术领域中极普遍的一种传递过程。在化工生产中经常遇到物料的加热或冷却、蒸发或冷凝、凝固或熔融、结晶或溶解等，这些过程几乎都离不开热量的输入和输出。所以，与传热有关的基础知识对于从事化工生产人员是极其重要的。

化工生产中的传热问题有两大类。

一类传热问题是满足产品生产工艺需要，这类传热过程中都要求加速传热以提高生产能力。

另一类传热问题是为了节约和回收能量，这类传热过程中都要求降低传热速率。例如管路的保温、余热的回收利用等等。

工业生产上的换热方式：工业生产中参与传热的流体称为载热体。在传热过程中，温度较高而放出热能的载热体称为热载热体或加热剂，简称热流体；温度较低而得到热能的载热体称为冷载热体或冷却剂、冷凝剂，简称冷流体。

根据工作原理和设备类型的不同，冷、热两种流体在换热器内进行热交换。实现热交换的方式有以下三种。

① 直接混合式换热 直接混合式换热的特点是冷、热流体直接接触，在混合过程中进行传热。这种传热方式速度快、效率高、设备简单，但只适用于用水来冷凝水蒸气等允许两种流体直接接触混合的场合。如通常使用的凉水塔、喷洒式冷却塔、混合式冷凝器等都属于这一类型。如图 2-4。

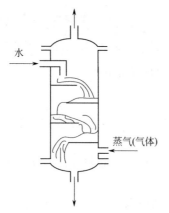

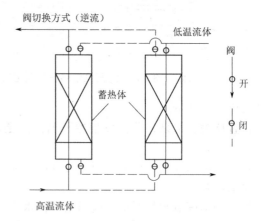

图 2-4 直接混合式换热器   图 2-5 蓄热式换热器

② 蓄热式换热 这种形式的换热通常是在一个被称为蓄热器的设备内进行的，蓄热器内装有耐火砖一类的固体填充物，用来储藏热量。操作时冷、热流体交替地流过蓄热器。当

热流体流过蓄热器时，热流体将填充物加热，器内填充物温度升高，这就储存了热量，再改通冷流体时，填充物加热了冷流体而自身降温。这样利用固体填充物来积蓄和释放热量而达到换热的目的。如图 2-5。由于这类换热设备的操作是间歇交替进行的，并且难免在交替时发生两股流体的混合，所以这类设备在化工生产中使用得不太多。

③ 间壁式换热 这是生产中使用最广泛的一种形式。这类换热器的特点是冷、热流体被一固体壁面隔开，分别在壁面的两侧流动，互不相混合。传热时热流体将热量传给固体壁面，再由壁面传给冷流体。间壁式换热器适用于两股流体间需要进行热量交换而又不允许直接相混的场合。如图 2-6。

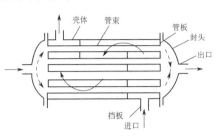

图 2-6　间壁式换热器

（2）稳定传热和不稳定传热 与流体流动一样，传热过程分为稳定传热和不稳定传热。

在传热过程中，传热面上各点的温度因位置不同而不同，但不随时间而改变的，称为稳定传热。在稳定传热的情况下，单位时间内所传递的热量是不变的。连续生产过程中的传热多为稳定传热。

若传热过程中，传热面上各点的温度不仅随位置变化，而且随时间而变化的，称为不稳定传热。工业生产上间歇操作的换热设备和连续生产时设备的启动及停车过程，都为不稳定传热过程。

化工生产过程中的传热多为稳定传热，这里仅讨论稳定传热。

（3）传热机理 热量的传递是由物体内或系统内的两部分之间的温度差而引起的，热量传递方向总是由高温处自动地向低温处移动。温度差越大，热能的传递越快，温度趋向一致，就停止传热。所以，传热过程的推动力是温度差。

课堂互动

体温计为什么能测量体温？人体的热量是如何传递给体温计的？

按照传热过程物质运动所具有的不同规律，存在三种传热机理（或称传热方式）：热传导，对流传热和辐射传热。

① 热传导 热传导简称导热。不同温度的物体之间通过直接接触，或同一物体中不同温度的各部分之间，由于分子、原子或自由电子等微粒的热运动而发生的热量传递是热传导。在热传导中，物体中的分子不发生相对位移。导热一般发生在固体内部、静止的流体内部或与层流流体流动方向垂直方向上的流体内部。

② 对流传热 对流传热是指流体之间的宏观相对位移所产生的对流运动，将热量由空中一处传到他处的现象称为对流传热。对流可分为自然对流和强制对流。如果流体质点的相对位移是由于流体各处温度不同，则称为自然对流。如果流体质点的相对位移是由于受外力作用，则称为强制对流。对流传热仅发生在液体和气体中。

③ 辐射传热 辐射传热是以电磁波的形式发射的一种辐射能，当此辐射能遇到另一物体时，可被其全部或部分地吸收变为热能。无论是固体或流体，都能把热能以电磁波的形式辐射出去，也能吸收别的物体辐射出的电磁波而转变为热能。物体的温度越高，以辐射形式传递的热量就越多。辐射传热不需要任何介质作媒介，它可以在真空中传播。这是辐射传热与热传导及对流传热的根本区别。

实际上，以上三种传热方式很少单独存在，一般都是两种或三种方式同时出现。在一般的换热器内，辐射传递热量很小，往往可以忽略不计，只需考虑热传导和对流传热。本章重点讨论这两种传热方式。

2.2.4.2 传热的方式——热传导

（1）平壁的导热

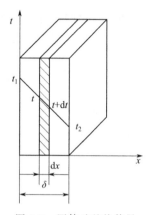

图 2-7 固体壁的热传导

① 傅立叶定律　傅立叶定律是热传导的基本定律。如图 2-7，对于一个由均匀固体物质组成的平壁导热，经验证明在单位时间内通过平壁的导热速率与垂直热流方向的导热面积及导热壁两侧的温度差成正比，与平壁厚度成反比，即

$$Q = -\lambda A \frac{\mathrm{d}t}{\mathrm{d}x} \tag{2-1}$$

式中　Q——导热速率，W；

λ——比例系数，称为热导率，W/(m·℃)；

A——导热面积，即垂直于热流方向的截面积，m^2；

$\frac{\mathrm{d}t}{\mathrm{d}x}$——温度梯度，表示热传导方向上单位长度的温度变化率，规定温度梯度的正方向总是指向温度增加的方向。

式（2-1）称为热传导定律，或称为傅立叶定律。式中负号的意义表明热流方向总是与温度降低的方向一致。

热导率 λ 的意义是：当间壁的面积为 $1m^2$，厚度为 1m，壁面两侧的温度差为 1K 时，在单位时间内以热传导方式所传递的热量。显然，热导率 λ 值越大，物质的导热能力越强。所以热导率 λ 是物质导热能力的标志，为物质的物理性质之一。

各种常用物质的热导率都是经实验测定的。一般来说，金属的热导率最大，非金属固体次之，液体的较小，而气体的最小。

小思考：为什么羽绒服具有保暖作用？

冬季人们为了保暖，可以穿上羽绒服。想过为什么穿上羽绒服就可以保暖吗？

这是因为羽绒服的组织结构膨松，羽绒内填充有大量的空气。气体的热导率最小，它的导热能力就最小。所以在冬季穿上充有大量气体的膨松的羽绒服就可以减慢身体通过羽绒向外以热传导方式传递热量的速率，起到了保暖的作用。

② 单层平壁的热传导　设有一高度和宽度很大的平壁，厚度为 δ。假设平壁材料均匀，

热导率不随温度变化（或取其平均值）。壁面两侧温度为 t_1、t_2，且 $t_1 > t_2$，平壁内各点温度不随时间而变，仅沿垂直于壁面的 x 方向变化。如图 2-8，取平壁的任意垂直截面积为传热面积 A。单位时间内通过面积 A 的热量为 Q，由傅立叶定律知

$$Q = -\lambda A \frac{\mathrm{d}t}{\mathrm{d}x}$$

在稳定导热条件下，Q、A、λ 均为常量，故分离变量后积分，得

$$\int_1^2 \mathrm{d}t = -\frac{Q}{\lambda A} \int_0^\delta \mathrm{d}x$$

$$t_2 - t_1 = -\frac{Q}{\lambda A}\delta$$

$$Q = \frac{\lambda}{\delta}A(t_1 - t_2) \tag{2-2}$$

$$\frac{Q}{A} = \frac{t_1 - t_2}{\delta/\lambda} = \frac{\Delta t}{R} \tag{2-3}$$

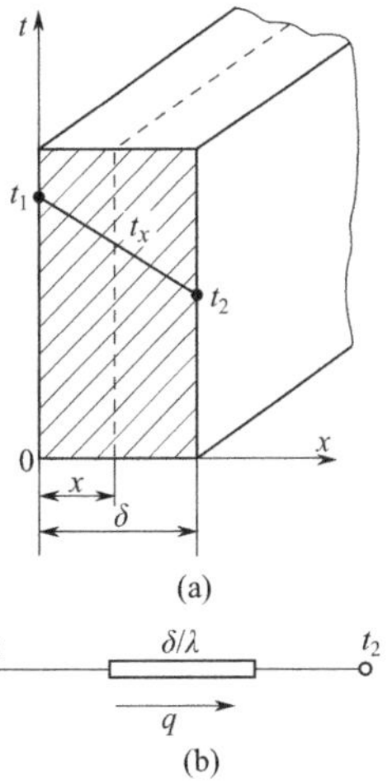

图 2-8 单层平壁的热传导

式（2-2）为单层平壁稳定导热速率方程式。

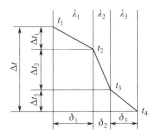

图 2-9 多层平壁的热传导

③ 多层平壁的热传导　工业上常遇到由多种不同材料组成的平壁，称为多层平壁。如锅炉墙壁是由耐火砖、保温砖和普通砖组成。以三层平壁为例，如图 2-9 由三种不同材质构成的多层平壁截面积为 A，各层的厚度为 δ_1，δ_2 和 δ_3，各层的热导率为 λ_1，λ_2 和 λ_3，若各层的温度差分别为 Δt_1，Δt_2 和 Δt_3，则三层的总温度差

$$\Delta t = \Delta t_1 + \Delta t_2 + \Delta t_3$$

因是稳定传热，式（2-3）对于各层的传热速率均适用。而且各层的传热速率也都相等，则：

第一层　$Q = \lambda_1 \times \dfrac{A}{\delta_1}(t_1 - t_2)$　或 $\dfrac{Q}{A} \times \dfrac{\delta_1}{\lambda_1} = t_1 - t_2$ （2-4a）

第二层　$Q = \lambda_2 \times \dfrac{A}{\delta_2}(t_2 - t_3)$　或 $\dfrac{Q}{A} \times \dfrac{\delta_2}{\lambda_2} = t_2 - t_3$ （2-4b）

第三层　$Q = \lambda_3 \times \dfrac{A}{\delta_3}(t_3 - t_4)$　或 $\dfrac{Q}{A} \times \dfrac{\delta_3}{\lambda_3} = t_3 - t_4$ （2-4c）

上述三式中单位面积上的传热热量应该相等，则：

$$\frac{Q}{A} = \frac{\Delta t_1}{\frac{\delta_1}{\lambda_1}} = \frac{\Delta t_2}{\frac{\delta_2}{\lambda_2}} = \frac{\Delta t_3}{\frac{\delta_3}{\lambda_3}} = \frac{\Delta t_1 + \Delta t_2 + \Delta t_3}{\frac{\delta_1}{\lambda_1} + \frac{\delta_2}{\lambda_2} + \frac{\delta_3}{\lambda_3}} = \frac{t_1 - t_4}{R_{导1} + R_{导2} + R_{导3}} = \frac{\Delta t}{\sum R_导} \tag{2-5}$$

由式（2-5）可见，多层平壁导热的推动力是内外壁面的总温度差；导热的总热阻为各层热阻之和。根据上述关系，还可以用式（2-4a）或（2-4c）求各层交界面处的温度 t_2 与 t_3。

【实例计算 2-1】厚度为 200mm 的耐火材料制成的炉壁，其内壁温度为 630℃，外壁温度为 150℃，耐火材料的热导率为 0.9W/(m·K)，试求每平方米壁面损失的热量。

解：由式（2-2）知

$$\frac{Q}{A} = \frac{\lambda(t_1 - t_2)}{\delta} = \frac{0.9 \times (630 - 150)}{0.2} = 2.16 \times 10^3 (\text{W/m}^2)$$

【**实例计算 2-2**】有一炉壁，内层由 24cm 的耐火砖 [$\lambda_1 = 1.05\text{W/(m·K)}$]，中层由 12cm 的保温砖 [$\lambda_2 = 0.15\text{W/(m·K)}$]，外层由 24cm 的建筑砖 [$\lambda_3 = 0.8\text{W/(m·K)}$] 组成。稳态传热时，测得内壁温度为 940℃，外壁温度为 50℃。试求单位面积的热损失和各层交界面上的温度。

解：由式（2-5）计算

$$\frac{Q}{A} = \frac{t_1 - t_4}{\dfrac{\delta_1}{\lambda_1} + \dfrac{\delta_2}{\lambda_2} + \dfrac{\delta_3}{\lambda_3}} = \frac{940 - 50}{\dfrac{0.24}{1.05} + \dfrac{0.12}{0.15} + \dfrac{0.24}{0.8}} = \frac{890}{0.2286 + 0.8 + 0.3} = 670 (\text{W/m}^2)$$

由式（2-4a）得　$t_2 = t_1 - \dfrac{Q}{A} \times \dfrac{\delta_1}{\lambda_1} = 940 - 670 \times 0.2286 = 787 (℃)$

由式（2-4c）得　$t_3 = t_4 + \dfrac{Q}{A} \times \dfrac{\delta_3}{\lambda_3} = 50 + 670 \times 0.3 = 251 (℃)$

（2）圆筒壁的热传导

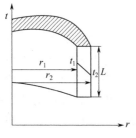

图 2-10　单层圆筒壁的
热传导

① 单层圆筒壁的热传导　在化工生产的热交换器中，常采用金属管道作为筒壁，以隔开冷、热两种载热体进行传热，如图 2-10。此时，热流体的方向是从筒内到筒外（$t_1 - t_2$），而与热流方向垂直的圆筒面积（传热面积）$A = 2\pi rL$（r 为圆筒半径，L 为圆筒长度）。可见，传热面积 A 不再是固定不变的常量，而是随半径而变，同时温度也随半径而变。这就是圆筒壁热传导与平壁热传导的不同之处。但传热速率在稳定时依然是常量。

圆筒壁的热传导也可仿照平壁的热传导来处理，可将圆筒壁的热传导方程式写成平壁热传导方程相类似的形式，不过其中的传热面积 A 应采用平均值。即：

$$Q = \lambda \times \frac{A_{均}}{\delta}(t_1 - t_2) \tag{2-6}$$

式中，$A_{均} = 2\pi r_{均} L$，$\delta = r_2 - r_1$，带入上式得：

$$Q = \lambda \times \frac{2\pi r_{均} L}{r_2 - r_1}(t_1 - t_2) \tag{2-7}$$

式中　r_1——圆筒内壁半径，m；

r_2——圆筒外壁半径，m；

$r_{均}$——圆筒壁的平均半径，m；

L——圆筒长度，m。

式中，$r_{均}$ 在工程计算中，采用对数平均值：

$$r_{均} = \frac{r_2 - r_1}{\ln\dfrac{r_2}{r_1}} \tag{2-8}$$

当 $r_2/r_1 = 2$ 时，使用算术平均值代替对数平均值的误差仅为 4%，在工程计算上是允许的。

因此，当 $r_2/r_1 \leqslant 2$ 时，可用算术平均值代替对数平均值。

算术平均值为：

$$r_{均} = \frac{r_1 + r_2}{2} \qquad (2-9)$$

由式（2-3）可以得出单层圆筒壁的导热热阻为：

$$R_{导} = \frac{\delta}{\lambda} = \frac{r_2 - r_1}{\lambda} \qquad (2-10)$$

② 多层圆筒壁的热传导　由不同材质构成的多层圆筒壁的热传导也可以按多层平壁的热传导处理，但作为计算各层热阻的传热面积不再相等，而应采用各层的对数平均面积。对于图 2-11 的三层圆筒壁，其公式为：

$$
\begin{aligned}
Q &= \frac{\Delta t_1 + \Delta t_2 + \Delta t_3}{\dfrac{\delta_1}{\lambda A_{均1}} + \dfrac{\delta_2}{\lambda A_{均2}} + \dfrac{\delta_3}{\lambda A_{均3}}} \\[2mm]
&= \frac{t_1 - t_4}{\dfrac{r_2 - r_1}{\lambda_1 A_{均1}} + \dfrac{r_3 - r_2}{\lambda_2 A_{均2}} + \dfrac{r_4 - r_3}{\lambda_3 A_{均3}}} \qquad (2-11) \\[2mm]
&= \frac{2\pi L (t_1 - t_4)}{\dfrac{1}{\lambda_1}\ln\dfrac{r_2}{r_1} + \dfrac{1}{\lambda_2}\ln\dfrac{r_3}{r_2} + \dfrac{1}{\lambda_3}\ln\dfrac{r_4}{r_3}}
\end{aligned}
$$

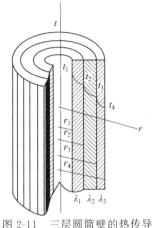

图 2-11　三层圆筒壁的热传导

【实例计算 2-3】在一 $\phi 108mm \times 4mm$ 钢管 $[\lambda = 45W/(m \cdot ℃)]$ 内流过温度为 $120℃$ 的水蒸气。钢管外包扎两层保温材料，里层为 $50mm$ 的氧化镁粉 $[\lambda = 0.07W/(m \cdot ℃)]$，外层为 $80mm$ 的软木 $[\lambda = 0.043W/(m \cdot ℃)]$。水蒸气管的内表面温度为 $120℃$，软木的外表面温度为 $35℃$。试求每米管长的热损失及两保温材料层界面的温度。

解：每米管长的热损失

已知：$r_1 = 0.1/2 = 0.05$ （m），$r_2 = 0.05 + 0.004 = 0.054$ （m），$r_3 = 0.054 + 0.05 = 0.104$ （m）

$r_4 = 0.104 + 0.080 = 0.184$ （m）

$$
\begin{aligned}
\frac{Q}{L} &= \frac{2\pi(t_1 - t_4)}{\dfrac{1}{\lambda_1}\ln\dfrac{r_2}{r_1} + \dfrac{1}{\lambda_2}\ln\dfrac{r_3}{r_2} + \dfrac{1}{\lambda_3}\ln\dfrac{r_4}{r_3}} \\[2mm]
&= \frac{2 \times 3.14 \times (120 - 35)}{\dfrac{1}{45} \times \ln\dfrac{0.054}{0.05} + \dfrac{1}{0.07} \times \ln\dfrac{0.104}{0.054} + \dfrac{1}{0.043} \times \ln\dfrac{0.184}{0.104}} \\[2mm]
&= 23.585 (W/m)
\end{aligned}
$$

设保温层的界面温度为 t_3

$$\frac{Q}{L} = \frac{2\pi(t_1 - t_3)}{\dfrac{1}{\lambda_1}\ln\dfrac{r_2}{r_1} + \dfrac{1}{\lambda_2}\ln\dfrac{r_3}{r_2}} = \frac{2 \times 3.14 \times (120 - t_3)}{\dfrac{1}{45} \times \ln\dfrac{0.054}{0.05} + \dfrac{1}{0.07} \times \ln\dfrac{0.104}{0.054}} = 23.585 (W/m)$$

$t_3 = 84.8 (℃)$

2.2.4.3　传热的方式二——对流传热

（1）牛顿冷却定律

① 对流传热分析　冷热两个流体通过金属壁面进行热量交换时，由流体将热量传给壁面或者由壁面将热量传给流体的过程称为对流传热。对流传热是层流内层的导热和湍流主体对流传热的统称。

众所周知，流体沿固体壁面流动时，无论流动主体湍动得多么激烈，靠近管壁处总存在着一层层流内层。由于在层流内层中不产生与固体壁面成垂直方向的流体对流混合，所以固体壁面与流体间进行传热时，热量只能以热传导方式通过层流内层。虽然层流内层的厚度很薄，但导热的热阻值却很大，因此层流内层产生较大的温度差。另一方面，在湍流主体中，由于对流使流体混合剧烈，热量十分迅速地传递，因此湍流主体中的温度差极小。如图 2-12 是表示对流传热换热管两侧流体流动状况温度分布示意图，由于层流内层的导热热阻大，所需要的推动力温度差就比较大，温度曲线较陡，几乎成直线下降；在湍流主体，流体温度几乎为一恒定值。一般将流动流体中存在温度梯度的温度分布区域称为温度边界层，亦称热边界层。

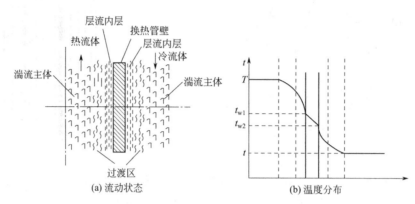

图 2-12　换热管壁两侧流体流动状况及温度分布

② 对流传热方程　大量实践证明：在单位时间内，以对流传热过程传递的热量与固体壁面的大小、壁面温度和流体主体平均温度二者间的差成正比。即：

$$Q \propto A \left(t_{壁} - t \right)$$

式中　Q——单位时间内以对流传热方式传递的热量，W；

　　　A——固体壁面积，m^2；

　　$t_{壁}$——壁面的温度，℃；

　　　t——流体主体的平均温度，℃。

引入比例系数 α 则上式可写成：

$$Q = \alpha A \left(t_{壁} - t \right) \tag{2-12}$$

α 称为对流传热系数（或给热系数），其单位为 W/（$m^2 \cdot$℃）。α 的物理意义是：流体与壁面温度差为 1℃ 时，在单位时间内通过单位面积传递的热量。所以 α 值表示对流传热的强度。

式（2-12）称为对流传热方程式，也称为牛顿冷却定律。牛顿冷却定律以很简单的形式描述了复杂的对流传热过程的速率关系，其中的对流传热系数 α 包括了所有影响对流传热过程的复杂因素。

将式（2-12）改写成下面的形式：

$$\frac{Q}{A} = \frac{t_{壁} - t}{\dfrac{1}{\alpha}} = \frac{一侧对流传热推动力}{一侧对流传热热阻}$$

则对流传热过程的热阻 $R_{对}$ 为：

$$R_{对} = \frac{1}{\alpha} \tag{2-13}$$

（2）影响对流传热系数的因素　影响对流传热系数 α 的因素很多，凡是影响边界层导热和边界层外对流的条件都和 α 有关，实验表明，影响 α 的因素主要有如下几种。

① 流体的种类。如液体、气体、蒸气的 α 就很不相同。

② 流体的物理性质。包括密度、比热容、热导率、黏度等。

③ 流体的相态变化。在传热过程中有相变发生时的 α 值比没有相变发生时的 α 值大得多。

④ 流体对流的状况。强制对流时 α 值大，自然对流时 α 值小。

⑤ 流体的运动状况。湍流时 α 值大，层流时 α 值小。

⑥ 传热壁面的形状、位置、大小、管或板、水平或垂直、直径、长度和高度等。

2.2.4.4　间壁两侧流体的传热

（1）总传热速率方程　在换热器中传热的快慢用传热速率表示。传热速率 Q 是指单位时间内通过传热面的热量，单位为 W。

根据前面关于传热方式的概念，在间壁两侧流体的传热，热量从热流体通过固体壁面传给冷流体是由对流-传导-对流三个阶段组成的。在稳定传热条件下，每个阶段在单位时间里传递的热量均相等，因此，只要算出某一阶段的传热速率，就能算出整个换热器的传热速率。

在间壁式换热器中，热量是通过两股流体间的壁面传递的，这个壁面称为传热面 A，单位是 m^2。两股流体间所以能有热量交换，是因为它们有温度差。如果以 T 表示热流体的温度，t 表示冷流体的温度，那么温度差 $(T-t)$ 就是热量传递的推动力，用 Δt 表示，单位为 K 或 ℃。实践证明：两股流体单位时间内所交换的热量 Q 与传热面积 A 成正比，与温度差成正比，即：

$$Q = KA\Delta t \tag{2-14}$$

式（2-14）称为传热速率方程式。式中，K 称为传热系数，其单位可由式（2-14）移项推导得

$$K = \frac{Q}{A\Delta t}[W/(m^2 \cdot K) \text{ 或 } W/(m^2 \cdot ℃)]$$

从 K 的单位可以看出，传热系数的意义是：当温度差为 1K（1℃）时，在单位时间通过单位面积所传递的热量。显然，K 值的大小是衡量换热器性能的一个重要指标，K 值越大，表明在单位传热面积上在单位时间内传递的热量越多。

将式（2-14）改写成

$$\frac{Q}{A} = \frac{\Delta t \text{（传热推动力）}}{\dfrac{1}{K}\text{（传热总阻力）}} \tag{2-15}$$

式中，$1/K$ 表示传热过程的总阻力，简称热阻，用 R 表示。即：

$$R = \frac{1}{K}$$

由式（2-15）可知，单位传热面积上的传热速率与传热推动力成正比，与热阻成反比。因此，提高换热器传热速率的途径为提高传热推动力和降低传热阻力。

下面我们针对传热速率式中的各项分别加以讨论。

（2）热负荷　根据能量守恒定律，在换热器保温良好、无热损失的情况下，单位时间内热流体放出的热量 $Q_热$ 等于冷流体吸收的热量 $Q_冷$。即 $Q_热 = Q_冷 = Q$，称为热量衡算式。

生产上的换热器内，冷、热两股流体间每单位时间所交换的热量是根据生产上换热任务的需要提出的，热流体的放热量或冷流体的吸热量，称为换热器的热负荷。热负荷是要求换热器具有的换热能力。

一个能满足生产换热要求的换热器，必须使其传热速率等于（或略大于）热负荷。所

以，我们通过计算热负荷，便可确定换热器的传热速率。

热负荷的计算常用以下两种方法。

① 显热法　此法用于流体的换热过程中无相变化的情况。计算式如下：

$$Q = q_{m热}c_{热}(T_1 - T_2) \text{ 或 } Q = q_{m冷}c_{冷}(t_2 - t_1) \tag{2-16}$$

式中　Q——热负荷，W；

$q_{m热}$，$q_{m冷}$——热、冷流体的质量流量，kg/s；

$c_{热}$，$c_{冷}$——热、冷流体的平均定压比热容，J/(kg·℃)；

T_1，T_2——热流体进、出口温度，℃；

t_1，t_2——冷流体的进、出口温度，℃。

② 潜热法　此法用于流体在换热过程中仅发生相变化（如冷凝或汽化）的场合。

$$Q = q_{m热}r_{热} \text{ 或 } Q = q_{m冷}r_{冷} \tag{2-17}$$

式中　$r_{热}$，$r_{冷}$——热流体和冷流体的相变热（蒸发潜热），J/kg。

【实例计算 2-4】 将 0.5kg/s，80℃ 的硝基苯通过一换热器冷却到 40℃，冷却水初温为 30℃，出口温度不超过 35℃。已知水的定压比热容为 4.19kJ/(kg·℃)，试求该换热器的热负荷及冷却水用量。

解：由手册查得硝基苯 $T_{定} = \dfrac{80+40}{2} = 60$（℃）时的比热容为 1.58kJ/(kg·℃)

由式（2-16）计算热负荷

$Q_{硝} = q_{m硝}c_{硝}(T_1 - T_2) = 0.5 \times 1.58 \times 10^3 \times (80-40) = 31.6$（kW）

冷却水用量为

$$q_{m水} = \frac{Q_水}{c_水(t_2 - t_1)} = \frac{Q_硝}{c_水(t_2 - t_1)} = \frac{31600}{4.19 \times 10^3 \times (35-30)} = 1.51 \text{（kg/s）}$$

（3）传热的推动力及两流体的流向分析　间壁式换热器的传热总推动力与两侧流体的温度差有关，这一点是毋庸置疑的。在讨论各种导热和对流传热的速率时，推动力都是温度差。但是间壁换热器中冷、热流体，沿着间壁两侧流动时，在各点处的温度都可能随着换热过程的进行而变化，在计算两种流体主体的温度差时，必须算出平均传热温度差 $\Delta t_{均}$ 代替 Δt，即：

$$Q = KA\Delta t_{均}$$

$\Delta t_{均}$ 的数值与流体的流动情况和温度变化情况有关。

① 间壁式换热器中两流体的流向　按照间壁式换热器间壁两侧高温和低温流体相对流动方向的不同，可分为四种流向，如图 2-13。

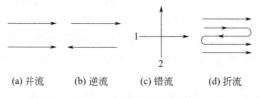

(a) 并流　　(b) 逆流　　(c) 错流　　(d) 折流

图 2-13　间壁式换热器中两流体的流向

并流为冷热两种流体在间壁两侧平行而同向的流动。

逆流为冷热两种流体在间壁两侧平行而反向的流动。

错流为冷热两种流体在间壁两侧互相垂直的方向流动。

折流又分为简单折流和复杂折流，简单折流是指间壁两侧的流体中，其中一种流体只沿一个方向流动，而另一种流体先沿一个方向流动，然后又折回以相反的方向流动，如图 2-13（d）的折流；复杂折流是指两流体均作折流，或既有折流又有错流的情况。

② 平均温度差的计算

a. 恒温传热时的平均温度差　参与传热的冷、热两种流体在换热器内的任一位置、任一时间，都保持其各自的温度不变，此传热过程称为恒温传热。例如用水蒸气加热沸腾的液体，器壁两侧的冷、热流体因自身发生相变化而温度都不变，恒温传热时的平均温度差与两流体的流向无关，故冷、热流体的平均温度差等于：

$$\Delta t_{均} = T - t \tag{2-18}$$

b. 变温传热时的平均温度差　两流体在换热过程中，沿换热器壁面上各点的温度不等时，此传热过程称为变温传热。变温传热计算时必须取其平均值 $\Delta t_{均}$。它又分为两种情况。

（Ⅰ）单侧变温时的平均温度差。图 2-14 为一侧流体温度有变化，另一侧流体的温度无变化的传热。图 2-14（a）热流体温度无变化，而冷流体温度变化。例如生产中用饱和水蒸气加热某冷流体，水蒸气在换热过程中由汽变液放出热量，其温度是恒定的，但被加热的冷流体温度从 t_1 升至 t_2，此时沿着传热面的传热温度差 Δt 是变化的。图 2-14（b）冷流体温度无变化，而热流体的温度发生变化。例如生产中的废热锅炉用高温流体加热恒定温度下沸腾的水，高温流体的温度从 T_1 降至 T_2，而沸腾的水温始终保持为沸点，此时的传热温度差也是变化的。其温度差的平均值 $\Delta t_{均}$ 可取其对数平均值，即按下式计算：

$$\Delta t_{均} = \frac{\Delta t_1 - \Delta t_2}{\ln \dfrac{\Delta t_1}{\Delta t_2}} \tag{2-19}$$

式中取 $\Delta t_1 > \Delta t_2$。Δt_1 和 Δt_2 为传热过程中最初、最终的两流体之间温度差。

在工程计算中，当 $\dfrac{\Delta t_1}{\Delta t_2} \leqslant 2$ 时，可近似地采用算术平均值，即：

$$\Delta t_{均} = \frac{\Delta t_1 + \Delta t_2}{2} \tag{2-20}$$

算术平均温度差与对数平均温度差相比较，在 $\dfrac{\Delta t_1}{\Delta t_2} \leqslant 2$ 时，其误差 $< 4\%$。

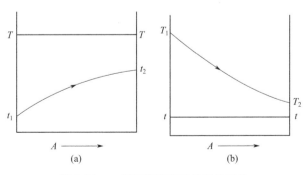

图 2-14　一侧流体变温时的温差变化

【实例计算 2-5】有一废热锅炉，管外为沸腾的水，压力为 1.1MPa（绝压）。管内走合成转化气，温度由 570℃下降到 470℃。试求平均温度差。

解：由手册查得 1.1MPa（绝压）下，水的饱和温度为 180℃，属单边变温传热

热流体　570→470

冷流体　180←180

Δt　390　290

$$\Delta t_1 / \Delta t_2 = 390/290 = 1.34 < 2$$

所以

$$\Delta t_{均} = \frac{\Delta t_1 + \Delta t_2}{2} = \frac{390 + 290}{2} = 340（℃）$$

由上例可知，单边变温传热时流体的流动方向对 Δt 无影响。

（Ⅱ）双侧变温时的平均温度差。在换热的过程中间壁的一侧为热流体，另一侧为冷流体，热流体沿间壁的一侧流动，温度逐渐下降，而冷流体沿间壁的另一侧流动，温度逐渐升高。这种情况下，换热器各点的 Δt 也不相同，属双侧变温传热。在此种变温传热中，平均温度差与流体的流向有关。如图 2-15。

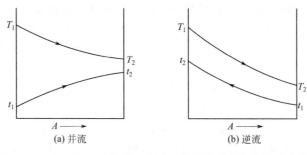

图 2-15　间壁两侧流体无相变，且为并流或逆流的温度变化

● 并流和逆流时的平均温度差。并流与逆流两种流向的平均温度差计算式与式（2-19）完全一样，即：

$$\Delta t_{均} = \frac{\Delta t_1 - \Delta t_2}{\ln \dfrac{\Delta t_1}{\Delta t_2}}$$

小贴士智慧园

　　在计算时，取冷、热流体在换热器两端温度差时，值大的作为 Δt_1，值小的为 Δt_2，以使式（2-19）中的分子与分母都是正数。如遇 $\Delta t_1 / \Delta t_2 < 2$ 时，仍可用算术平均值计算，即：

$$\Delta t_{均} = \frac{\Delta t_1 + \Delta t_2}{2}$$

不难看出，当一侧流体变温而另一侧流体恒温时，并流和逆流的平均温度差是相等的；当两侧流体都变温时，由于流动方向的不同，两端的温度差也不相同，因此并流和逆流时的 $\Delta t_{均}$ 是不相等的。

【实例计算 2-6】在并流和逆流时，热流体的温度都是由 245℃冷却到 175℃，冷流体都是由 120℃加热到 160℃。计算并流和逆流时的平均温度差。

解：逆流时　　　　　　　　　并流时

　　热流体　245→175　　　　热流体　245→175

冷流体　　160←120　　　　冷流体　　120→160

Δt　　　　85　　55　　　　Δt　　　125　　15

$$\Delta t_{逆} = \frac{85-55}{\ln\frac{88}{55}} = 64（℃）\quad \Delta t_{并} = \frac{125-15}{\ln\frac{125}{15}} = 52（℃）$$

由上例可知，并流和逆流时，虽然两流体的进、出口温度分别相同，但逆流时的平均温度差比并流时大。因此，在换热器的传热量 Q 及传热系数 K 值相同的条件下，采用逆流操作可节省传热面积，同时采用逆流操作也可减少加热剂或冷却剂的用量。

● 错流和折流时的平均温度差。并流和逆流时间壁式换热器的基本流向，实际上常常是既有并流又有逆流，这就是前面所述的折流和错流的流向。这类换热器的 $\Delta t_{均}$ 值介于并流与逆流之间，其计算方法是利用单流程流体作逆流流动时的平均温度差为基数乘以校正系数 $\varphi_{\Delta t}$（<1），即：

$$\Delta t_{均} = \varphi_{\Delta t}\Delta t_{逆}$$

各种流动情况下的温度校正系数 $\varphi_{\Delta t}$，可以根据 R 和 P 两个参数查图 2-16 获得。这里 R 和 P 的计算取值如下：

$$R = \frac{T_1-T_2}{t_2-t_1} = \frac{热流体的温降}{冷流体的温升}$$

$$P = \frac{t_2-t_1}{T_1-t_1} = \frac{冷流体的温升}{两流体的最初温差}$$

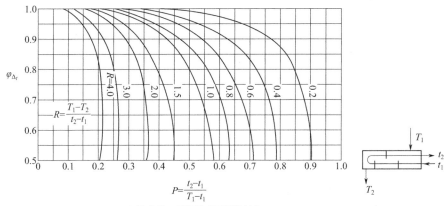

(a) 单壳程，两管程或两管程以上

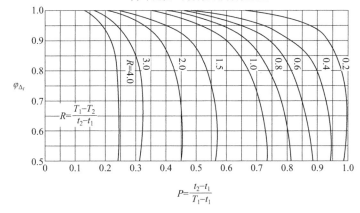

(b) 双壳程，四管程或四管程以上

图 2-16

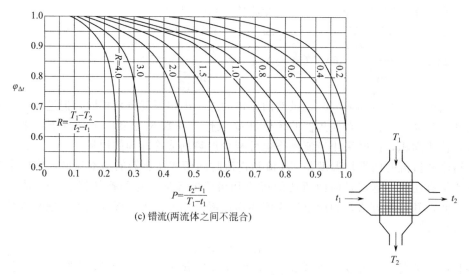

图 2-16　对数平均温度差校正系数 $\varphi_{\Delta t}$ 值

（4）总传热系数

① 总传热系数　由总传热速率方程 $Q = KA\Delta t_{均}$ 可以看出，总传热系数 K 在数值上等于单位传热面积、单位温度差下的传热速率。总传热系数是表示传热设备性能的重要参数，也是对传热设备进行计算和评价的依据。影响 K 值的因素很多，主要取决于流体的物性、操作条件和换热器的类型。传热系数 K 值的来源有以下三个方面。

a. 现场实测　根据传热速率方程可知，只需从现场测得换热器的传热面积 A、平均温度差 $\Delta t_{均}$ 及热负荷 Q 后，传热系数 K 就很容易计算出来。其中传热面积 A 可由设备结构尺寸算出，$\Delta t_{均}$ 可从现场测定两股流体的进出口温度及它们的流动方式而求得，热负荷 Q 可由现场测得流体的流量，由流体在换热器进出口的状态变化而求得。

【实例计算 2-7】某热交换器厂试制一台新型热交换器，制成后对其传热性能进行实验。为了测定该换热器的传热系数 K，用热水与冷水进行热交换。

现场测得：热水流量 5.28kg/s，进口温度 63℃，出口温度 50℃；冷水进口温度 19℃，出口温度 30℃；逆流；传热面积 4.2m²。

解：由传热速率方程得

$$K = \frac{Q}{A\Delta t_{均}}$$

热负荷

$$Q = q_{m热}c_{热}(T_1 - T_2) = 5.28 \times 4.187 \times 10^3 \times (63 - 50) = 287400(\text{W})$$

平均温度差　逆流时　热流体　63→50

冷流体　30←19

Δt　　33　31

$$\Delta t_1 / \Delta t_2 = 33/31 = 1.06 < 2$$

所以

$$\Delta t_{均} = \frac{\Delta t_1 + \Delta t_2}{2} = \frac{33 + 31}{2} = 32 \ (\text{℃})$$

传热系数

$$K = \frac{287400}{4.2 \times 32} = 2138 \ [\text{W}/(\text{m}^2 \cdot \text{℃})]$$

b. 采用经验数据　在进行换热器的传热计算时，常需要先估计传热系数。常见的列管式换热器的传热系数 K 经验值的大致范围见表 2-2 所示。

表 2-2　列管式换热器的传热系数 K 的经验值

冷流体	热流体	传热系数 $K/[W/(m^2 \cdot ℃)]$	冷流体	热流体	传热系数 $K/[W/(m^2 \cdot ℃)]$
水	水	850~1700	气体	水蒸气冷凝	30~300
水	气体	17~280	水	低沸点烃类冷凝	455~1140
水	有机溶剂	280~850	水	高沸点烃类冷凝	60~170
水	轻油	340~910	水沸腾	水蒸气冷凝	2000~4250
水	重油	60~280	轻油沸腾	水蒸气冷凝	455~1020
有机溶剂	有机溶剂	115~340	重油沸腾	水蒸气冷凝	140~425
水	水蒸气冷凝	1420~4250			

由表 2-2 可知，K 值变化范围很大，化工技术人员要对不同类型流体间换热时的 K 值有一数量级概念。

c. 计算法　间壁传热过程是热量从热流体通过固体壁面传递到冷流体的过程，如图 2-17。此热量的传递包括三个连续的过程。

（Ⅰ）热流体在流动过程中把热量传给间壁的对流传热。

（Ⅱ）通过间壁的热传导。

（Ⅲ）热量由间壁另一侧传给冷流体的对流传热。

显然，传热过程的总阻力应等于两个对流传热阻力与一个导热阻力之和。前已述及，K 是传热总阻力 R 的倒数，故可通过串联热阻的方法计算总阻力，进而计算 K 值。

当热流体通过传热壁面将热量传给冷流体时的传热过程可用图 2-17 来说明，在热流体一边温度从 T 变化到 $t_{壁1}$，经过壁厚 δ 后温度降到 $t_{壁2}$，而在冷流体一边温度从 $t_{壁2}$ 变化到 t。

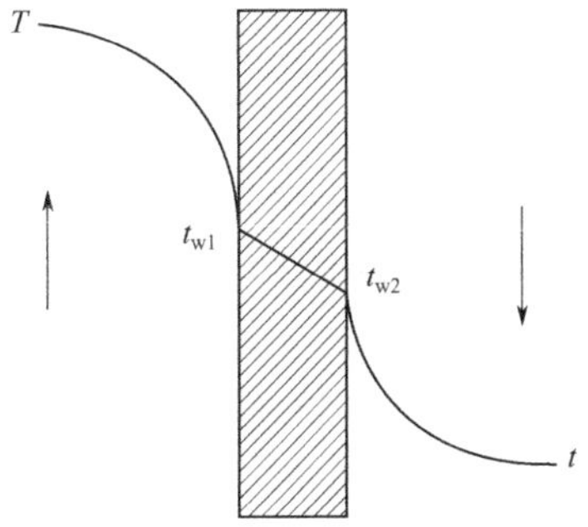

设 α_1 和 α_2 分别表示从热流体传给壁面以及从壁面传给冷流体的对流传热系数，而固体壁面的热导率为 λ。

◆ 传热面为平壁

$$R = R_1 + R_2 + R_3 = \frac{1}{K} = \frac{1}{\alpha_1} + \frac{\delta}{\lambda} + \frac{1}{\alpha_2} \quad (2-21)$$

则

$$K = \frac{1}{\dfrac{1}{\alpha_1} + \dfrac{\delta}{\lambda} + \dfrac{1}{\alpha_2}} \quad (2-22a)$$

图 2-17　间壁两侧流体的热交换

对流传热　导热　对流传热

现根据式（2-21）进一步说明以下几个问题。

● 多层平壁。式（2-21）分母中的 $\dfrac{\delta}{\lambda}$ 一项可以写成 $\sum \dfrac{\delta}{\lambda} = \dfrac{\delta_1}{\lambda_1} + \dfrac{\delta_2}{\lambda_2} + \cdots + \dfrac{\delta_n}{\lambda_n}$，则式（2-21）还可写成

$$K = \cfrac{1}{\cfrac{1}{\alpha_1} + \sum\cfrac{\delta}{\lambda} + \cfrac{1}{\alpha_2}} \qquad (2\text{-}22b)$$

- 若固体壁面为金属材料。固体金属的热导率大，而壁厚又薄，$\dfrac{\delta}{\lambda}$ 一项与 $\dfrac{1}{\alpha_1}$ 和 $\dfrac{1}{\alpha_2}$ 相比可略去不计，则式（2-22）还可写成

$$K = \cfrac{1}{\cfrac{1}{\alpha_1} + \cfrac{1}{\alpha_2}} = \cfrac{\alpha_1\alpha_2}{\alpha_1 + \alpha_2} \qquad (2\text{-}22c)$$

- 当 $\alpha_1 \gg \alpha_2$ 时，K 值接近于热阻较大一项的 α_2 值。

当两个 α 值相差很悬殊时，则 K 值与小的 α 值很接近，如果 $\alpha_1 \gg \alpha_2$，则 $K \approx \alpha_2$；$\alpha_1 \ll \alpha_2$，则 $K \approx \alpha_1$，下面的例子可以充分说明这一结论。

【实例计算 2-8】 器壁一侧为沸腾液体[α_1 为 5000W/(m² · ℃)]，器壁另一侧为热流体[α_2 为 50 W/(m² · ℃)]，壁厚为 4mm，λ 为 40W/(m · ℃)。求传热系数 K 值。为了提高 K 值，在其他条件不变的情况下，设法提高对流传热系数，即（1）将 α_1 提高一倍；（2）将 α_2 提高一倍。

解：$K = \cfrac{1}{\cfrac{1}{\alpha_1} + \cfrac{\delta}{\lambda} + \cfrac{1}{\alpha_2}} = \cfrac{1}{\cfrac{1}{5000} + \cfrac{0.004}{40} + \cfrac{1}{50}} = 49.26 [\text{W}/(\text{m}^2 \cdot \text{℃})]$

（1）其他条件不变，将 α_1 提高一倍，即 $\alpha_1 = 2 \times 5000 = 10000 [\text{W}/(\text{m}^2 \cdot \text{℃})]$

$$K = \cfrac{1}{\cfrac{1}{\alpha_1} + \cfrac{\delta}{\lambda} + \cfrac{1}{\alpha_2}} = \cfrac{1}{\cfrac{1}{10000} + \cfrac{0.004}{40} + \cfrac{1}{50}} = 49.5 [\text{W}/(\text{m}^2 \cdot \text{℃})]$$

（2）其他条件不变，将 α_2 提高一倍，即 $\alpha_2 = 2 \times 50 = 100 [\text{W}/(\text{m}^2 \cdot \text{℃})]$

$$K = \cfrac{1}{\cfrac{1}{\alpha_1} + \cfrac{\delta}{\lambda} + \cfrac{1}{\alpha_2}} = \cfrac{1}{\cfrac{1}{5000} + \cfrac{0.004}{40} + \cfrac{1}{100}} = 97.1 [\text{W}/(\text{m}^2 \cdot \text{℃})]$$

上述计算结果说明，当两个 α 值相差较大时，提高大的 α 值对传热系数 K 值的提高影响甚微；而将值小的 α 值增大一倍时，K 值几乎也增加了一倍。由此可见，传热系数 K 总是接近于值小的 α 值，或者说由最大热阻所控制。因此，在传热过程中要提高 K 值，必须对影响 K 的各项进行具体分析，设法提高最大热阻中的 α 值，才会有显著的效果。

- 壁面的温度。稳定传热过程中热流体对壁面的对流传热量及壁面对冷流体的对流传热量均相等，即：

$$\frac{Q}{A} = \alpha_1(T - t_{壁1}) = \alpha_2(t_{壁2} - t)$$

由上式可以看出，对流传热系数 α 值大的那一侧，其壁温与流体温度之差就小。换句话说，壁温总是比较接近 α 值大的那一侧流体的温度。这一结论对设计换热器是很重要的。

◆ 传热面为圆筒壁 当传热面为圆筒壁时，两侧的传热面积不相等。在换热器系列化标准中传热面积均指换热管的外表面积 $A_{外}$，若以 $A_{内}$ 表示换热管的内表面积，$A_{均}$ 表示换热管的平均面积，则：

$$K_{外} = \cfrac{1}{\cfrac{A_{外}}{\alpha_1 A_{内}} + \cfrac{\delta A_{外}}{\lambda A_{均}} + \cfrac{1}{\alpha_2}} \qquad (2\text{-}23\text{a})$$

式（2-23a）中，$K_{外}$ 称为以外表面积为基准的传热系数，$A_{外} = \pi d_{外} l$。同理可得：

$$K_{内} = \cfrac{1}{\cfrac{1}{\alpha_1} + \cfrac{\delta A_{内}}{\lambda A_{均}} + \cfrac{A_{内}}{\alpha_2 A_{外}}} \qquad (2\text{-}23\text{b})$$

式（2-23b）中，$K_{内}$ 称为以内表面积为基准的传热系数，$A_{内} = \pi d_{内} l$。同理还可得：

$$K_{均} = \cfrac{1}{\cfrac{A_{均}}{\alpha_1 A_{内}} + \cfrac{\delta}{\lambda} + \cfrac{A_{均}}{\alpha_2 A_{外}}} \qquad (2\text{-}23\text{c})$$

式（2-23c）中，$K_{均}$ 称为以平均面积为基准的传热系数，$A_{均} = \pi d_{均} l$。

由此可见，对于圆筒沿热流方向传热面积变化的换热器，其传热系数必须注明是以哪个传热面为基准。由于计算圆筒壁公式复杂，故一般在管壁较薄时，即 $d_{外}/d_{内} < 2$ 可取近似值：$A_{外} \approx A_{均} \approx A_{内}$，则式（2-23a）、式（2-23b）和式（2-23c）可以简化为使用平壁计算式（2-22），因此，平壁 K 计算式应用很广泛。

② 污垢热阻　实际生产中的换热设备，因长期使用在固体壁面上常有污垢积存，对传热产生附加热阻，使传热系数 K 降低。因此，在设计换热器时，应预先考虑污垢热阻问题，由于污垢层厚度及其热导率难以测定，通常只能根据污垢热阻的经验值作为参考来计算传热系数 K。某些常见流体的污垢热阻的经验值可由相关的化工手册查得。

若管壁内、外侧表面上的污垢热阻分别为 $R_{内}$ 和 $R_{外}$，根据串联热阻叠加原则，式（2-22）可变为：

$$K = \cfrac{1}{\cfrac{1}{\alpha_{内}} + R_{内} + \cfrac{\delta}{\lambda} + R_{外} + \cfrac{1}{\alpha_{外}}} \qquad (2\text{-}24)$$

式（2-24）表明，间壁两侧流体间传热总热阻等于两侧流体的对流传热热阻、污垢热阻及管壁热阻之和。

一般垢层的热导率都比较小，即使是很薄的一层也会形成比较大的热阻。在生产上应尽量防止和减少污垢的形成：如提高流体的流速，使所带悬浮物不致沉积下来；控制冷却水的加热程度，以防止有水垢的析出；对有垢层形成的设备必须定期清洗除垢，以维持较高的传热系数。

③ 传热过程的强化途径　所谓强化传热过程，就是指提高冷、热流体间的传热速率。从传热方程 $Q = KA\Delta t_{均}$ 可以看出，提高 K、A、$\Delta t_{均}$ 中任何一个均可强化传热。但究竟哪个因素对提高传热速率起着决定作用，则需作具体分析。

a. 增大传热面积 A　增大传热面积是强化传热的有效途径之一，但不能靠增大换热器体积来实现，而是要从设备的结构入手，提高单位体积的传热面积。当间壁两侧 α 值相差很大时，增加 α 值小的那一侧的传热面积，会大大提高换热器的传热速率。如采用小直径管，用螺旋管、波纹管代替光滑管，采用翅片式换热器都是增大传热面积的有效方法。

b. 增大平均温度差 $\Delta t_{均}$　传热温度差是传热过程的推动力。平均温度差的大小要取决于两流体的温度条件。一般来说流体的温度为生产工艺条件所规定，可变动的范围是有限的。当换热器中两侧流体都变温时，应尽可能从结构上采用逆流或接近逆流的流向以得到较大的传热温度差。

c. 增大传热系数 K　增大传热系数 K 值是强化传热过程中应该着重考虑的方面。提高传热系数是提高传热效率的最有效的途径。已知传热系数的计算公式为：

$$K = \cfrac{1}{\cfrac{1}{\alpha_内} + R_内 + \cfrac{\delta}{\lambda} + R_外 + \cfrac{1}{\alpha_外}}$$

由上式可知，欲提高 K 值，就必须减小对流传热热阻、污垢热阻和管壁热阻。由于各项热阻所占比重不同，故应设法减小其中起控制作用的热阻。即设法增加 α 值较小的一方。但当两个 α 值相近时，应同时予以提高。根据对流传热过程分析，对流传热的热阻主要集中在靠近管壁的层流边界层上，减小层流边界层的厚度是减小对流传热热阻的主要途径，通常采用的措施如下。

（Ⅰ）提高流速。流速增大，Re 随之增大，层流边界层随之减薄。

（Ⅱ）增强流体的人工扰动，强化流体的湍动程度。

（Ⅲ）防止结垢和及时清除垢层，以减小污垢热阻。

强化传热要权衡得失，综合考虑。如通过提高流速，增加流体的湍动程度以强化传热的同时，都伴随着流体阻力的增加。因此在采取强化传热措施的时候，要对设备结构、制造费用、动力消耗、检修操作等全面考虑，加以权衡，得到经济而合理的方案。

2.2.4.5　做中学、学中做岗位技能训练——讨论与思考

（1）传热的知识在我们的日常生活中的应用主要体现在什么方面？

（2）热水瓶为什么会保温？

（3）冬天里要多穿衣，夏天要少穿衣，这又是为什么？

（4）煮鸡蛋时为什么要将鸡蛋的外壳全部浸泡在水里，如果不这样做会出现什么现象？

（5）请结合自己的感受，解释一下太阳能热水器的工作原理。

（6）夏天放在转动的风扇下的热水为什么会比放在阳光下的热水凉得快？

（7）在化工厂里主要有几种情况需要采取保温措施？

2.2.4.6　传热设备——换热器

在化工生产中，一般都包含有化学反应过程。为了使化学反应顺利进行，适宜的反应温度是非常重要的外部条件。即使在一些采用物理方法处理的生产过程中，提高或降低物料的温度，也有利于获得更好的处理效果。因此，在工艺流程中常常需要将低温流体加热或将高温流体冷却，将液体汽化成气体或将气体冷凝成液体，这些过程都与热量传递密切相关，都可通过换热设备来实现。

用于实现冷热流体热量交换的设备叫换热器。化工生产对换热器的要求是：传热效率高，流体阻力小，强度、刚度、稳定性足够，结构合理，节省材料，成本较低，制造、装拆、检修方便等。而间壁式换热器在化工厂内应用最为广泛。

（1）间壁式换热器的主要类型　间壁式换热器可分为管式换热器和板面式换热器两大类。管式换热器有管壳式、套管式、蛇管式、螺旋管式等，板面式换热器有板式、螺旋板式、板翅式、板壳式等。各类换热器的特点及应用见表 2-3。

表 2-3　各种类型换热设备的特点及应用

间壁式换热器	管式	管壳式	固定管板式	刚性结构	用于管壳温差较小的情况，管间不能清洗
				带膨胀节	有一定温度补偿能力，壳程只能承受较低压力
			浮头式		管内外均能承受高压，可用于高温高压场合
			U形管式		管内外均能承受高压，管内清洗及检修困难
			填料函式	外填料函	管间容易漏，不宜处理易挥发、易爆、易燃及压力较高的介质
				内填料函	密封性能差，只能用于压差较小的场合
			釜式		壳体上部有个蒸发空间用于再沸、蒸煮
			双套管式		结构比较复杂，主要用于高温高压场合或固定床反应器中
			套管		能逆流操作，用于传热面较小的冷却，或者冷凝器或预热器
			蛇管式	沉浸式	主要用于管内流体的冷却、冷凝，或管外流体的加热
				喷淋式	只用于管外流体的冷却或冷凝
	板面式		板式		拆洗方便，传热面能调整，主要用于黏性较大的液体间换热
			螺旋板式		可进行严格的逆流操作，有自洁作用，可用于回收低温热能
			板翅式		结构十分紧凑，传热效果很好，流体阻力大，主要用于制氧
			伞板式		伞形传热板结构紧凑，拆洗方便，通道较小易堵，要求流体干净
			板壳式		板束类似于管束，可抽出清洗检修，压力不能太高
直接接触式					适用于允许换热流体之间直接接触
蓄热式					换热过程分两段交替进行，适用于从高温炉气中回收热量的场合

（2）管壳式换热器　管壳式换热器也叫列管式换热器，虽然在传热效率、结构紧凑性、金属消耗等方面不及板式换热器等其他新型换热装置，但是它具有结构坚固、操作弹性大、材料范围广、适应性强等自身独特的优点，因而能够在各种换热装置竞相发展中得以继续存在，目前仍然是化工生产中应用最广泛的换热装置，特别是在高温、高压和大型换热器中占有绝对优势。

管壳式换热器是典型的间壁式换热器。主要由壳体、管束、管板、折流挡板和封头等组成。管内流动的流体称管程流体。管外流动的流体称壳程流体。管束的壁面为传热面。其主要优点是单位体积设备所提供的传热面积大，传热效果好，结构简单，操作弹性大，可用多种材料制造，适用性较强，在大型装置中普遍采用。根据其结构特点，可分为：固定管板式、浮头式、U形管式、填料函式等四种形式。

①固定管板式换热器　固定管板式换热器的两端管板和壳体通过焊接制成一体。如图2-18。它的特点是结构简单、紧凑，在同一内径的壳体中布管数目最多，造价低廉，管程易清洗，堵管和更换管子方便。但壳程清洗和检修困难，且当管壳温差较大时会产生温差应力。固定管板式换热器适用于壳程介质清洁、两流体温差较小的场合。

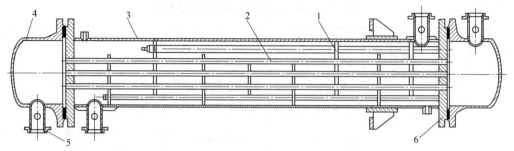

图 2-18　固定管板式换热器
1—折流板；2—换热管；3—壳体；4—管箱；5—接管；6—管板

② 浮头式换热器　浮头式换热器两端的管板，一端用法兰与壳体相连，另一端不与壳体相连，可在壳体内自由浮动，称浮头。见图 2-19。浮头由浮头管板、钩圈和浮头端盖组成。此结构的特点是管束可以抽出，因此，管内易清洁，管外也易清洁，管束伸长不受约束，完全消除了温差应力。但结构复杂，造价较高，若浮头的密封失效，将导致两流体的混合，且不易觉察。浮头式换热器适用于管壳温差大、介质不清洁需常清洗的场合。

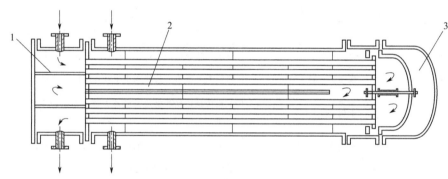

图 2-19　浮头式换热器
1—隔板；2—换热管；3—浮头

③ U 形管式换热器　U 形管式换热器每根管子均弯成 U 形，只有一块管板，管子两端都固定在一块管板上，流体进、出口分别安装在同一端的两侧，封头内用隔板分成两室。如图 2-20。此结构的特点是结构简单，质量轻，管束可抽出，管外易清洗，不会产生温差应力。但布管数较少，管板利用率低，壳程流体易形成短路，管内难以清洗，拆修更换管子困难。

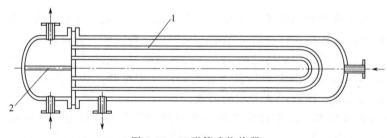

图 2-20　U 形管式换热器
1—U 形管；2—隔板

U 形管式换热器适用于管壳温差大、管内走清洁流体的高温高压场合。

④ 填料函式换热器 填料函式换热器结构与浮头式换热器相似，只是浮头伸到了壳外，且浮头与壳体间采用了填料函式密封。此结构的特点是结构较简单，加工制造方便，管束容易抽出进行检修、清洗，不会产生温差应力。但填料密封处易产生泄漏。填料函式换热器适用于管壳温差大、介质不清洁或腐蚀严重、需要经常清洗或更换管束的场合。但不宜用在直径较大、壳程压力较高的场合。见图 2-21。

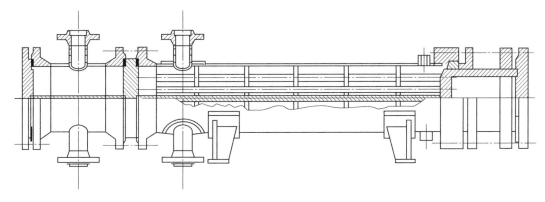

图 2-21 填料函式换热器

（3）换热管 换热管是换热器的主要传热元件，需要根据工艺条件来选择。

① 换热管结构 一般为无缝钢管，为强化传热可制成翅片管、螺旋槽管等。

翅片管能加大流体湍动程度，增大给热系数，强化传热效果。当管内外给热系数相差较大时，翅片应布置在给热系数小的一侧。

螺旋槽管是在管子处表面轧出螺旋形凹槽，管内侧形成螺旋凸起，有利于提高传热效果（与光管相比，传热系数可提高 40%）。螺纹槽管可制成单头形或多头形。

若在管子上轧出与轴线垂直的槽纹，使管内壁形成一圈圈环状凸起，则称为横纹管，与光管相比，横纹管可增加流体边界层的扰动，增强传热效果。

② 换热管尺寸 换热管的尺寸一般用外径与壁厚表示，常用碳素钢管规格为 $\phi19\times2$、$\phi25\times2.5$、$\phi38\times2.5$；不锈钢规格为 $\phi15\times2$、$\phi38\times2.5$。管长规格有 1.5m、2.0m、3.0m、4.5m、6.0m 和 9.0m。采用小管径，可增大单位面积，使传热系数提高，结构紧凑，金属消耗少。但流体阻力增加、不便清洗、容易堵塞。一般情况下，小管径用于较清洁的流体，而大管径适用于黏度较大或污浊易结垢的流体。

③ 换热管常用材料 换热管的材料应根据工艺条件和介质腐蚀性来选择。常用的金属材料有：碳素钢、低合金钢、不锈钢和铜、铝、钛等有色金属及其合金；非金属材料有：石墨、陶瓷、聚四氟乙烯等。

④ 换热管的布置 换热管的布置要考虑设备的紧凑性、流体的性质、结构设计及加工制造方面的情况。换热管在管板上的排列方式主要有正三角形、转角正三角形、正方形和转角正方形四种。除此之外，还有等腰三角形和同心圆排列方式。其中正三角形排列的管数最多，故应用最广。而正方形排列最便于管外清洗，多用在壳程流体不洁净的情况下。换热管之间的中心距一般不小于管外径的 1.25 倍。常见换热管的排列方式见图 2-22。

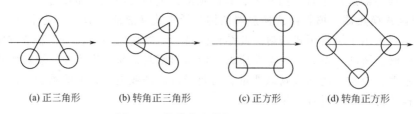

| (a)正三角形 | (b)转角正三角形 | (c)正方形 | (d)转角正方形 |

图 2-22　换热管在管板上的排列方式

（4）管板　管板是换热器中的重要零件，一般为开孔的圆形平板或凸形板，具体结构与换热器类型及与壳体的连接方式有关。其主要作用是排布换热管，分隔管程、壳程空间，避免冷热流体混合。

① 固定管板式换热器管板结构　固定管板式换热器的管板，可分为兼作法兰和不兼作法兰两类。

② 浮头式、U 形管式、填料函式换热器管板　浮头式的活动管板即为一开孔的圆平板；而 U 形管式只有一块固定管板，没有活动管板。填料函式的活动管板通常为一开孔圆平板加上短节圆筒形壳体。而三者的固定管板一般不兼作法兰，不受法兰力矩的作用，且与壳体采用可拆连接方式。

③ 管子在管板上的连接　管子在管板上的连接是管壳式换热器重要的结构问题，运行时既要密封可靠，又要有足够的结合力，所以要求连接质量高。管子在管板上的常用连接方法有强度胀接、强度焊接、胀焊结合。

a. 强度胀接　强度胀接是指保证换热管与管板连接密封性能和抗拉脱强度的胀接。采用的方法有机械胀管法和液压胀管法。采用的原理都是促使换热管产生塑性变形与管板贴合。

b. 强度焊接　强度焊接是指保证换热管与管板连接密封性的抗拉脱强度的焊接。其特点是制造加工简单，连接处强度高，但不适应于有较大振动和容易产生间隙腐蚀的场合。

c. 胀焊结合　采用强度胀接虽然管子与管板孔贴合较好，但在压力与温度有变化时，抗疲劳性能差，连接处易松动；而采用强度焊接时，虽然强度和密封性能好，但管子与管板孔壁处和环形间隙，易产生间隙腐蚀。故工程上常采用胀焊结合的方法来改善连接处的状况。按目的不同胀焊结合有强度胀加密封焊、强度焊加密封胀等几种方式。按顺序不同，又有先胀后焊与先焊后胀之分。但一般采用先焊后胀，以免胀时残留的润滑油影响后焊的焊接质量。

（5）管箱、折流板、挡板

① 管箱　管箱是位于换热器两端的重要部件。它的作用是控制及分配管程流体。如管内流体有腐蚀性，管箱的材料应与管子和管板相匹配。管箱的结构主要由换热器是否需要清洗，管束是否需分程等因素决定。

② 折流板与支撑板　在换热器中设置折流板是为了提高壳程流体流速，增加流体流动时的湍动程度，控制壳程流体的流动方向与管束垂直，以增大传热系数。在卧式换热器中，折流板还起着支撑管束的作用。常用的折流板有弓形与圆盘－圆环形两种。

折流板的安装定位采用拉杆－定距管或点焊结构。

换热器内一般都装有折流板，既起折流作用，又起支撑作用。但当工艺上无折流板要求且换热管细长时，应考虑采用一定数量的支撑板，以便于安装和防止管子过大变形。支撑板的结构和尺寸，可按折流板处理。

（6）管壳式换热器的常见故障及排除方法　管壳式换热器在使用中，最易发生故障的元件是作为传热元件的换热管。流体对管束的冲刷、腐蚀，都可能造成管子的损坏。因此在日常维护中应经常对换热器进行检查，以便及时发现故障，并采取相应的措施进行修理。管壳式换热器的常见故障有管子的振动、管壁积垢、腐蚀与磨损、介质泄漏等。

① 管子的振动与防振措施　管壳式换热器中管子产生振动是一种常见故障。引起的原因有：与换热器相连的转动机械（泵、压缩机）的振动引起的振动，由流速、管壁厚度、折流板间距、管束排列等综合因素的影响而引起的振动；介质压力的脉动引起的振动等。如振动现象严重，可能产生的振动后果有以下几个。

a. 管子与相邻的管子、壳体或折流板孔内壁撞击，使管子受到磨损、开裂或切断。

b. 管子的疲劳破坏。

c. 管子与管板连接处松动而泄漏。

d. 壳程空间发生强烈的噪声。

e. 壳程流体的阻力增加。

当管子发生振动时，应针对不同的振动原因，采取不同的对策。常用方法有以下几个。

a. 流体入口处设置缓冲措施（防冲挡板、导流筒）。

b. 折流板上的孔径与管子外径间隙尽量小（减轻管子受折流板的锯割作用）。

c. 减小折流板间隔。

d. 增大管子的厚度、折流板的厚度。

② 管壁积垢　随着使用时间的延长，在换热管的内外表面上会产生积垢。结垢的原因有以下几个。

a. 物料中有泥、沙等杂质。

b. 物料中有结晶析出和沉淀。

c. 有机物分解出焦化物。

d. 硬水产生的水垢。

结垢引起的故障有：总热导率下降，传热效率降低；换热管管径因积垢而减小，使得流体的阻力增加，因而压力降增大；引起坑蚀。

对积垢采取的措施有：加强巡检，及时了解积垢的情况，并采取措施进行处理；对于可以进行净化的流体，在流体进入换热器前对其进行净化处理；发现结垢现象，可通过采用在稀酸中添加缓蚀剂对换热器进行酸洗处理。

③ 管子的泄漏　管子发生泄漏的事故较多，引起泄漏的主要原因有：介质的冲刷、腐蚀、管子的振动等。

当管子有泄漏现象时，采取的措施视漏管的多少而定。如果是单根或数根管子泄漏，可采用堵塞的方法进行修理；多根（>10%时）泄漏，应采用更换管子的方法进行修理。

2.2.4.7　做中学、学中做岗位技能训练

（1）水-蒸汽给热系数测定的实训

① 会操作蒸汽发生器并能熟练地控制蒸汽压力。

② 能独立开启循环水泵，并根据要求进行调节流量的大小。

③ 能独立操作水-蒸汽给热系数测定的实训的控制面板。

④ 了解间壁式传热元件，掌握给热系数测定的实验方法。

⑤ 测定水在圆形直管内的强制对流给热系数。

⑥ 了解影响给热系数的因素和强化传热的途径。

⑦ 了解热电阻测温方法、涡轮流量计测流量方法，学会使用变频器。

（2）水-蒸汽给热系数测定的仿真实训　能模拟生产现场的工艺生产操作要求，独立地利用仿真软件进行换热器的操作，提高情境模拟操作、训练的技能，促进理论知识与实际操作技能的结合。

（3）列管式换热器传热实训设备（计算机数据采集控制型）

① 列管式换热器的开停车及运行操作培训。

② 冷流体出口温度自动调节的操作培训。

③ 冷热流体相对流向对换热效果的影响。

④ 流体的流态（流速）对换热效果的影响。

⑤ 蒸气中不凝性气体对换热效果的影响。

⑥ 传热系数 K 的测定操作培训，列管式换热器的开停车及运行操作培训。

（4）生产现场观察学习换热器　深入生产现场学习换热器的结构特点、安装方式和物料的走向。并在生产现场注意观察换热器的操作方式。

2.2.5　螯合树脂精制盐水的工作过程

螯合树脂是一种带有螯合能力基团的高分子化合物，它是一种具有环状结构的配合物，也是一种离子交换树脂，与普通的交换树脂不同的是，它吸附金属离子形成环状结构的螯合物。螯合物又称内配合物，是螯合物形成体（中心离子）和某些合乎一定条件的螯合剂（配位体）配合而成具有环状结构的配合物。"螯合"即成环的意思，犹如螃蟹的两个螯把形成体（中心离子）钳住似的，故称螯合树脂。它对特定离子具有特殊的选择能力。以日本产品"CR-10"螯合树脂为例，说明其选择离子的能力：

$$Hg^{2+}>Cu^{2+}>Pb^{2+}>Ni^{2+}>Cd^{2+}>Zn^{2+}>Co^{2+}>Mn^{2+}>Ca^{2+}>Mg^{2+}>Ba^{2+}\gg Na^+$$

螯合树脂的交换原理是螯合树脂在水合离子作用下，交换基团—COONa 水解成—COO$^-$ 和 Na$^+$。在盐水精制时，由于树脂对离子的选择性 H$^+$ > Ca^{2+} > Mg^{2+} > Ba^{2+} $\gg$ Na$^+$，所以盐水中 Ca^{2+}、Mg^{2+} 就被树脂螯合形成稳定性高的环状螯合物。

在塔内的盐水中的 Ca^{2+}、Mg^{2+} 与树脂发生了如下离子交换：

在连续操作中，第一塔作为"初制"塔，除去盐水中大多数的钙镁离子，而第二塔作为"精制"塔，来确保盐水中的钙镁降到控制指标以下。当塔内树脂床达到最大的吸附能力时，再流出塔的盐水中钙镁离子会急剧增加。因此在树脂床还未达到最大处理能力时，就要再生。树脂的再生机理，可用下面两个方程式表示。

（1）钙（镁）型树脂转变成氢型树脂

（2）氢型树脂转变成钠型树脂

螯合树脂塔从投入生产到脱出再生，直到再生重新投入生产，大约需要 8h。在正常生产时，两塔串联运行，一塔再生备用，每 24h 切换一次。盐水精制全过程用 DCS 系统自动控制，实现模块式的操作。

树脂塔再生时产生的废液流入废水池中，经酸碱中和后送一次盐水工序。

2.2.6 螯合树脂塔的开停车操作

（1）短期停车后开车

① 启动一次盐水泵，从一次盐水罐内抽送一次盐水，打开一次盐水进塔前的盐水预热器上热水的进、出阀门，控制盐水温度在 65℃左右，开始打回流，当确认一次盐水的温度、浓度、pH 值和不纯物质满足盐水二次精制的要求后，则准备向树脂塔通液。

② 先打开树脂塔盐水进出口阀。

③ 慢慢打开树脂塔上的盐水自控管路阀，对树脂塔供一次盐水。

④ 盐水开始循环，一次盐水→二次盐水→去离子盐水储罐→一次化盐工序。

⑤ 分析第一树脂塔、去离子盐水罐的 $Ca^{2+}+Mg^{2+}$ 浓度，如分别低于 0.2mg/L，0.02mg/L 时，可开始向电解槽供盐水。

⑥ 电解开车前如将已运转一定时间的树脂塔进行再生，这样更有利。

（2）长期停车后开车

① 同短期停车①。

② 打开树脂塔周围的手动阀，接通程序控制器。

③ 慢慢打开盐水阀门，向树脂塔内通液，进行一次、二次盐水循环。

④ 循环开始后，如盐水中 $Ca^{2+}+Mg^{2+}$ 浓度在第一塔出口高于 0.2mg/L，在第二塔出口高于 0.02mg/L 时，则要对第一树脂塔进行再生。确认 $Ca^{2+}+Mg^{2+}$ 含量时通液量一定要在规定的流量下进行。

⑤ 盐水一次精制、二次精制及化盐循环稳定后，确认二次精制盐水质量，满足电解槽的要求才可向电解槽通液。

（3）短期停车

① 当其他设备皆正常时，盐水在一次盐水→二次盐水→一次化盐工序之间进行循环。

② 当其他设备有故障时，关闭盐水进口阀，盐水出口阀通过控制板，切断去现场电磁阀盘的信号，再生工序改为手动。

③ 系统停电，关闭塔四周的全部自动和手动阀。其他步骤同②。

（4）长期停车（指无确切开车日期）

① 关闭盐水进口阀、盐水出口阀。

② 塔内的盐水用软水置换，程序如下。

a. 关闭再生用酸、碱的进出阀门。

b. 按下 A 塔再生开始按钮，再生在"静止"工序中自动停止。

c. 手动切换成 B 塔再生，结果同 b。

d. 关闭所有自动阀、手动阀。用色布将视镜遮住。

2.3 盐水二次精制的工艺操作要点

（1）控制入塔盐水温度在（65 ± 5)℃。

（2）控制盐水 pH 值大于 8。

（3）塔入口盐水 $Ca^{2+}+Mg^{2+}$ 含量在 $4mg/L$ 以上时，在减少通液时间的同时，增加第一个塔出口的 $Ca^{2+}+Mg^{2+}$ 的分析次数。

（4）对一次盐水中的 Sr^{2+} 要定期地进行分析，确认在 $2.5mg/L$ 以下。

（5）一次盐水中不允许存在 ClO^-，因为 ClO^- 的存在会引起螯合树脂性能的急剧劣化。

（6）对第一个塔出口盐水中的 $Ca^{2+}+Mg^{2+}$ 每日进行一次分析，确认在 $20\mu g/L$ 以下，取样时间要在树脂塔再生结束前不久，如果发生超标，要查找原因，采取措施，在找出原因之前，要缩短通液时间。

（7）第二个塔出口盐水中的 $Ca^{2+}+Mg^{2+}$ 每日定期地分析 1 次以上，确认在 $20\mu g/L$ 以下。

（8）经常检查树脂塔压差，压差上升会降低盐水流量，如超压差时，强制再生，增加二次返洗强度使破碎树脂逸出。

（9）树脂塔再生过程中，当确认盐水置换再生液时盐水从树脂塔出口的 pH 值在 8 以上，再生结束。刚再生结束后，由于塔内残留少许的 NaOH，pH 值暂时升高到 10 以上是正常的，这是再生工作正常的标志，否则就不正常。

（10）再生时的流量设定。树脂塔初步运转时，各种流量及液面都要进行严格的标定，做好标记和记录，设定各阀的开度，以后按需要再进行微调。

2.4 二次盐水精制过程中常见的异常原因及处理方法

2.4.1 ClO$^-$ 未被去除

（1）浮上澄清盐水中的 ClO^- 含量大于 $10mg/L$，小于 $20mg/L$。

处理方法：通过加大 Na_2SO_3 的流量后，就能解决。按以下步骤操作。

① 分析澄清盐水罐的盐水含 ClO^- 量，可往罐中加少许固体 Na_2SO_3。

② 分析过滤后盐水，如含 ClO^-，可往过滤盐水罐中加少许固体 Na_2SO_3。

③ 加大盐水中 ClO^- 的分析频率。

④ 检查脱氯工序的操作情况。

（2）澄清盐水中 ClO^- 的含量超过 $20mg/L$（受泵的能力限制，不能通过加大 Na_2SO_3 流量的方法解决）。

处理方法如下。

①分析澄清盐水罐的盐水含 ClO^- 量，酌情往内加适量固体 Na_2SO_3。

② 关闭澄清盐水入口阀。

③ 由过滤通液改为原液循环。

④ 检查过滤盐水罐是否含 ClO^-，如含有 ClO^-，则立即停止向树脂塔通液。

⑤ 电解准备停车。

2.4.2　二次精制盐水 Ca^{2+}、 Mg^{2+} 超标

入塔的盐水质量符合前所述的标准，但出口 Ca^{2+}、Mg^{2+} 含量仍不合格。主要由以下各种原因造成。

(1) 树脂量不足。由于树脂的使用温度一般在 $60℃$ 左右，树脂强度低再加上"H^+""Na^+""Ca^{2+}"型转换过程中的内力作用，使树脂破碎流失，这是正常的。为此需要及时地补充树脂，使树脂层高度符合设计要求。

(2) 树脂性能下降

① 由于重金属的吸附，影响 Ca^{2+}、Mg^{2+} 吸附能力，这时正常的再生步骤不能使吸附容量恢复，需采用 $2\sim3$ 倍的盐酸量，2 倍的 $NaOH$ 进行再生，往往能使 Ca^{2+}、Mg^{2+} 达标。

② 由于树脂被盐水中的 ClO^- 氧化造成吸附量的永久性降低，此时即使用倍量再生，吸附容量也不能恢复，就应采取更换树脂的办法来解决。

(3) Mg^{2+} 含量高使 Ca^{2+}、Mg^{2+} 总含量超标　提高 pH 值能提高树脂的吸附量，一般塔内充填树脂 pH 为 9 时，吸附总量为所需吸附量的 10 倍左右。pH 值提高到 10.5，吸附总量也增加不多。而 $Mg(OH)_2$、$CaCO_3$ 不溶解，Ca^{2+}、Mg^{2+} 易超标。如 pH 值为 8，促使 Ca^{2+}、Mg^{2+} 微粒溶解，往往能使盐水 Ca^{2+}、Mg^{2+} 总容量降至 $10\mu g/L$ 以下。

2.5　二次盐水精制后盐水的质量控制指标

见表 2-4 所示。

表 2-4　二次盐水精制后盐水的质量控制指标

控制项目	指标要求	控制项目	指标要求	控制项目	指标要求
NaCl 含量/(g/L)	$300\sim310$	$w(Sr^{2+})$/(mg/kg)	<0.05	$w(Ni^{2+})$/(mg/kg)	<0.01
pH 值	>8	$w(Ba^{2+})$/(mg/kg)	<0.5	$w(Mn)$/(mg/kg)	<0.01
$w(Ca^2+Mg^{2+})$/(μg/kg)	$\leqslant20$	$w(SiO_2)$/(mg/kg)	<5	$w(SS)$/(mg/kg)	<1
$w(Na_2SO_4)$/(g/L)	<7	$w(Al^{3+})$/(mg/kg)	<0.1	$w(TOC)$/(mg/kg)	<10
$w(NaClO_3)$/(g/L)	<20	$w(Fe^{3+})$/(mg/kg)	<0.2	$w(AV-Cl_2)$/(mg/kg)	无
温度/℃	$<60\pm5$	$w(I^-)$/(mg/kg)	<0.2		

2.6　二次精制工艺操作岗位原始记录

二次精制工艺操作岗位原始记录见表 2-5。

表 2-5　盐水二次精制工艺操作岗位原始记录

年　　月　　日

项目 指标 时间	一次盐水			树脂塔				盐水过滤机		进槽盐水	浓盐水处理系统			进槽烧碱
	流量 /(m³/h)	温度 /℃	压力 /MPa	运行次序	出口压力/MPa			进口压力 /MPa	出口压力 /MPa	温度 /℃	Na₂SO₃流量 /(L/h)	盐酸流量 /(L/h)	脱氯真空泵 /MPa	温度/℃
					A塔	B塔	C塔							

项目 指标 时间	电参数		公用工程			一次盐水			树脂塔	酸后盐水	脱氯盐水		滤后盐水
	总电流 /kA	总电压 /V	仪表气压力 /MPa	蒸汽压力 /MPa	循环水压力 /MPa	硬度 /(mg/kg)	NaOH /(g/L)	Na₂CO₃ /(g/L)	主塔硬度 /(μg/kg)	pH	Na₂SO₃ /(mg/kg)	NaOH /(g/L)	SS /(mg/kg)

2.7 二次精制岗位工艺操作仿真实训

盐水二次精制工艺较为复杂，即一次盐水经过列管式盐水预热器后，采用蒸汽作为热源，将盐水溶液加热至（65±5）℃后，送入三塔串联的螯合树脂塔进行离子交换，利用螯合树脂的离子交换能力，把盐水中的微量的 $Ca^{2+} + Mg^{2+}$ 以及极少量的重金属离子留在树脂颗粒上，从而实现了盐水溶液总硬度的降低。通过本工序的仿真操作实训，使学生能够在操作中掌握多塔串联运行和切换操作的方法，提高学生的应变能力，适应飞速发展的自动控制技术进步的生产实际；同时可使学生能够学会处理较为复杂问题的方法，以满足未来社会发展进步的需要；培养学生严谨细致的工作态度和求真务实的精神。

2.8 工作任务总结与提升

如图 2-23 为二次盐水精制的工艺生产设备流程示意框图。

图 2-23　二次盐水精制的工艺生产设备流程示意框图

2.9 做中学、学中做岗位技能训练题

（1）传热的推动力是什么？什么叫做稳定传热和不稳定传热？

（2）传热的基本方式有哪些？有何特点？

（3）在传热过程中，两种流体间相互流向有几种？各有何特点？

（4）在列管换热器中，用饱和水蒸气走管外加热空气，试问：① 传热系数 K 接近哪种流体的对流传热系数？② 壁温接近哪种流体的温度？

（5）试分析冷凝器或蒸气管道的上方常装有排气阀的原因。

（6）试分析强化传热的途径。

（7）简述逆流优于并流的优势。

（8）写出螯合树脂进行离子交换的过程，螯合树脂失活再生过程及反应表达式。

（9）简述螯合树脂塔的开停车操作。

（10）通过对比一次盐水和树脂塔后盐水的质量指标的变化情况说明螯合树脂塔的作用。

（11）流体的质量流量为 1000kg/h，试计算以下各过程中流体放出或得到的热量。

① 煤油自 130℃降至 40℃，取煤油的比热容为 2.0 kJ/(kg·℃)；

② 比热容 3.0kJ/(kg·K) 的 NaOH 溶液，从 30℃被加热至 100℃；

③ 常压下将 30℃的空气加热至 140℃；

④ 常压下 100℃的水汽化为同温度的饱和水蒸气。

［答：50 kW；58.3 kW；32.38 kW；627 kW］

（12）用水将 2000kg/h 的硝基苯自 80℃冷却至 30℃，冷却水的初温为 20℃，终温为40℃，求冷却水的流量。

［答：1830.9kg/h］

(13) 在一套管换热器中，内管为 $\phi 57 \times 3.5\text{mm}$ 的钢管，流量为 2500kg/h，平均比热容为 2.0 kJ/(kg·℃) 的热流体在内管中从 90℃冷却至 50℃，环隙中冷水从 20℃被加热至 40℃，已知传热系数 K 值为 200 W/(m²·℃)，试求：① 冷却水用量，kg/h；② 并流流动时的平均温度差及所需套管长度，m；③ 逆流流动时的平均温度差及所需的套管长度，m。

［答：① 2388.5kg/h；② $\Delta t_{\text{并}} = 30.8℃$，$l_{\text{并}} = 57.5\text{m}$（以内表面积 A 为计算基准）；③ $\Delta t_{\text{逆}} = 39.2℃$，$l_{\text{逆}} = 45.2\text{m}$（以内表面积 A 为计算基准）］

(14) 在列管式换热器内用冷却水将 90℃的热水冷却至 70℃。热水走管外，单程流动，其流量为 2.0kg/s。冷水走管内，双程流动，流量为 2.5kg/s，其入口温度为 30℃，冷却水的定压比热容 C_p 的值为 4.18kJ/(kg·℃)。换热器的传热系数可取 2000 W/(m²·K)。试计算所需传热面积。

［答：2.06m²］

(15) 为了测定某套管式冷却器的传热系数 K，测得实验数据如下：冷却器传热面积为 2m²，其中热流体苯的流量为 2000kg/h，从 74℃冷却至 45℃，冷却水从 25℃升至 40℃，二者采取逆流流动。求其传热系数。

［答：543 W/(m²·℃)］

(16) 通过三层平壁热传导中，若测得各面的温度 t_1、t_2、t_3 和 t_4 分别为 500℃、400℃、200℃和 100℃，试求各层平壁层热阻之比，假定各层壁面间接触良好。

［答：$R_1 : R_2 : R_3 = 1 : 2 : 1$］

(17) 有一列管换热器，由 $\phi 25 \times 2.5\text{mm}$ 的钢管组成。CO_2 在管内流动，流量为 10 kg/s，$C_{\text{热}} = 0.93\text{kJ/(kg·℃)}$，温度由 50℃冷却到 40℃。冷却水在管外流动，流量为 5.5kg/s，冷却水的进口温度为 30℃，冷热流体逆向流动。已知管外的 α_1 为 50W/(m²·℃)，管内的 α_2 为 5000W/(m²·℃)，取钢的热导率为 45 W/(m·℃)，CO_2 侧污垢热阻为 $0.5 \times 10^{-3}\text{m}^2\text{·℃/W}$，水侧污垢热阻为 $0.2 \times 0^{-3}\text{m}^2\text{·℃/W}$。

求：① 总传热系数 K。（可按平壁面计算）

② 传热面积 A。

③ 忽略两侧的污垢热阻，α_1 提高一倍，α_2 不变，求 K。

④ 忽略两侧的污垢热阻，α_2 提高一倍，α_1 不变，求 K。

［答：①47.8 W/(m²·℃)；②149.7m²；③97.5 W/(m²·℃)；④49.6 W/(m²·℃)］

任务 3　精制盐水电解

能力目标

- 能读懂离子膜电解生产工艺流程图。
- 能认知离子膜电解生产工艺流程。
- 能说出离子膜电解槽结构的主要组成构件名称。
- 能分析离子膜电解槽电解电流的流动方向。
- 能完成精制盐水电解的仿真操作。
- 能认知进槽盐水、进槽碱液循环的工艺流程。
- 能完成离子膜电解槽的开停车操作。
- 能初步分析和排除离子膜电解生产过程中的常见异常问题。

知识目标

- 理解掌握离子膜电解槽内电解盐水的机理。
- 掌握离子膜电解槽的基本结构特点。
- 掌握离子膜电解盐水的工艺流程叙述。
- 理解离子膜安全运行的基本条件。
- 掌握离子膜电解操作岗位上的安全运行注意事项。
- 掌握淡盐水脱除游离氯的机理和控制方法。

3.1　生产作业计划——精制盐水电解工作任务

电解工序具备了合格的入槽盐水后，就要开始把合格的精制盐水通过电解的方法生产 $30\%NaOH$ 和副产 Cl_2、H_2，以最终完成公司交给的烧碱和氯气生产任务。确定了准备工作，就要把合格的循环碱液加上适量高纯水后送进电解槽阴极室内，在此后 1min 内把合格的精制盐水送进离子膜电解槽阳极室内，当两种入槽循环液体物料的流量、质量指标和温度指标都能满足生产要求时，由生产调度通知相关生产工序做好开车前的准备工作，让整流室工作人员调整直流电的大小，按照调度室的要求，给电解槽输送直流电，按照电解工序的操作要求，完成精制盐水电解的生产产品的计划任务。

3.2　精制盐水电解的基本过程

3.2.1　电解过程的基本定律

电解过程是电能转变为化学能的过程。当以直流电通过熔融态电解质或电解质水溶液时，即产生离子的迁移和放电现象。

(1) 法拉第第一定律　电解过程中，电极上所析出的物质的量与通过电解质的电量成正比。即与电流强度及通电时间成正比

$$G = KQ = KIt \tag{3-1}$$

式中 G——电极上析出物质的质量，g 或 kg；

Q——通过的电量，$A \cdot s$ 或 $A \cdot h$；

K——电化当量，$g/(A \cdot h)$；

I——电流强度，A；

t——通电时间，s 或 h。

由上式可知，如果要提高电解生成物的产量，则要增大电流强度或延长电解时间。

（2）法拉第第二定律　当直流电通过电解质溶液时，电极上析出（或溶解）1 克当量的任何物质，所需要的电量是恒定的，在数值上约等于 96500C，称为 1 法拉第（用 F 表示）。

即　$1F = 96500C = 96500A \cdot s = 26.8A \cdot h$

利用法拉第第二定律，就可计算出通过 $1A \cdot h$ 电量时，在电极上所析出物质的质量，该数值即为法拉第第一定律式中的电化当量 K。当电解食盐水溶液时，$1A \cdot h$ 的电量理论上可生成的各产物的质量为：

$$K_{Cl_2} = 35.46/26.8 = 1.323[g/(A \cdot h)]$$
$$K_{H_2} = 1.008/26.8 = 0.0376[g/(A \cdot h)]$$
$$K_{NaOH} = 40.01/26.8 = 1.493[g/(A \cdot h)]$$

电解时，根据电流强度、通电时间及运行电解槽数和电解质的电化当量，可计算出该物质在电极上的理论产量。

【实例计算 3-1】现有电槽 10 台，运行电流强度为 16000A，求理论上每日可生产多少吨烧碱、氯气和氢气？（$n = 10$ 台）

解：根据法拉第定律：$G = nKIt$ 得

NaOH 的理论产量：$G_1 = \dfrac{1.493 \times 16000 \times 24 \times 10}{10^6} = 5.733$（t）

Cl_2 的理论产量：$G_2 = \dfrac{1.323 \times 16000 \times 24 \times 10}{10^6} = 5.080$（t）

H_2 的理论产量：$G_3 = \dfrac{0.0376 \times 16000 \times 24 \times 10}{10^6} = 0.144$（t）

3.2.2　重要概念解读

（1）槽电压及电压效率

① 理论分解电压 $E_{理}$　电解过程发生所必需的最小外加电压称为理论分解电压。它在数值上等于阴阳两极的可逆平衡电位之差。

$$E_{解} = \varphi_{阳} - \varphi_{阴} \tag{3-2}$$

阴、阳两极的电极电位可由能斯特方程求得：

$$\varphi = \varphi^{\ominus} + \frac{RT}{nF}\ln\frac{a_{氧化态}}{a_{还原态}} \tag{3-3}$$

$$25℃ 时，\varphi = \varphi^{\ominus} + \frac{0.0592}{n}\lg\frac{a_{氧化态}}{a_{还原态}} \tag{3-4}$$

式中　φ——平衡电极电位，V；

$\varphi^{\ominus}$——标准平衡电极电位，V；

n——电极反应中的得失电子数；

$a_{氧化态}$，$a_{还原态}$——与电极反应相对应的氧化态和还原态物质的活度。

为使问题简化，物质的活度可用浓度来代替。

【实例计算 3-2】试计算 NaCl 水溶液的理论分解电压。已知进入阳极室的食盐水溶液的质量浓度为 265g/L，阴极电解液中含 NaOH 为 100g/L，NaCl 为 190g/L，氯气、氢气的压力均为 101.3kPa。采用石墨为阳极，钢丝网为阴极。

解：电极反应

阳极 $2Cl^- \longrightarrow Cl_2 + 2e$

阴极 $2H^+ + 2e \longrightarrow H_2$

根据能斯特方程

$$\varphi_{Cl_2/Cl^-} = \varphi^{\ominus}_{Cl_2/Cl^-} + \frac{RT}{2F} \ln \frac{p^{\ominus}_{Cl_2}/p}{c^2_{Cl^-}}$$

$$\varphi_{H^+/H_2} = \varphi^{\ominus}_{H^+/H_2} + \frac{RT}{2F} \ln \frac{c^2_{H^+}}{p^{\ominus}_{H_2}/p}$$

$$\varphi^{\ominus}_{Cl_2/Cl^-} = 1.3583V, \quad \varphi^{\ominus}_{H^+/H_2} = 0V$$

其中

$$p_{H_2}/p^{\ominus} = 1, \quad p_{Cl_2}/p^{\ominus} = 1$$

由题意计算可知

阳极区 $c_{Cl^-} = 265/58.4 = 4.54$（mol/L）

阴极区 $c_{OH^-} = 100/40 = 2.5(mol/L), c_{H^+} = K_w/c_{OH^-} = 1 \times 10^{-14}/2.5 = 0.4 \times 10^{-14}$

$$\varphi_{Cl_2/Cl^-} = 1.3583 + \frac{0.0592}{2} \times \lg \frac{1}{4.54^2} = 1.319(V)$$

$$\varphi_{H^+/H_2} = 0 + \frac{0.0592}{2} \times \lg (0.4 \times 10^{-14})^2 = -0.852(V)$$

理论分解电压得 $E_{解} = \varphi_{阳} - \varphi_{阴} = 1.319 + 0.852 = 2.171$（V）

② 超电压 $E_{超}$ 由于实际电解过程并非可逆，存在浓差极化、电化学极化，使电极电位偏离平衡时的电极电位。其偏离平衡电极电位的值称为超电压。

超电压的大小与电极反应的性质、电流密度、电极材料等因素有关。Cl_2、H_2、O_2 在不同材料的电极上和不同电流密度下的过电位见表 3-1。

表 3-1 25℃ 时 H_2、O_2、Cl_2 在不同材质电极上和不同电流密度下的过电位 单位：V

电极产物	电流密度 /(A/m²)	电极材料			
		海绵状铂	平光铂	铁	石墨
H_2 (1mol/L H_2SO_4)	10	0.015	0.24	0.40	0.60
	1000	0.041	0.29	0.82	0.98
	10000	0.048	0.68	1.29	1.22
O_2 (2mol/L NaOH)	10	0.40	0.72	—	0.53
	1000	0.64	1.28	—	1.09
	10000	0.75	1.49	—	1.24
Cl_2 (饱和盐水)	10	0.0058	0.008	—	
	1000	0.028	0.054	—	0.25
	10000	0.08	0.24	—	0.50

过电位虽然消耗一部分电能，但在电解技术上有很重要的应用。由于过电位的存在，可使电解过程按着预先的设计进行。阳极上发生的是氧化过程，电极电位越低的越易失电子。若仅从标准电极电位来看，Cl^- 是不可能在 OH^- 前先在阳极上放电，即阳极上 OH^- 放电并放出氧气，但由于过电位的存在，使得在阳极上放电的是 Cl^- 而不是 OH^-，获得的是氯气

而不是氧气。

③ 槽电压 $E_槽$ 电解时电解槽的实际分解电压称为槽电压。槽电压不仅要考虑理论分解电压和超电压，还要考虑电流通过电解液以及电极、接点、导线等的电压降。所以，槽电压应为理论分解电压 $E_理$，超电压 $E_超$，电解液的电压降 $E_液$，电极、接点和导线等的电压降 $\sum E_降$ 之和。

$$E_槽 = E_理 + E_超 + E_液 + \sum E_降 \tag{3-5}$$

槽电压总是高于理论分解电压。理论分解电压与槽电压的比称为电压效率。

$$电压效率 = \frac{E_理}{E_槽} \times 100\% \tag{3-6}$$

显然提高电压效率的一个很重要的措施是降低槽电压，这可通过选择和研制新型阴阳极材料、隔膜材料，调整极间距，选择适宜的电解质溶液的温度和浓度、电流密度等来降低槽电压。一般氯碱厂的电解槽的电压效率在 $60\% \sim 65\%$ 之间。

(2) 电能消耗 电解是用电能来进行化学反应而获得产品的过程。因此，产品消耗电能的多少，是生产中的一个重要指标。电能的消耗可通过下式进行计算：

$$W = \frac{QV}{1000} = \frac{VIt}{1000} \tag{3-7}$$

式中 W——消耗的电能，$kW \cdot h$；

Q——电量，$A \cdot h$；

I——电流强度，A；

t——运行时间，h；

V——槽电压，V。

(3) 电流效率 在电解过程中，由于在电极上要发生一系列副反应，溶液中一些杂质离子也要在电极上放电，以及电路漏电等因素，电解时的实际产量总比理论产量低。实际产量与理论产量之比，称为电流效率，用 η 表示。

$$\eta = \frac{G_{实际产量}}{G_{理论产量}} \times 100\% \tag{3-8}$$

在电解 NaCl 溶液时，根据氢氧化钠产量计算得出的电流效率称为阴极效率，用 $\eta_阴$ 表示；根据氯气产量计算得出的电流效率称为阳极效率，用 $\eta_阳$ 表示。

① 阴极电流效率的计算

$$\eta = \frac{NaOH 实际产量}{NaOH 理论产量} \times 100\% \tag{3-9}$$

NaOH 实际产量 = 电解液碱浓度（kg/m^3）×电解液体积（m^3）

$$NaOH 理论产量 = \frac{nKIt}{1000}(kg) \tag{3-10}$$

【实例计算 3-3】某氯碱厂电解车间有 6 台复极式离子膜电解槽在位运行，每台复极式离子膜电解槽由 80 个电解单元组成，该离子膜电解槽的电流强度为 12000A，24h 可产 32% 的烧碱 631t，试计算该电解车间的电解槽的阴极效率。

解：NaOH 的实际产量 = $631 \times 32\%$ = 201.92（t）

$$NaOH 的理论产量 = \frac{1.493 \times 12000 \times 24 \times 6 \times 80}{1000000} = 206.39（t）$$

$$\eta_阴 = \frac{NaOH 实际产量}{NaOH 理论产量} \times 100\% = \frac{201.92}{206.39} \times 100\% = 97.8\%$$

所以该电解车间的电解槽的阴极效率为 97.8%

② 阳极电流效率的计算：使用金属阳极电解槽时，计算阳极电流效率可采用下列公式：

$$\eta_{阳} = \frac{V_{Cl_2}}{V_{Cl_2} + 2V_{O_2} + \dfrac{V_{Cl_2} C_{NaClO_3} F}{C_{NaOH}}} \times 100\% \tag{3-11}$$

式中　V_{Cl_2}——阳极气体中 Cl_2 的体积含量；

　　　V_{O_2}——阳极气体中 O_2 的体积含量（扣除空气中的 O_2 后，分析得出的纯 O_2）；

　　　C_{NaClO_3}——阳极液中的氧化组分（用重铬酸钾法分析所得的阳极液中氯酸盐、次氯酸盐的总量，以 $NaClO_3$ 表示），g/L；

　　　C_{NaOH}——电解液中的 NaOH 含量，g/L；

　　　F——电解液的温度校正系数。

电流效率是电解生产中一个很重要的技术经济指标，因为电流效率越高，电流的损失越少。影响电流效率的因素很多，如盐水的质量、温度、电解液的碱液浓度、离子膜的离子交换容量、离子膜的种类、膜电压、电流密度和电槽绝缘情况等。现代氯碱厂，阴极电流效率一般为 95%～97%。

【实例计算 3-4】试计算生产 1000kgNaOH，理论上需要消耗的电能为多少？（已知 NaOH 的理论分解电压等于 2.3V）

解：NaOH 的电化当量等于 1.493g/(A·h)

生产 1000kgNaOH 所需要的电量为：

$$Q = \frac{1 \times 10^6}{1.493} = 669792.3 （A·h）$$

$$W_{理} = \frac{QV}{1000} = \frac{669792.3 \times 2.3}{1000} = 1540.5 （kW·h）$$

在实际生产中，电能的消耗除取决于槽电压外，还应考虑电流效率：

$$W_{实} = \frac{QV}{1000\eta} = \frac{1 \times 10^6 V}{1000 K \eta} = \frac{V}{K\eta} \times 10^3 （kW·h）$$

【实例计算 3-5】已知电解槽的槽电压为 3.20V，电流效率等于 96.5%。试求生产 1000kg 氢氧化钠需要消耗多少？

解：$W_{实} = \dfrac{3.20}{1.493 \times 0.965} \times 1000 = 2221.1 （kW·h）$

在工业生产中，愈降低电能消耗可以从以下几个方面采取措施。

a. 设法降低槽电压。如果槽电压降低 100mV，则每吨 NaOH 可节约电能 70kW·h 左右。

b. 设法提高电流效率。如果电流效率提高 1%，则每吨 NaOH 可节约电能 30kW·h 左右。

c. 适当提高电流密度。电流密度增大后，虽然槽电压也要相应地提高，但由于电流密度增大后，理论分解电压不会增加，过电压增加也不多。亦即槽电压不随电流密度的增加而成比例增加，但是产量却随电流密度增加而成比例上升，因此电能的消耗就相应有所下降。

在隔膜电解生产中，电流密度为 800～1800A/m²；在离子膜法电解生产中，电流密度为 4000～6000A/m²。

3.2.3 工业应用案例——离子交换膜电解槽

3.2.3.1 离子交换膜电解槽的种类

目前工业生产中使用的离子膜电解槽形式很多，不管是哪一种槽型，每台电解槽都是由若干电解（质）单元组成，每个电解单元由阳极、离子交换膜与阴极组成。

按供电方式的不同，离子膜电解分为单极式和复极式两大类，如图 3-1。

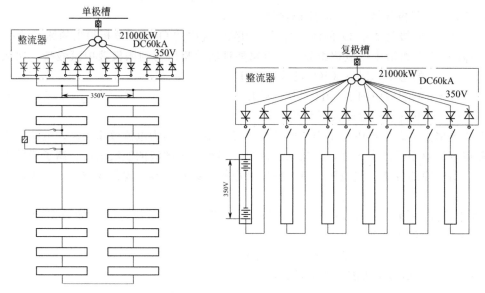

图 3-1　离子膜电解槽的电解时供电方式示意图

（1）单极式与复极式离子交换膜电解槽之间的比较　对一台单极式电解槽而言，电解槽内的直流电路是并联的，因此，通过各个电解单元的电流之和就是通过这台单极电解槽的总电流，各个电解单元的电压是相等的。而复极式电解槽则相反，槽内各电解单元的直流电路都是串联的，各个单元的电流相等，电解槽的总电压是各个电解单元的电压之和，所以每台复极式电解槽都是低电流高电压运转。

单极槽与复极槽各有优缺点，其特性比较如表 3-2。

表 3-2　单极槽与复极槽之间的区别

单极槽	复极槽
单元槽并联，供电是高电流、低电压	单元槽串联，供电是低电流、高电压，电流效率高
电解槽之间要有连接铜排，耗用铜量多，且有电压损失 30～50mV	电解槽之间有用连接铜排，一般用复合板或其他方式，电压损失 3～20mV
一台电解槽发生故障，可以单独停下检查，其余电解槽仍可继续运转	一台电解槽发生故障，需停下全部电解槽才能检修，影响生产
电解槽检修拆装比较烦琐，但每个电解槽可以轮流检修	电解槽检修拆装比较容易
电解槽厂房面积大	电解槽厂房面积小
电解槽的配件管件的数量较多	电解槽的配件管件的数量较少，但一般需要油压机构装置
设计电解槽时，可以根据电流的大小来增减单元槽的数量	单元槽的数量不能随意变动

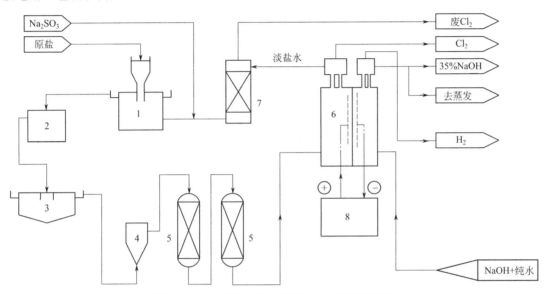

生活小细节

★ 离子交换膜电解槽电解单元的串并联结构是否和我们生活中所提到的电灯泡串并联属于同样的工作原理？你还能举出哪些与此相似的生活案例呢？

★ 你在化学实验实训过程，做过有关溶液电解的实验实训吗？请举例说明。

（2）离子交换膜法单、复极电解槽电解生产烧碱的工艺比较

① 离子交换膜单极槽电解生产烧碱工艺流程　各种单极槽离子膜电解流程虽有一些差别，但总的过程大致相同，采用的设备及操作条件也大同小异。图 3-2 为旭硝子单极槽离子膜电解工艺流程简图。

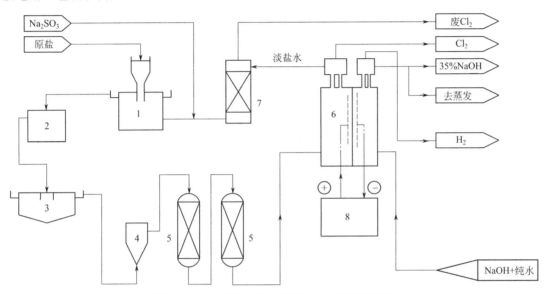

图 3-2　旭硝子单极槽离子膜电解工艺流程简图

1—盐水饱和槽；2—反应器；3—浮上澄清槽；4—过滤器；

5—树脂塔 A、B；6—电解槽；7—脱氯塔；8—整流器

如图 3-2 所示，以原盐为原料，从离子膜电解槽 6 流出的淡盐水经过脱氯塔脱去游离氯，进入盐水饱和池（化盐池）内，制成饱和盐水，而后在反应器 2 中再加入 NaOH、Na_2CO_3、$BaCl_2$ 等化学品，出反应器的盐水进入澄清槽 3 澄清，但是从澄清槽出来的一次盐水还有一些悬浮物，这对盐水二次精制的螯合树脂塔将产生不良影响，一般要求盐水中的悬浮物小于 1mg/L，因此盐水需要经过盐水过滤器 4 过滤。而后盐水经过螯合树脂塔 5 除去其中的 Ca^{2+}、Mg^{2+} 等金属离子，就可以送入离子膜电解槽 6 的阳极室内；在合格盐水入阳极室之前 1 分钟内，纯水和循环液碱一起送入阴极室内通入直流电后，在阳极室产生氯气和流出淡盐水经过分离器分离，氯气经水封后输送到氯气总管，淡盐水一般含 NaCl 200～220g/L，经脱氯塔 7 去盐水化盐池。在电解槽的阴极产生氢气和 30％～35％的液碱同样也经过分离器分离，氢气输送到氢气总管。30％～35％的液碱一部分作为商品出售，另一部分循环回到电解槽的阴极室内，也可以送到氢氧化钠蒸发装置蒸浓到 48％～50％。

② 离子交换膜复极槽电解生产烧碱工艺流程　各种复极槽离子膜电解虽有一些差别，但总的过程大致相同，采用的设备及操作条件也大同小异。如图 3-3 为旭化成复极槽离子膜电解工艺流程简图。

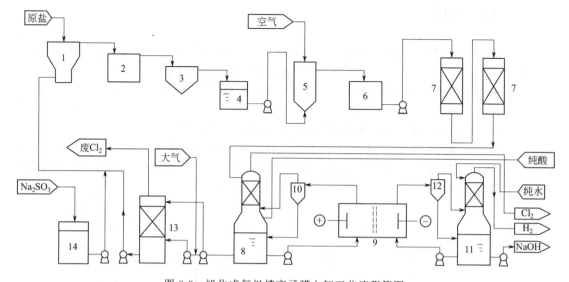

图 3-3　旭化成复极槽离子膜电解工艺流程简图

1—饱和器；2—反应器；3—沉降器；4—盐水槽；5—盐水过滤器；6—过滤后盐水槽；
7—螯合树脂塔；8—阳极液循环槽；9—电解槽；10—阳极液气液分离器；11—阴极液循环槽；
12—阴极液气液分离器；13—脱氯塔；14—亚硫酸钠槽

从离子膜电解槽 9 流出来的淡盐水，经过阳极液气液分离器 10、阳极液循环槽 8、脱氯塔 13 脱去氯气（空气吹出法），从亚硫酸钠槽 14 加入适量的亚硫酸钠，使淡盐水中氯脱除干净，进入饱和器 1，制成饱和的盐水溶液。向此溶液中加入 Na_2CO_3、$NaOH$、$BaCl_2$ 等化学品，在反应器 2 中进行反应，进入沉降器 3，使盐水中的杂质得以沉淀。从盐水槽 4 出来的澄清盐水中仍还有一些悬浮物，经盐水过滤器 5，使悬浮物降到 1mg/kg 以下。此盐水流入过滤后盐水槽 6，通过螯合树脂塔 7，进入阳极液循环槽 8，加入到电解槽 9 的阳极室中去。向阴极液循环槽 11 加入纯水，然后与碱液一道进入电解槽阴极室，控制纯水的流量以调节出槽的氢氧化钠浓度，氢氧化钠经气液分离器 12 及阴极液循环槽 11，一部分经泵引出直接作为商品出售，也可以进入浓缩装置，进一步浓缩后再作为商品；另一部分经循环泵送回电解槽。

电解槽产生的氯气经阳极液气液分离器 10 并与二次盐水进行热交换后送到氯气总管，电解槽产生的氢气经阴极液气液分离器 12 并与纯水进行热交换后送入氢气总管。淡盐水含 NaCl 为 190～210g/L，送到脱氯塔 13，脱除的废气再送处理塔进行处理（如果是真空脱氯，脱除的氯气可回到氯气总管内）。

随着离子膜烧碱生产技术的飞速发展，复极槽离子膜电解生产技术由于具有单台电解槽产量大，控制操作简便，结构紧凑，占地面积少，便于高电流密度运行，并且电解电耗较低，设备配件少，更适合于大规模生产等优点，而被氯碱厂家广泛地采用。因此本课程着重介绍日本氯工程公司制造的 BiTAC®-859 复极式离子膜电解槽装置的生产运行状况。

3.2.3.2　复极式离子交换膜电解槽的工作过程

（1）BiTAC®-859 复极式离子膜电解槽的结构　BiTAC®-859 复极式离子膜电解槽由一块阳极终端板、若干中间单元和一块阴极终端板组成，利用 14 根紧固螺栓压紧成压滤机式，其电极尺寸为 1400mm×2340mm，有效面积为 3.276m²，密封压边为 30mm。在两个单元之间安装一张阳离子交换膜，将阳极室与阴极室有效地分开。其整体结构见图 3-4。

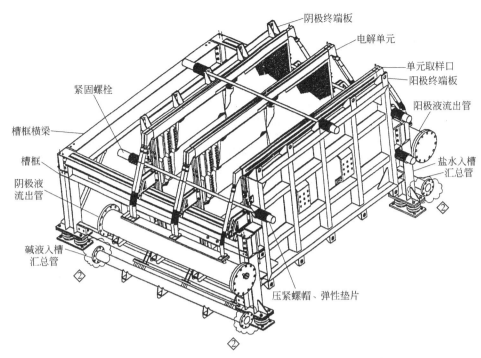

图 3-4　BiTAC®-859 复极式离子膜电解槽的基本结构示意图

(2) BiTAC®-859 复极式离子膜电解槽底部进液系统　BiTAC®-859 复极式离子膜电解槽底部进液系统见图 3-5。

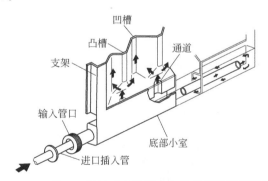

图 3-5　BiTAC®-859 复极式离子膜电解槽底部进液系统示意图

(3) BiTAC®-859 复极式离子膜电解槽单元槽内的液体均布流动形式　BiTAC®-859 复极式离子膜电解槽单元槽内的液体均布流动形式见图 3-6。

(4) BiTAC®-859 复极式离子膜电解槽单元极板上电流流动形式　见图 3-7。

(5) 离子交换膜

① 离子交换膜的种类　根据离子交换基团的不同, 离子交换膜可分为全氟磺酸膜、全氟羧酸膜以及全氟 (磺酸/羧酸) 复合膜。以下分别简述三种膜的特点。

a. 全氟羧酸膜 (Rf—COOH)　全氟羧酸膜是一种具有弱酸性和亲水性小的离子交换膜。膜内固定离子的浓度较大, 能阻止 OH⁻ 的反渗透, 因此阴极室的 NaOH 浓度可达 35% 左右。而且电流效率也较高, 可达 95% 以上。它能置于 pH>3 的酸性溶液中, 在电解时化学稳定性好, 缺点是膜电阻较大, 在阳极室不能加酸, 因此氯中含氧较高。目前采用的

143

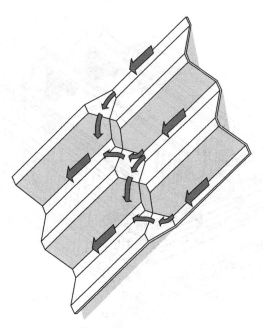

图 3-6　BiTAC®-859 复极式离子膜电解槽单元槽
内的液体均布流动形式示意图

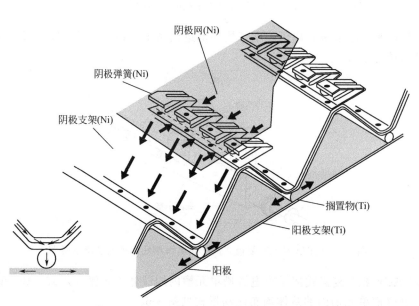

阴极网(Ni)

阴极弹簧(Ni)

阴极支架(Ni)

搁置物(Ti)

阳极支架(Ti)

阳极

图 3-7　BiTAC®-859 复极式离子膜电解槽单元极板上电流流动形式示意图

羧酸膜具有高/低交换容量羧酸层组成的复合膜。电解时，面向阴极侧的是低交换容量的羧酸层，面向阳极侧的是高交换容量的羧酸层。这样既能得到较高的电流效率又能降低膜电阻，且有较好的机械强度。

离子交换容量（IEC）是指每克干膜（氢型）或湿膜（氢型）与外界溶液中相应离子进行等量交换的物质的量［mmol/g 干膜（氢型）或湿膜（氢型）］。离子交换容量是决定离子膜性能的重要参数。交换容量大的膜导电性能好，但由于膜的亲水性较好，含水率也相应较大，使电解质溶液进入膜内，膜的选择性有所降低。反之，离子交换容量较低的膜，虽然电阻较高，但其选择性也较好。

离子交换容量（IEC）（mmol/g 干树脂膜）和含水率 W（g/g 干膜）及固定离子浓度 A_W 之间有如下关系：

$$A_W = \frac{IEC}{W} \tag{3-12}$$

因此，如果测得膜的 IEC 值，就可推测出膜的一系列性能。

b. 全氟磺酸膜（Rf—SO_3H）   全氟磺酸膜是一种强酸性离子交换膜。这类膜的亲水性好，因此膜电阻小，但由于膜的固定离子浓度低，对 OH^- 的排斥力小。因此，电槽的电流效率较低，一般小于 80％。且产品的 NaOH 浓度＜20％，但化学稳定性优良。由于其 pK_a 值小（酸度大），故能置于 pH＝1 的酸性溶液中，即电解槽阳极液内可添加盐酸中和 OH^-，因此，产品氯气质量好，含 O_2/Cl_2＜0.5％。

c 全氟羧酸/磺酸复合膜（Rf—COOH/Rf—SO_3H）   全氟羧酸/磺酸复合膜是一种性能优良的离子膜，使用时较薄的羧酸层面向阴极，较厚的磺酸层面向阳极，因此兼有羧酸膜和磺酸膜的优点。由于 Rf—COOH 层的存在，可阻挡 OH^- 返迁移到阳极室，确保了高的电流效率，可达 96％。又因 Rf—SO_3H 层的电阻低，能在高电流下运行，且阳极液可用盐酸中和，产品氯气含氧量低，NaOH 浓度可达 33％～35％。

总之，全氟羧酸/全氟磺酸复合膜具有低电压和高电流效率的优点，可以归纳为以下几点。

（Ⅰ）面向阴极室的全氟羧酸层虽薄，但电流效率高。

（Ⅱ）面向阳极室的全氟磺酸膜虽厚，但电压低。

（Ⅲ）阳极液中可加盐酸，能在较低的 pH 值下生产，因此氯中含氧可以＜0.5％。

② 氯碱生产工艺对离子膜性能的要求

a. 电解时，阳极侧是强氧化剂氯气、次氯酸根及酸性溶液。阴极侧是高浓度 NaOH，电解温度为 85～90℃。在这样的条件下，离子膜应不被腐蚀、氧化，始终保持良好的电化学性能，并具有较好的机械强度和柔韧性。

b. 具有较好的膜电阻，以降低电解能耗。

c. 具有很高的离子选择透过性。离子膜只能允许阳离子通过，不允许阴离子 OH^- 及 Cl^- 通过，否则会影响碱液的质量及氯气的纯度。

离子交换膜的性能由离子交换容量（IEC）、含水率、膜电阻这三个特性参数决定。

离子交换容量（IEC）以膜中每克干树脂所含交换基团的物质的量表示。含水率是指每克干树脂中的含水量，以百分率表示。膜电阻以单位面积的电阻表示，单位是 Ω/m^2。

上述各种特性相互联系又相互制约。如为了降低膜电阻，应提高膜的离子交换容量和含水率。但为了改善膜的选择透过性，却要提高离子交换容量而降低含水率。

③ 离子交换膜实现离子交换的过程   用于氯碱工业的离子交换膜是一种能耐氯碱腐蚀的阳离子交换膜。膜的内部具有极为复杂的化学结构，膜内存在固定离子和可交换的对离子的膜，有排斥外界溶液中某一离子的能力。电解食盐水溶液采用的阳离子交换膜的膜体中有活性基团，它是由带负电荷的固定离子如 R—SO_3^-、R—COO^-，同一个带正电荷的对离子 Na^+ 形成静电键，磺酸型阳离子交换膜的化学结构简式为：

$$\underset{\text{固定基团}}{R—SO_3^-} — \underset{\text{对离子}}{H^+(Na^+)}$$

活性基团

由于磺酸基团具有亲水性能，而使膜在溶液中溶胀，膜体结构变松，从而造成许多微细弯曲的通道，使其活性基团中的对离子 Na^+ 可以与水溶液中的同电荷的 Na^+ 进行交换。与此同时膜中的活性基团中固定离子具有排斥 Cl^- 和 OH^- 的能力，见图 3-8，从而获得高纯度的氢氧化钠溶液。

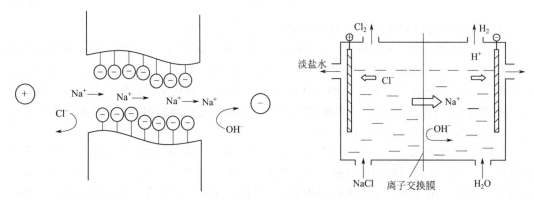

图 3-8　离子交换膜示意图　　　　图 3-9　离子交换膜电解制氢氧化钠和氯气的原理图

水化钠离子从阳极室透过离子膜迁移到阴极室时，水分子也伴随着迁移。此外，还有少数 Cl^- 通过扩散移动到阴极室。少量的 OH^- 则由于受阳极的吸引而迁移到阳极室。

电解槽的阴极室和阳极室用阳离子交换膜隔开，精制盐水进入阳极室，纯水加入阴极室。通电时 H_2O 在阴极表面放电生成氢气，Na^+ 通过离子膜由阳极室迁移到阴极室与 OH^- 结合成 NaOH；Cl^- 则在阳极表面放电生成氯气。经电解后由于 NaCl 被消耗，食盐水浓度降低为淡盐水，淡盐水随氯气一起离开阳极室排出。离子交换膜电解制氢氧化钠和氯气的原理见图 3-9。氢氧化钠的浓度可利用进电解槽阴极室的纯水量来调节。

其电极反应式如下。

a. 阳极反应　　　　　　　$2Cl^- - 2e \longrightarrow Cl_2 \uparrow$

$$4OH^- - 4e \longrightarrow O_2 \uparrow + 2H_2O$$

$$6ClO^- + 3H_2O - 6e \longrightarrow 2ClO_3^- + 4Cl^- + 6H^+ + \frac{3}{2}O_2$$

b. 阴极反应　　　　　　　$2H_2O + 2e \longrightarrow H_2 \uparrow + 2OH^-$

c. 溶液中的反应（阳极室内）

（Ⅰ）生成的氯气在电解液中（阳极液）的物理溶解。

$$Cl_2(g) \longrightarrow Cl_2(aq)$$

（Ⅱ）生成的氯气与从阴极室反渗过来的氢氧化钠的反应。

$$Cl_2 + 2NaOH \longrightarrow \frac{1}{3}NaClO_3 + \frac{5}{3}NaCl + H_2O$$

$$Cl_2 + 2NaOH \longrightarrow \frac{1}{2}O_2 + 2NaCl + H_2O$$

$$HClO + NaOH \longrightarrow \frac{1}{2}O_2 + NaCl + H_2O$$

3.2.3.3　BiTAC®-859 复极式离子膜电解槽生产烧碱的工艺流程

（1）电解精制盐水生产烧碱的工艺流程示意图　见图 3-10。

（2）电解精制盐水生产烧碱的工艺流程叙述　阴极液系统中的循环碱经流量控制阀调节适当的流量，加入适量的高纯水后，使之碱液的浓度在 28%～30%，通过烧碱换热器加热

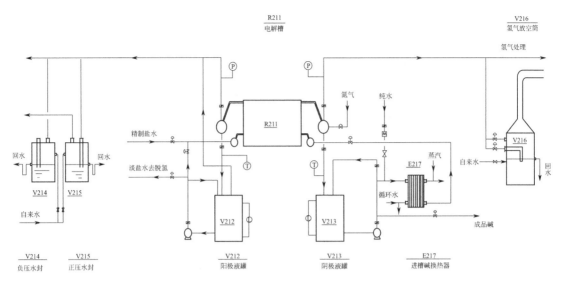

图 3-10 电解精制盐水生产烧碱的工艺流程示意图

或冷却循环碱液，确保电解槽的操作温度保持在 85～90℃，送入电解槽底部的碱液分配器，分配到电解槽的每个阴极室进行电解。

二次精制合格的盐水经盐水预热器（正常开车时很少用）预热后，调节到合适的流量与高纯盐酸、循环淡盐水在混合器中混合，使之显酸性，但 pH 值须大于 2，然后送入电解槽底部的盐水分配器分配到电解槽的每个阳极室进行电解。

从电解槽流出的淡盐水通过流量控制阀加酸，调节 pH 值为 2 左右，进入阳极液接收罐后，用淡盐水泵送出，并分成两路：一部分与精盐水混合后送往电解槽，循环使用；另一部分送往脱氯塔进行脱除游离氯。

从电解槽阳极侧产生的湿氯气送到氯气总管，去氯气处理系统。当总管 Cl_2 压力过大，可直接高压安全水封去事故氯处理系统，避免 Cl_2 外溢。当总管 Cl_2 负压过大，可由低压安全水封吸入空气，避免膜受到机械损坏。

电解槽溢流而出的烧碱依靠重力流入碱循环罐，由碱循环泵分成两路：一部分产品添加纯水，作为循环碱返回电解槽；另一部分通过冷却器后输送到烧碱罐区或直接送往离子膜烧碱蒸发工序。烧碱浓度由浓度分析指示仪监测，使浓度保持在 32% 左右。电解槽阴极侧产生的湿氢气送到氢气总管，去氢气处理系统。为了避免电解槽内的离子膜受到阴阳极室间过大的压力差而导致机械损伤，当氢气压力过大时，可直接从氢气安全水封处放空。在开停车时，所有的氢气都要通过氢气安全水封排放。

3.2.3.4　BiTAC®-859 复极式离子膜电解槽的开停车操作

（1）电解槽的充液操作

① 确认电解槽已完成气密性实验操作，电解槽进行气密性实验的操作流程图见图 3-11。电解槽上各循环管和支管连接正常。

② 将 N_2 通入阴极液分配器，使氢气侧保持压力在 500mmH$_2$O（1mmH$_2$O ＝ 9.80665Pa，下同），氯气侧与大气相通。

③ 充液前，检查、确认电解槽周围的阀门状态，见表 3-3。

④ 确认纯水及烧碱质量符合要求，见表 3-4。

⑤ 逐渐打开碱液进料阀，开始向每台电解槽通入规定流量的 2% 碱液。

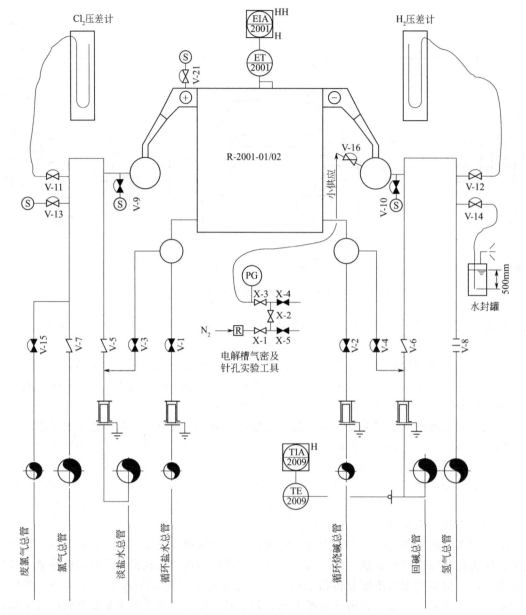

图 3-11 电解槽紧密及针孔压力试验及水封罐

表 3-3 充液前电解槽周围阀门的正确状态

阀门位号	阀门位置名称	开关状态	阀门位号	阀门位置名称	开关状态
V-1	电槽盐水进料阀	关	V-10	碱液取样阀	关
V-2	电槽碱液进料阀	关	V-11	Cl_2压力计阀	开
V-3	盐水排放阀	关	V-12	H_2压力计阀	开
V-4	碱液排放阀	关	V-13	Cl_2取样阀	开
V-5	淡盐水出口阀	开	V-14	H_2废气出口阀	开
V-6	碱液出口阀	开	V-15	Cl_2废气出口阀	关

阀门位号	阀门位置名称	开关状态	阀门位号	阀门位置名称	开关状态
V-7	氯气出口阀	开	V-16	N_2入口阀	开
V-8	氢气出口阀	关	V-21	阳极室Cl_2取样阀	开
V-9	淡盐水取样阀	关			

表 3-4　向电解槽充液，纯水和烧碱的规格要求

序号	纯水控制项目	指标要求	序号	碱液控制项目	指标要求
1	硬度(以 Ca 计)/(mg/kg)<	0.1	1	NaOH/%	2±0.1
2	Fe/(mg/kg)<	0.03	2	Fe/(mg/kg)<	0.3
3	SiO_2/(mg/kg)<	0.3	3	ClO^-	无
4	$T/℃$	20~40	4	$T/℃$	20~40

⑥ 通入碱液后1min内尽快打开盐水进料阀，向每台 BiTAC®-859 电解槽内通入合适流量的纯水。

⑦ 电解槽充液期间，目测进料管内的气泡，确定盐水和碱液是否通入了各单元槽（阴极液的液位要略高于阳极）。

小贴士智慧园

　　a. 完成充液过程需要大约30min。b. 充液期间，通过调节氢气废气出口阀，控制 H_2 管的压力在 500mmH₂O。

⑧ 电槽两侧的液体溢流后，停止输入纯水和2%碱液。

小贴士智慧园

　　如果盐水和烧碱系统没有准备好，不具备开车使用条件，电槽应该坚持如下操作。a. 每天至少一次向阳极侧输入纯水，向阴极侧输入2%碱液直至溢流。b. 检查从电解槽溢流的碱液浓度，如果小于1.5%，则将碱液浓度，配制成2%。c. 组装完的电解槽填充纯水和2%碱液后，至少要浸泡1~2h。

千万不能这样：不能向充入纯水和2%碱液的电解槽通入极化电流。

(2) 电解槽通电前排液操作。

小贴士智慧园

　　电解槽通电前，必须将安装结束后充入的纯水和2%的烧碱进行排放，然后注入盐水和烧碱。

① 检查、确认电解槽周围的阀门处于正确的状态，见表3-5。

② 电解槽排液前用 N_2 给 H_2 侧加压，保持阴极室内压力在 500mmH₂O，氯气侧与大气相通。

表 3-5　排液前电解槽周围的阀门正确状态

阀门位号	阀门名称	开关状态	阀门位号	阀门名称	开关状态
V-1	电槽盐水进料阀	关	V-10	碱液取样阀	关
V-2	电槽碱液进料阀	关	V-11	Cl_2压力计阀	开
V-3	盐水排放阀	关	V-12	H_2压力计阀	开
V-4	碱液排放阀	关	V-13	Cl_2取样阀	开
V-5	淡盐水出口阀	开	V-14	H_2废气出口阀	开
V-6	碱液出口阀	开	V-15	Cl_2废气出口阀	关
V-7	氯气出口阀	关	V-16	N_2入口阀	开
V-8	氢气出口阀	关	V-21	阳极室Cl_2取样阀	开
V-9	淡盐水取样阀	关			

③ 打开盐水排放阀。

④ 1min 内打开碱液排放阀 V-4（备注：全部排出电解液大约需要 40min）。

⑤ 通过透明的进料管目视确认电解槽中的电解液完全排出。

⑥ 关闭盐水排放阀、碱液排放阀门。

小贴士智慧园

　　如果发现某个单元槽的排液比其他单元槽慢 5min 以上，那么该单元的进料管可能存在堵塞现象。检查进料管的组装，如果有必要，考虑修理该进料管。

（3）电解系统初次开车操作程序

① 开车前的准备工作

a. 检查工序、设备情况

（Ⅰ）确认公用工程部分（水、电、汽、气）具备开车条件。

（Ⅱ）确认各管路、阀门、设备严密无泄漏。

（Ⅲ）确认 DCS 已经调试好，具备开车条件。各仪表、遥控开/关阀，开关灵活。

（Ⅳ）确认盐水系统、循环碱系统、高纯水系统及脱氯系统正常运转，具备开车条件。

（Ⅴ）联系氯氢处理 DCS 确认事故氯系统运行正常（事故氯循环碱浓度≥8%），离子膜烧碱工艺管线上的氯气水封加水。

（Ⅵ）确认所有的氢气系统用氮气置换完毕。

（Ⅶ）确认氢气安全水封加水，水封高度符合要求。

（Ⅷ）确保各泵完好，运转后出口管内物料压力正常。

b. 电解槽充入盐水和烧碱操作步骤

（Ⅰ）按照表 3-6 内容确认的质量指标要求，向电解槽内充入盐水和烧碱满足充液要求。

表 3-6　电解槽初次开车充入电解槽的盐水和烧碱指标要求

盐水控制项目		指标要求	烧碱控制项目		指标要求
NaCl/(g/L)		大约 200	NaOH/%		28～30
pH 值	≥	2	Fe/(mg/kg)	<	0.3

盐水控制项目	指标要求	烧碱控制项目	指标要求
温度/℃≤	60	ClO⁻/（mg/kg）	无
容量/m³	每台电解槽8.2	温度/℃	20～40
		容量/m³	9.0

（Ⅱ）现场打开精制盐水流量自动调节阀前后的手阀。

（Ⅲ）DCS慢慢打开流量调节阀，调节进槽盐水流量。

（Ⅳ）现场打开纯水流量调节阀前的手阀，慢慢打开纯水流量调节阀后的手阀，调节纯水的流量。

（Ⅴ）逐渐打开碱液进料阀V-2，开始向每台电解槽通入规定流量的碱液。

（Ⅵ）通入碱液后1min内尽快打开盐水进料阀V-1，向每台BiTAC®-859电解槽内通入规定流量的200g/L精制盐水。

（Ⅶ）电解槽充液期间，目测进料管内的气泡，确定盐水和碱液是否通入了各单元槽（阴极液的液位要略高于阳极），完成充液大约需要30min。

（Ⅷ）充液期间，如果必要的话，调节氢气废气出口阀V-14保持氢气侧压力为500mmH₂O，同时（2min之内）目测所有单元槽电解液溢流情况，如果进料管内的电解液中有气泡，电解液溢流可能会推迟3min。

（Ⅸ）盐水溢流后，停止供应纯水并调节进料盐水的流量自动调节为规定流量。

c.铜排连接及极化电流输入操作

（Ⅰ）电解槽所有单元阴、阳极液溢流后，连接电解槽和整流器间的铜线（新槽）。

（Ⅱ）所有的单元槽溢流后，立即联系通入极化电流。

（Ⅲ）检查、确认每个单元槽电压保持在1.6～1.8V。

（Ⅳ）根据电槽温度变化，及时联系电气操作岗位人员，按表3-7所示的设置要求原则，调节极化整流器的电流设置。

（Ⅴ）极化电流送上后，使用万用表测量并记录所有单元槽电压。

表3-7　调节极化整流器的电流设置要求

序号	槽温	极化电流
1	<40℃	20A恒定电流控制
2	40～70℃	200V恒定电压控制（每个电解槽保持1.6～1.8V）
3	>70℃	36A恒定电流控制

d. 初次开车电解槽升温操作步骤

（a）初次开车包括离子膜修复或单个电解槽修复。电解槽组装后，在开车前，需进行盐水单回路运行（淡盐水不循环）以除去盐水系统中的镍。具体操作如下。

（Ⅰ）现场关闭循环盐水流量调节阀前的手动阀。

（Ⅱ）DCS关闭循环盐水流量调节阀。

（Ⅲ）调节进槽盐水和碱液的流量，满足要求。

（b）电解槽升温操作步骤

（Ⅰ）现场关闭进槽碱换热器循环水进出口阀，打开进槽碱换热器蒸汽冷凝疏水器前的手阀，打开蒸汽自动调节阀前后的手阀，关闭旁通阀。

（Ⅱ）DCS缓慢开启蒸汽自动调节阀进行升温操作，当阀门开到10%左右，确认换热器不存水后，将温控调节阀转自动运行。

（Ⅲ）逐渐提高（每次最多2℃）循环碱的设定温度到80℃，将电解槽温度升高至70℃以上。

备注：升温速度，新膜为2℃/h，旧膜为10℃/h。

（Ⅳ）升温到40℃时，联系电气将极化电流按槽压200V控制。电解槽温度达到70℃时，将极化电流增大到36A，并进行恒电流控制。

（Ⅴ）如果电解槽温度达不到70℃，将二次精制盐水流量降到最小流量。

（Ⅵ）如果不是初次开车并且电解槽温度达不到70℃，关闭精制盐水自动调节阀，以停止二次精制盐水供应，开循环盐水，通过循环碱液将电解槽加热到70℃。

e. 充液后，如果电解槽不能进行升温，则按如下步骤操作。

（a）确认阳极液（盐水）指标要求如表3-8。

表3-8 阳极液（盐水）入槽指标要求

序号	项目	指标
1	阳极液中的游离氯	无
2	盐水浓度	200～300 g/L
3	盐水 pH 值	<12

（b）阳极液操作步骤

（Ⅰ）二次精制盐水能够持续供应时，保持每个电解槽盐水为最小每个单元槽50L/h，以避免离子膜暴露在气体区域、NaCl 由于过饱和而产生结晶以及阳极涂层的碱腐蚀。

（Ⅱ）二次精制盐水不能持续供应时，按照以下操作。

• 每个回路中通入规定流量的二次精制盐水和纯水，至少2h以置换阳极液。
• 联系分析，并确认出槽盐水浓度在200g/L左右，确定盐水稀释已经完成。
• 若停盐水循环，每2天用200g/L的稀释盐水转换盐水，至少2h。
• 若不停循环，经常分析溢流盐水浓度，以避免出现过饱和。
• 同时添加 HCl 保持阳极液 pH 值12左右，以避免出现碱腐蚀现象。

（c）阴极液（碱液）操作步骤

（Ⅰ）碱液能够连续循环，保持每个电解槽以28%～32%碱液规定流量进行循环。

（Ⅱ）碱液循环不能持续进行，按照如下操作。

• 充液完成后停止循环碱液。
• 关闭进碱截止阀以避免由于虹吸作用造成阴极液排出。

f. 拉杆再固定操作　初次开车，电解槽电解液温度达到70℃以上，再次检查电解槽各固定螺栓是否松动，并依次上紧每根拉杆。

g. 检查确认水封密封高度步骤

（Ⅰ）打开向氯气水封罐和氢气放空罐中加注工艺水的手动阀，保持少量水连续供应（大约100L/h）。

（Ⅱ）确认氯气高/低压水封密封深度在100mmH$_2$O。

（Ⅲ）确认氢气水封密封深度在350mmH$_2$O。

h. 氢气系统 N$_2$ 置换操作程序

（Ⅰ）所有的氢气设备和管道系统用 N$_2$ 置换，包括设备、管道、滴水口等。

（Ⅱ）联系氯氢处理放空阀处，分析 N_2 中含氧量不超过 2% 后停止置换，等待电解开车操作。

② 电解系统开车操作

a. 最后检查、确认操作

（Ⅰ）检查确认电解槽上 U 形管压力计的气体压力（H_2 压力 300～350mmH_2O，Cl_2 压力 $-50～0$mmH_2O）符合工艺要求。确保 H_2 压力与 Cl_2 压力差维持在（350±20）mmH_2O。

（Ⅱ）检查确认电解槽周围阀门状态符合表 3-9 的要求。

表 3-9　充液前电解槽周围阀门的正确状态

阀门位号	阀门位置名称	开关状态	阀门位号	阀门位置名称	开关状态
V-1	电槽盐水进料阀	开	V-10	碱液取样阀	关
V-2	电槽碱液进料阀	开	V-11	Cl_2压力计阀	开
V-3	盐水排放阀	关	V-12	H_2压力计阀	开
V-4	碱液排放阀	关	V-13	Cl_2取样阀	关
V-5	淡盐水出口阀	开	V-14	H_2废气出口阀	关
V-6	碱液出口阀	开	V-15	Cl_2废气出口阀	关
V-7	氯气出口阀	开	V-16	N_2入口阀	开
V-8	氢气出口阀	开	V-21	阳极室Cl_2取样阀	开
V-9	淡盐水取样阀	关			

（Ⅲ）检查确认电解工序的调节阀应保持正确的位置。

（Ⅳ）确认各联锁状态设定正确。

（Ⅴ）确认氢气管路置换及充氮置换完毕。

（Ⅵ）检查盐水溢流状况和碱液溢流状况处于正常情况，电解槽出口碱液的温度，28% NaOH 时，60～72℃；30%NaOH 时，67～82℃、循环碱液浓度 28%～30% 和一次精制盐水浓度 270～310g/L 符合要求。

b. 硅整流器通电操作步骤

（a）送电开车前的准备工作

（Ⅰ）落实组长/班长，确认具备送电条件。

（Ⅱ）联系调度室、氯氢处理、整流室，并确定送电时间。

（Ⅲ）根据调度指令，电气人员对整流器合闸，向电解槽送电，在确保离子膜电解槽氯气、氢气压力稳定的情况下慢慢提升电流，分阶段进行检查、分析和确认。

（b）第一阶段：电流升至 1kA 后，进行如下检查。

（Ⅰ）通过透明的聚四氟乙烯管，目测阳极液和阴极液的溢流情况，如果发现电解液分布不均等异常情况及时汇报 DCS 工序。

（Ⅱ）电解厂房的操作人员在增加电流期间应密切注意电解槽上的 U 形管压力计，如果压力出现异常，立即通知 DCS 操作人员。

（Ⅲ）通过流量自动调节阀向阳极液接受槽添加高纯盐酸，控制淡盐水的 pH 值的在线监测值在 2 左右。

（Ⅳ）注意氯气、氢气压力控制在 -20mmH_2O 和 330mmH_2O 左右，确保 H_2 压力与

Cl_2 压力差维持在（350±20）mmH_2O，并运行平稳。

（c）第二阶段：电流提至 3kA 时的操作

（Ⅰ）在确保离子膜电解槽内氯气、氢气压力稳定的情况下，以 1kA/min 的速度缓慢提升电流，使电流升到 3kA。

（Ⅱ）用万用电表检查所有的单元槽电压，确认都大于 2.3V 且小于 4.0V。

（Ⅲ）联系分析淡盐水和碱液浓度。如果阳极液中的 NaCl 浓度低于 180g/L，应立即加大通入电解槽的二次精制盐水流量。碱液浓度在 30％左右。

（Ⅳ）联系质监分析人员分析氯气总管中的氯气含氢，当分析氯内含氢为 0 时，进行如下操作：

关闭氯气总管的空气进气阀；关闭电解槽阳极室 Cl_2 取样阀 V-21；调节去事故氯的调节阀使氯气压力稳定在−20mmH_2O 左右；停止所有的氢气系统（氢气总管、电解槽阴极分离器、碱液循环罐）的氮气供应。

（Ⅴ）当碱液浓度达到 31％时，开始以与电流负荷相当的流量加入纯水。

（d）第三阶段：电流提至 5kA 时的操作

（Ⅰ）接到提升电流的通知后，在升电流前根据"离子膜电解流量表"调节纯水和二次精制盐水的流量达到 5kA 电流要求。

（Ⅱ）以 1kA/min 的速度逐步增加电流负荷到 5kA。

（Ⅲ）当升至 3.2kA 时检查极化电流是否自动停止，否则联系电气停极化电流。

（Ⅳ）电流升至 5kA，保持在 5kA，联系分析人员对表 3-10 的项目进行监测和分析。

表 3-10　电流提至 5kA 时需要监测的分析项目表

序号	控制点	控制项目	指标要求	序号	控制点	控制项目	指标要求
1	二次精制盐水	NaCl/(g/L) pH 值 >	270～320 2	7	单元槽电压/V		2.3～3.04
2	淡盐水	NaCl/(g/L) pH 值 Ni 值	190～210 4 变量	8	压差/mmH_2O		350±20
3	氯气	Cl_2 O_2 H_2 体积分数/%	变量 变量 最大 0.1	9	Cl_2 压力/mmH_2O		−20±20
4	进槽碱液	NaOH 浓度/% 温度/℃	28～30 70～88	10	H_2 压力/mmH_2O		330±20
5	成品碱液	NaOH 浓度/% 温度/℃	28～30 81～88	11	泄漏		无
6	电解槽电压/V		平均 3.00	12	溢流状况（目测）		平缓流动，阳极溢流液黄色（无紫色）

（Ⅴ）当 Cl_2 纯度大于 65％，压力无波动的情况下，按照如下步骤从废气处理工序转换到 Cl_2 处理工序。

● 联系调度室。

● 联系氯氢处理给氯气水封放水。

● 放水结束后 DCS 慢慢打开去氯气处理的调节阀，同时慢慢关闭去事故氯的控制阀直至全部关闭。

- 切换过程中要始终保持氯气压力在 $-20mmH_2O$ 左右。
- 切换结束，通知调度室及氯氢处理工序。

（Ⅵ）电流提至 5kA，15min 时联系质监分析氢气总管氢气纯度，大于 98% 后，按照以下步骤，将氢气并入系统。

- 联系调度室及氯氢处理工序。
- 联系氯氢处理打开离子膜电解工序到洗涤塔进口的氢气阀门。
- 现场打开送氢气到氢气处理的自动调节阀前、后的手动阀。
- DCS 慢慢打开去送氢气到氢气处理的自动调节阀直至压力降到 $330mmH_2O$。保持氢气和氯气的压差始终稳定在 (350 ± 20) mmH_2O。
- 现场调节氢气水封池内的水封高度到 $600mmH_2O$。
- 氢气压力稳定后，将送氢气处理调节阀的氢气压力单回路转自控运行。

（e）第四阶段：电流自 5kA 到 13kA 过程操作

（Ⅰ）新装电解槽的初次开车操作步骤

- 在升电流前根据"离子膜电解操作调节流量表"（见表 3-11），调节到对应电流负荷时相应的纯水和二次精制盐水的流量。
- 联系电气人员，以 1kA/min 的速度缓慢升高电流分别到 7kA、9kA、11kA、13kA。
- 电流升至 7kA、9kA、11kA、13kA 时，联系分析人员按表 3-10 所列的监测项目，对电解槽进行监测和分析。
- 电流升至 13kA 后，按以下操作保持电解槽至少运行 2 天（7 天最佳）。
- 用碱液换热器保持循环碱液温度，使电解槽槽温在 82~88℃。
- 当分析淡盐水中的 Ni 低于 $10\mu g/kg$ 或开车 6h 后，开启循环盐水。

现场打开循环淡盐水自控阀前的手动阀，打开盐水混合器前的循环盐水手动阀。

DCS 慢慢打开循环淡盐水自控阀，手动调节流量到规定流量。

稳定后转自动运行。

（Ⅱ）电解槽再次开车时，5kA 后的操作步骤

- 5kA 后，直接开始盐水循环操作。

现场打开循环淡盐水自控阀前的手阀，打开盐水混合器前的循环盐水手阀。

DCS 慢慢打开循环淡盐水自控阀，手动调节流量到规定流量，稳定后投入自动。

- 提升目标电流前，根据"离子膜电解操作调节流量表"（见表 3-11），调节对应电流负荷的纯水和二次精制盐水流量。
- 联系电气人员，以 1kA/min 的速度逐步升高电流负荷，使电流保持在 13kA。
- 用碱液换热器保持循环碱液温度，使之达到目标槽温 82~88℃。

（f）第五阶段：升高电流至额定 14.71kA 的操作步骤

（Ⅰ）联系调度和氯氢处理后，按照"各控制回路流量设置表"表 3-12 设置各控制回路流量。

（Ⅱ）联系电气慢慢提升电流负荷至 14.71kA。

表3-11 离子膜电解操作调节流量表

阴极液：进槽盐水浓度、供给盐水流量、纯水流量、循环淡盐水；阳极液：碱液流量、纯水流量

序号	条件	进槽盐水浓度/(g/L)	供给盐水流量/(m³/h)	纯水流量/(m³/h)	循环淡盐水/(m³/h)	进槽碱浓度(质量分数)/%	电解槽温度/℃	碱液流量/(m³/h)	纯水流量/(m³/h)	补充说明
1	电解槽注液	约200	10.66	5.9	0	28~32	20~40	16.52	0	500mmH₂O 氮气加压
2	盐水溢槽后	>300	9.4	0	0	28~32	20~40	16.52	0	所有单元槽溢流后,通入极化
3	电槽升温	>300	9.4	0	0	28~32	>70	26.00	0	根据槽温调节极化
4	膜的通电	>300	9.4	0	0	28~32	70左右	26.00	0	通电前及送电过程中,确保Cl₂压力:(-20±20)mmH₂O;H₂压力:(330±20)mmH₂O
5	正常运行									
	1kA	>300	9.4	0		28~32	70左右	26.00	0	添加盐酸,控制AICA2005在2左右
	3kA	>300	9.4	0		28~32	73左右	26.00	0.5	电流1kA/min
	5kA	>300	9.4	0		28~32	76左右	26.00	0.92	3.2kA极化停止。5kA,氯气及氢气分析合格后并入系统
	7kA	>300	11.0	0		28~32	80左右	26.00	1.28	
	9kA	>300	14.1	0		28~32	82左右	26.00	1.66	当分析淡盐水中的Ni低于10μg/kg或开车6h后,开启循环盐水
	11kA	>300	17.2	0		28~32	83左右	26.00	2.03	
	13kA	>300	20.4	0		28~32	85左右	26.00	2.40	
	14.7kA	>300	22.0	0	22	28~32	87左右	26.00	2.40	
6	离子膜清洗	纯水	16.52	0	0	纯水	20~40	16.52		500mmH₂O 氮气加压
7	阴极液长期保管									
	盐水置换阴极液供给	280~320								脱除游离氯气
	置换以后盐水供给	280~320								
8	稀释盐水置换	200								2h以上
	置换后单槽盐水供给	200								
	阴极液循环									
	排液前稀释盐水置换	200								2h以上

注：根据生产情况，各指标可以进行适当调整。

表 3-12　各控制回路流量设置表（示例）

序号	流体名称	流量	备注
1	二次精制盐水	（310g/L）二次精制盐水为 22m³/h	2 万吨/年
2	循环淡盐水	22m³/h（恒定）	2 万吨/年
3	进料碱液	26m³/h（恒定）	2 万吨/年
4	加入碱液的纯水	2.2m³/h	2 万吨/年

（Ⅲ）严格检查落实，电解槽按照表 3-13 "规定的运行条件"运行。

表 3-13　电解槽正常运行规定的运行条件

序号	控制项目	控制指标	序号	控制项目	控制指标
1	碱液浓度/%	32±0.5	4	H_2/mmH_2O	330±20
2	淡盐水/(g/L)	190～210	5	Cl_2/mmH_2O	−20±20
3	槽温/℃	82～88			

（Ⅳ）运行稳定后，按照规定要求投入相关联锁，见表 3-14。

表 3-14　电解从运行后投入的联锁系统

序号	联锁功能	报警值	状态	备注
1	Cl_2 总管压力	HH	联锁	
2	二次精制盐水流量	LL	联锁	

（Ⅴ）向淡盐水总管添加盐酸，确保淡盐水 pH 在 2±0.5。

（Ⅵ）初次开车运行温度达到 85～90℃运行 3～7 天后，根据"电解槽装配手册"所示的次序以 80N·m 的扭矩拧紧拉杆。

（Ⅶ）在目标负荷下运行大约 2h 后，联系分析出槽碱液浓度和淡盐水的 NaCl 浓度。

（Ⅷ）调节进料盐水的流量，使淡盐水中 NaCl 浓度保持在 190～210g/L 的范围内。

（Ⅸ）调节进槽纯水流量使碱液浓度保持在 (32±0.5)% 的范围。

③正常运行操作及运行注意事项

（a）阳极侧操作要点

（Ⅰ）随时检查、确认盐水的杂质和运行条件满足要求。

（Ⅱ）目测进槽盐水是否均匀进入每个阳极室。

（Ⅲ）严格控制盐水流量，确保阳极液中 NaCl 浓度必须在 190～210g/L 的范围内，pH 值必须大于 2。

（Ⅳ）日常巡检时，要及时目测单元槽的阳极液的溢流情况。

（Ⅴ）检查氯气高低压水封、氢气水封密封水流量恒定，且密封深度保持在要求的高度。

（Ⅵ）始终保持氯气总管中的氯气压力稳定在 (−20±20) mmH_2O。

（b）阴极侧操作要点

（Ⅰ）保持碱液浓度在 (32±0.5)%，以避免电流效率下降。

（Ⅱ）保持 Fe^{2+} 含量小于 0.1mg/kg，从而保证活性阴极的正常性能。阴极液中铁离子含量将会影响阴极涂层的寿命。

（Ⅲ）日常巡检时，通过目测，检查单元槽的阴极液的溢流情况。

（Ⅳ）在电流密度小于 5kA/m² 时，保持氢气总管压力为 (320±20) mmH_2O。

（Ⅴ）保持 H_2 和 Cl_2 的压差在（350 ± 20）mmH_2O 的范围内。

（c）槽电压监测处理要点

（Ⅰ）当槽电压发出高电压报警信号时，立即切断整流器。

（Ⅱ）当槽电压发出高电压报警信号时，检查高电压报警的电解槽数量，立即到现场检查各单元槽盐水溢流情况。

- 如果单元槽无盐水溢流，尽快切断回路。
- 如果盐水溢流正常，用万用表测量现场单元槽电压。

（Ⅲ）每个月用万用表测量单元槽电压一次，监测槽电压也能检测到离子膜的异常情况。

✿ 小贴士智慧园

a. 在年度停车检修期间，清洗阳极液接收罐和电解槽循环液管上的滤网，除去其中沉积的会造成管线堵塞的物质，如氯化三元乙丙橡胶垫片和 PVC 片等等。b. 用自动探测器或根据现场气体气味检查氯气泄漏情况。

（d）其他日常操作要点

（Ⅰ）定期检查确认接地极与地之间的杂散电流不超过 1A。

（Ⅱ）每年停车期间，目测防腐电极无异常情况。

（Ⅲ）保持冷却回水的温度低于 40℃。温度高会导致换热器的内壁结垢。

（Ⅳ）监测泵出口压力，确认符合设计要求。

（Ⅴ）监测碱液侧和加热介质侧的压力降。当压力降超过卖方规格时，考虑拆卸换热器检查。

④ 正常停车操作程序

a. 停车准备步骤

（Ⅰ）联系调度，准备降电流停车。

（Ⅱ）联系氯氢处理工序做好降电流停车准备。

（Ⅲ）联系电气操作岗位准备降电流停车。

（Ⅳ）通知现场工做好降电流准备。

b. 电流由 14.71kA 降至 13kA 操作步骤

（Ⅰ）以 1kA/min 的速度缓步降低电流到 13kA。

（Ⅱ）调节去氢气处理、去氯气处理自动调节阀使氯气、氢气压力保持稳定。

（Ⅲ）根据"离子膜电解操作调节流量表"（表 3-11），缓慢降低纯水流量，进槽盐水流量，加盐酸流量与 13kA 电流负荷相对应。和二次精制盐水的流量达到 5kA 电流要求。

（Ⅳ）同以上操作步骤将电流降低至 11kA、9kA、7kA、5kA、3kA。

c. 电流由 3kA 降至 1kA 操作步骤

（Ⅰ）当电流降至低于 3kA 后，DCS 检查极化整流器自动送 36A，作为恒定电流控制。否则联系电气送 36A 极化电流。

（Ⅱ）确认极化电流启动后，继续将电流降至 500A。

（Ⅲ）联系调度、氯氢处理将氯气切到事故氢处理。

- DCS 慢慢关闭去氯气处理的调节阀，同时慢慢打开去事故氢的调节阀直至送氯气处理的调节阀全部关闭。
- 切换过程中要始终保持氯气压力在 $-20mmH_2O$ 左右。
- 切换结束，通知调度室及氯氢处理工序。

- 联系氯氢处理将氯气水封加水。
- 通知现场工,打开氯气取样阀,适当开启氯气总管的对空阀,置换系统中的氯气。

(Ⅳ) 联系调度、氯氢处理工序准备将氢气放空。

- 通知现场将氢气安全水封的密封水高度调至 350mmH$_2$O。
- DCS 慢慢关闭送氢气至氢气处理的自动控制调节阀(每次最高 1%),压力逐渐升至 350mmH$_2$O,直到送氢气至氢气处理的自动控制调节阀关至 0。
- 通知现场关闭送氢气至氢气处理的自动控制调节阀后的手阀。
- 打开氢气阀,慢慢打开去氢气总管的氮气阀给氢气总管充氮置换。打开电槽 V-16 给电解槽进行充氮处理。

(Ⅴ) 通过精制盐水自控阀将二次精制盐水流量调节到 16.52m^3/h。

(Ⅵ) 联系将电流负荷降到最低,并切断整流器。

(Ⅶ) 打开阳极室 Cl$_2$ 取样阀,关闭向入口槽碱液加纯水流量调节阀,停止向进槽碱液加纯水。

(Ⅷ) 调节盐酸流量,控制电解槽出口的盐水溶液 pH 在 2 左右。

(Ⅸ) 现场检查电解液溢流后,慢慢关闭循环淡盐水流量调节阀,现场关闭循环淡盐水流量调节阀前的手阀,停止盐水循环,开始冲洗电解槽。

(Ⅹ) 保持进电解槽的碱液为规定流量 26m^3/h。

(Ⅺ) 当电解槽温度低于 70℃时,联系电气调节极化电流电解槽电压恒定在 200V。当电解槽温度低于 40℃时,调节极化电流在 20A。

(Ⅻ) 按工艺控制要求,检查电解槽周围的阀门,处于正确状态。

(ⅩⅢ) 按工艺控制要求调节过程控制回路流量。

d. 停车期间操作要点

(a) 短期停车(不超过 8h)

(Ⅰ) 按照上面的操作,继续对电解槽进行冲洗。

(Ⅱ) 2h 后,盐水流量降为最小,每个单元槽设定为 50L/h。

(Ⅲ) 温度保持在 70℃左右,电解槽供极化电流,作好开车准备。

(b) 停车检修或长期停车(超过 8h)或二次精制盐水、烧碱不能持续供应

(Ⅰ) 阳极液操作

- 向每个电解槽通入含 NaCl 为 200g/L 的稀释盐水,对电解槽进行置换 2h 以上。
- 联系分析出口淡盐水的 NaCl 浓度和游离氯。
- 淡盐水的 NaCl200g/L 浓度,游离氯为 0 后停止冲洗。
- 关闭电解槽盐水进料阀、电解槽氯气出口阀。
- 每 2 天一次,用 200g/L 的稀释盐水置换盐水电解槽阳极液至少 2h。

(Ⅱ) 阴极液操作要点

- 阳极液冲洗时,阴极液用 28%～32%的碱液对电解槽进行循环冲洗。
- 冲洗完成后停止循环碱液,关闭进料截止阀,以避免由于虹吸作用造成阴极液排出。

⑤ 紧急停车操作程序

a. 紧急停车条件 如果出现下列情况,应立即降低整流器电流或按下手动紧急停车按钮来停止电解工序。

(a) 电解槽异常

(Ⅰ) 与正常数据相比,槽电压突然上升,上升幅度超过 1.0V。

(Ⅱ) 阳极液中 NaCl 浓度低于 180g/L。

（Ⅲ）氯内含氢超过 1%。

（Ⅳ）阳极液溢流颜色异常，不是黄色时。

（Ⅴ）二次精制盐水供料故障。

（Ⅵ）盐水质量不符合工艺要求。

（Ⅶ）单元槽进料盐水供应故障。

（Ⅷ）氯气和氢气混合引起爆炸。

（b）总管中的气体压力异常

（Ⅰ）Cl_2 压力很高或很低。

（Ⅱ）H_2 压力很高或很低。

（Ⅲ）氯气和氢气差压很高或很低。

（Ⅳ）氯内含氢量高。

（c）淡盐水泵　主泵和备用泵都出现故障，不能运行。

（d）碱液循环泵　主泵和备用泵都出现故障，不能运行。相关工序如淡盐水脱氯、氯气处理、氢气处理、二次盐水精制等出现异常，紧急停车。

（e）电源、仪表空气故障停车。

（Ⅰ）电源故障　当电源故障使整流器和所有的泵停止工作时，此时单元槽内气体从溶液中析出而造成电解液液位降低，导致离子膜暴露在气体区域。

需立即启动精制盐水泵、淡盐水泵和碱液循环泵补充电解槽液位，确保所有电解槽溢流。

（Ⅱ）仪表空气故障　如果仪表空气故障，去氢处理的调节阀故障关闭，应保持正确状态来维持气压。

b. 紧急停车操作步骤　当手动按停车按钮或联锁等造成整流器突然停止时，应按如下操作。

（a）立即通知调度、氯氢处理、电气等岗位，与相关工序做好联络。

（b）检查下列联锁是否启动，同时进行相应操作。

（c）关闭淡盐水加盐酸阀，关闭烧碱加纯水阀。

（d）氯气系统

（Ⅰ）送氯气处理氯气调节阀关闭。

（Ⅱ）打开送氯气与事故氯系统的调节阀，把废氯气送去事故氯气处理系统。

（Ⅲ）打开氯气总管对空阀及氯气取样阀。

（Ⅳ）打开氯气取样阀。

（e）氢气系统

（Ⅰ）送氢气处理氢气调节阀关闭，使氢气通过氢气水封放空。

（Ⅱ）现场慢慢打开氢气水封上的手阀至 30%左右，水封的密封高度为 $350mmH_2O$。直到送氢气至氢气处理的自动控制调节阀关至 0。

（f）DCS 检查充氮阀（N_2）是否自动打开，手动打开去氢气总管的氮气阀，向 H_2 总管输入 N_2，置换氢气。

（g）盐水系统

（Ⅰ）关闭通往管道上调节混合器循环盐水手动阀及淡盐水循环自动调节阀，停止盐水循环。

（Ⅱ）打开淡盐水加酸阀调节盐水 pH 值。

（Ⅲ）调节精盐水自动调节阀使进槽盐水流量为规定流量，对电解槽进行冲洗。

（h）烧碱系统

（Ⅰ）调节循环碱液流量调节阀，使进槽碱液流量为规定流量，对电解槽进行冲洗。

（Ⅱ）关闭去成品碱罐管路阀，停止向外输送碱液。

⑥ 其他各子系统开车操作程序

a. 阳极液系统开车操作

（a）开车前准备

小贴士智慧园

若全公司停电，送电后开启阳极液、阴极液系统为电解槽补充溢流后，才可送极化电流。

（Ⅰ）确认公用工程部分（水、电、汽、气）具备开车条件。

（Ⅱ）确认各管路、阀门、设备严密无泄漏。

（Ⅲ）确认 DCS 已经调试好，具备开车条件。各仪表、遥控开/关阀，开关灵活。

（Ⅳ）确保各泵完好，运转压力正常。

（b）开车操作步骤

（Ⅰ）关闭阳极液接受槽罐上的各排放阀，打开液位计阀。

（Ⅱ）开精制盐水旁通电解槽的阀门。

（Ⅲ）打开精制盐水高位槽向电解槽送盐水的阀门。

（Ⅳ）循环盐水泵的启动。

• 检查阳极液接受罐液位大于 40％。检查泵的润滑油、密封水是否正常。手动盘车正常。

• 打开泵的进出口阀、回流阀及出口排气阀。泵内排气结束后关闭出口阀和排气阀。关闭泵出口管路上其他阀门。

• 启动电机。

• 慢慢打开泵的出口阀将盐水打回流循环。

（Ⅴ）打开淡盐水取样换热器的进出口循环水阀，打开淡盐水分析冷却器管路上的取样桶出口阀，调节进口阀至合适的流量。

b. 阴极液系统开车操作

（a）开车前准备

（Ⅰ）确认公用工程部分（水、电、汽、气）具备开车条件。

（Ⅱ）确认各管路、阀门、设备严密无泄漏。

（Ⅲ）确认 DCS 已经调试好，具备开车条件。各仪表、遥控开/关阀，开关灵活。

（Ⅳ）确保各泵完好，运转压力正常。

（b）开车操作步骤

（Ⅰ）关闭阴极液循环罐上的各排放阀，打开液位计阀。

（Ⅱ）完成以下工作后启动循环碱泵。

• 检查阴极液接受罐液位大于 40％。检查泵的润滑油、密封水是否正常。手动盘车正常。

• 打开泵的进出口阀、回流阀及出口排气阀。泵内排气结束后关闭出口阀和排气阀。关闭泵出口管路上其他阀门。

• 启动电机，慢慢打开泵的出口阀将碱液打回流循环。

（Ⅲ）打开循环碱回流管路上的取样桶出口阀，调节进口阀至合适的流量。开启在线检测碱浓度测量系统。

（Ⅳ）打开碱液循环泵到界区外去罐区或蒸发的阀门。关闭碱液及循环水进出口管路上的排气阀、排放阀。打开送界区外的成品碱冷却器上碱液循环水的进、出口阀。

（Ⅴ）打开碱液循环罐前后的手阀，慢慢打开去界区外送碱液的调节阀，当碱液循环罐的液位稳定后，控制碱液循环罐液位转自动运行。

（Ⅵ）当碱液回收罐中的液位达到80%后，开启碱液泵向界区外送碱。

c. 高纯水系统开车操作

（a）开车前准备

（Ⅰ）确认公用工程部分（水、电、汽、气）具备开车条件。

（Ⅱ）确认各管路、阀门、设备严密无泄漏。

（Ⅲ）确认DCS已经调试好，具备开车条件。各仪表、遥控开/关阀，开关灵活。

（Ⅳ）确保各泵完好，运转压力正常。

（b）开车操作步骤

（Ⅰ）关闭高纯水罐上的各排放阀，打开液位计阀。

（Ⅱ）打开高纯水流量调节阀的手阀。联系高纯水工序送高纯水。

（Ⅲ）完成以下工作后，启动高纯水泵。

- 检查高纯水罐液位大于40%。检查泵的润滑油、密封水是否正常。手动盘车正常。
- 打开泵的进出口阀、回流阀及出口排气阀。泵内排气结束后关闭出口阀和排气阀。关闭泵出口管路上其他阀门。
- 启动电机，慢慢打开泵的出口阀将高纯水打回流循环。

群策群力

- 电解槽开停车操作程序为什么会如此复杂？
- 氯气和氢气管路上的水封（正压和负压水封）起什么作用？
- 硅整流器在升降电流时，为什么需要四个阶段，而不是连续升降电流？
- 离子膜电解槽的种类较多，其工作原理是否相同？

3.2.3.5 淡盐水脱氯系统工艺流程

精制饱和盐水进入电解槽后进行电解，盐水中只有部分NaCl分解，其余的NaCl溶液成为较低浓度的盐水（200g/L左右），称为淡盐水，淡盐水温度为85℃，含游离氯700~800mg/L。从电解槽溢流而出的淡盐水通过控制阀加酸调节pH后，进入阳极液接收罐内，把阳极液接收罐内的淡盐水采用淡盐水泵输送，将其分成两部分：一少部分与精盐水混合后送往电解槽，进行淡盐水循环；绝大部分送往脱氯塔内进行脱氯。电解槽产出的湿氯气送到氯气总管。淡盐水脱氯系统工艺流程示意图见图3-12。

酸化后淡盐水由泵输送到脱氯塔，由水力喷射泵保持脱氯塔的真空度，并通过再生氯回流阀进行调节。在脱氯塔气体出口处装有再生氯气冷却器，用于氯气和气体蒸气的分离，气相（基本为Cl_2）排放到氯气总管，冷凝下来的氯水去氯水储槽，由氯水泵送到脱氯塔或离子膜阳极液储罐内，准备下一步的脱氯。

从脱氯塔下来的脱氯淡盐水中仍含有少量的游离氯，需要采用化学法除去残余的游离氯，在脱氯盐水泵入口加入NaOH溶液和Na_2SO_3溶液进行化学脱氯，调节pH值在9左右，控制游离氯为0，再由脱氯盐水泵送往盐水工序化盐。其化学反应如下：

$$Cl_2 + H_2O \Longrightarrow HClO + HCl$$

$$HClO + NaOH \Longrightarrow NaClO + H_2O$$

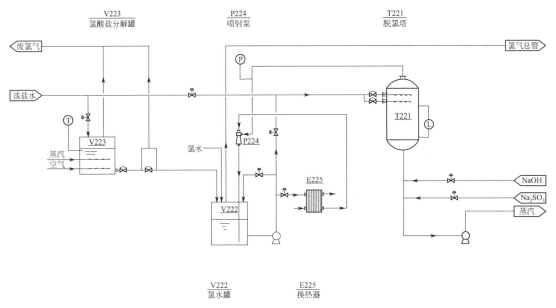

图 3-12 淡盐水脱氯系统工艺流程示意图

$$NaClO + Na_2SO_3 \Longrightarrow Na_2SO_4 + NaCl$$

由于反应生成的 SO_4^{2-} 是强酸根，而 SO_3^{2-} 是中强酸根（亚硫酸钠溶液在酸性溶液中会分解出 SO_2 气体，而失去了还原性），为避免反应物 pH 值下降，故反应要在碱性条件下进行，但是过高的碱性会影响一次盐水的质量并造成碱液的浪费，所以反应过程中的 pH 值不宜大于 9。

3.2.3.6 淡盐水脱氯系统开停车操作

（1）开车操作步骤

① 关闭系统中所有的各排气阀、排水阀和取样阀。

② 打开所有仪表变送器进口阀，如液位变送器和压力变送器。

③ 联系氯氢处理 DCS 确保氯水罐保持一定的液位，能够接收脱氯单元来的氯水。

④ 打开脱氯塔出口管上的排气阀，打开去阳极液管路上去脱氯的淡盐水阀的进出口阀，手动慢慢打开淡盐水的调节自控阀将淡盐水分为两路：一部分送到脱氯塔，脱氯塔开始接收淡盐水；另一部分送往水力喷射泵，对脱氯塔进行水力抽真空。

⑤ 打开加盐酸阀前后的手阀，手动慢慢打开加盐酸流量调节阀开始向淡盐水管道加盐酸，使淡盐水的 pH 值显示为 2，稳定后将加盐酸流量调节阀转自动运行。

⑥ 稍开加盐酸流量调节阀后加纯水的阀，调节流量使纯水流量为规定值。

⑦ 完成以下工作，启动脱氯盐水输送泵。

a. 联系盐水工序，做好接收淡盐水的准备。

b. 检查泵的润滑油、密封水是否正常。手动盘车正常。

c. 打开脱氯后淡盐水自控阀及前后的手阀。打开泵的进出口阀、回流阀及出口排气阀。泵内排气结束后关闭出口阀和排气阀。

d. 启动电机，慢慢打开泵的出口阀向一次盐水送水。

e. 慢慢关脱氯塔的液位调节阀（自控），同时调节泵的回流阀以维持泵的出口压力。

f. 当脱氯塔液位稳定在 50% 后，将脱氯塔内液位调节转自动运行。

⑧ 脱氯盐水泵运转正常后，完成向淡盐水中加入 NaOH 操作。

a. 打开在线检测 pH 值取样管进出口切断阀。

b. 打开加碱自控阀前后的手阀。慢慢打开加碱自控阀，使出口淡盐水 pH 值在线检测仪显示在 $8.0 \sim 10.5$ 范围内。

c. 运行稳定后，淡盐水 pH 值在线检测仪转自动运行。

⑨ 完成向淡盐水中加入 NaOH 操作后再加入 Na_2SO_3 操作。

a. 打开淡盐水取样回流阀进出口的手阀。打开在线监测氧化还原电位计取样管进出口切断阀。

b. 检查 Na_2SO_3 储槽液位大于 50%。

c. 打开 Na_2SO_3 自控流量调节阀前后的手阀。慢慢打开 Na_2SO_3 自控流量调节阀，使脱氯盐水泵出口淡盐水氧化还原电位显示小于 $300mV$。

◆◆ 小贴士智慧园

刚开车运行时，由于淡盐水的温度较低，从脱氯塔出来的脱氯盐水中残留的游离氯会增加，Na_2SO_3 加入量适当加大。

⑩ 开启真空系统，脱氯系统处于开车状态。

a. 调节脱氯盐水泵的出口阀门，调节去水力真空泵的水量达到适中，使脱氯塔内的真空度达到 $60 \sim 70kPa$，满足脱氯的真空需要。

b. 开启脱氯塔气相出口管路上的列管式冷凝器上的进出冷却水，调至适量，但是温度不能低于 $9.6℃$。

c. 将水力喷射泵从脱氯塔内抽解吸的 Cl_2，经过气液分离后，送至从电解厂房送至氯气处理的氯气总管道内，以回收 Cl_2。

（2）脱氯系统的停车操作步骤

① 联系调度室、盐水工序、氯氢处理工序，通知本工序准备停车。

② 确认进槽盐水泵输送已经停止。

③ 氯氢处理停止输送氯水，并保持氯水罐的液位稳定。

④ 使废氯气回流压力自动调节阀处于手动控制，并慢慢打开氯气回流压力自动调节阀。

⑤ 待脱氯后的盐水罐内的液位降为 30% 后，关闭 NaOH、盐酸和 Na_2SO_3 溶液的自控阀，停止向脱氯盐水泵的进口加 NaOH 和 Na_2SO_3。关闭脱氯盐水泵的出口阀，停脱氯盐水泵。

⑥ 进一步检查确认公用工程和化学品供应的阀门状态正确。

想一想：

◆ 出槽淡盐水内为什么会含有游离氯？这些游离氯不从淡盐水中除去能行吗？

◆ 为什么要采用真空法脱除氯气？

◆ 请简述水力喷射泵产生真空的机理。

◆ 在真空脱氯前为什么要向淡盐水内加入盐酸？脱氯后为什么要向淡盐水内加入 NaOH 和 Na_2SO_3？

3.2.3.7 精制盐水电解生产工艺控制指标

见表 3-15。

表 3-15　精制盐水电解生产工艺控制指标

序号	取样点	分析项目	范围
1	进槽二次精制盐水	$NaClO_3$/(g/L)	$\leqslant 15$
		$Ca^{2+}+Mg^{2+}$/($\mu g/kg$)	$\leqslant 20$
		Sr^{2+}/($\mu g/kg$)	$\leqslant 100$
		Ba^{2+}/($\mu g/kg$)	$\leqslant 100$
		SiO_2/(mg/kg)	$\leqslant 10$
		Fe^{2+}/($\mu g/kg$)	$\leqslant 100$
		SS/(mg/kg)	$\leqslant 1$
2	淡盐水泵出口淡盐水	NaCl/(g/L)	$190 \sim 210$
		pH 值	$1.5 \sim 3.0$
		$NaClO_3$/(g/L)	< 20
		AV-Cl_2/(g/L)	$0.3 \sim 3$
		Ni	—
3	各电解槽出口淡盐水	NaCl/(g/L)	$190 \sim 210$
		$NaClO_3$/(g/L)	< 20
		pH 值	4 ± 1
		温度/℃	$80 \sim 90$
		AV-Cl_2/(g/L)	$1 \sim 3$
		Na_2SO_4/(g/L)	$\leqslant 3$
4	电解槽进料碱液总管	NaOH 浓度/%	30 ± 2
		NaCl/NaOH[①]/(mg/kg)	< 40
		$NaClO_3$/NaOH/(mg/kg)	< 15
		Fe_2O_3/NaOH/(mg/kg)	< 0.1
		温度/℃	$78 \sim 90$
		流量/(m^3/h)	26 ± 2
5	碱循环泵出口成品烧碱	NaOH 浓度/%	$\geqslant 32$
		NaCl/NaOH/(mg/kg)	$\leqslant 40$
		$NaClO_3$/NaOH/(mg/kg)	$\leqslant 20$
		Fe_2O_3/NaOH/(mg/kg)	$\leqslant 0.3$
6	单槽出口碱液	NaOH 浓度/%	32 ± 0.5
		NaCl/NaOH/(mg/kg)	$\leqslant 40$
		$NaClO_3$/NaOH/(mg/kg)	$\leqslant 20$
7	总管 Cl_2	Cl_2/%	$\geqslant 98$
		O_2/Cl_2/%	$\leqslant 1.5$（新膜）
		H_2/Cl_2/%	$\leqslant 0.2$
		氯气压力/mmH_2O	$-80 \sim 40$
8	单槽 Cl_2	Cl_2/%	$\geqslant 98$
		O_2/Cl_2/%	$\leqslant 1.5$（新膜）
		H_2/Cl_2/%	$\leqslant 0.2$

序号	取样点	分析项目	范围
9	总管 H₂	H₂/%	>98
		O₂/H₂/%	<0.1
		N₂/H₂/%	<0.1
		氢气压力/mmH₂O	130~430
10	脱氯盐水泵出口淡盐水	pH 值	8~10.5
		游离氯/mV	<500
		酸碱度	由 pH8 至 0.3g/L
		游离氯（质量分数）	0
11	脱氯塔	压力/kPa	≤-55
		液位/%	30~80
12	亚硫酸钠高位槽	液位/%	20~80
13	再生氯气冷却器	出口温度/℃	≤50
14	高纯水罐	液位/%	30~80

① 表示 NaOH 中含有的 NaCl，下同。

3.2.3.8 精制盐水电解任务生产过程异常现象原因分析及处理方法

精制盐水电解生产过程异常现象原因分析及处理方法见表 3-16。

表 3-16 精制盐水电解生产过程异常现象原因分析及处理方法

异常现象及原因分析		处理措施
A-1. 槽电压偏高		
1	低于允许的电解槽温度（开车时的允许温度为 70~75℃；正常操作时的最佳温度为 81~88℃；后续开车时的允许温度为 65~75℃）	通过安装阳极液罐和阴极液罐内的加热元件升高电解槽温度
2	阳极液 pH 值小于 2	切断电路
3	阳极液浓度低于 180g/L	切断电路 检查纯盐水供应 检查进料盐水管是否堵塞 增加纯盐水供应
4	进料盐水管堵塞或进料盐水出现故障	现场检查盐水溢流情况 立即切断电路 如果需要，更换离子膜 如果需要，更换进料管
5	NaOH 浓度比目标值高	检查循环碱液的流量 增加稀释用的软水
6	循环碱液进料故障	切断电路 恢复碱液循环系统

异常现象及原因分析		处理措施
7	超过允许的差压	切断电路 检修气体控制系统 检查管路中的气体冷凝口
8	盐水杂质含量超标	切断电路 恢复盐水纯度
9	电解槽安装和储存不当 离子膜出现褶皱 离子膜正装反 铜排连接的扭矩不充分 离子膜干燥	如果严重则更换离子膜 更换离子膜 用足够大的扭矩再次固定铜排 如果严重则更换离子膜
10	电极过电压高	重新激活或更换电极 检查电极的电化学极化与化学极化现象变化的征兆
11	监测槽电压的电缆线接触不良	重新连接电缆线 磨光接触面
12	电压监测系统指示有误	恢复电压监测系统

A-2. 低压

| 1 | 离子膜出现针孔或被撕裂 | 切断电路
如果严重则更换离子膜 |

B. 电流效率低

1	碱液浓度超标	调节为合适的软水流量
2	电流密度超标	调节电流负荷
3	盐水杂质含量超标	切断电路 恢复盐水纯度
4	离子膜机械损坏如针孔或水泡，参见现象 F	如果严重则更换离子膜
5	离子膜使用寿命终结	更换离子膜
6	DCS 指示有误	恢复 DCS

C. 氯气中含氧量高

1	阳极涂层性能恶化	更换阳极涂层
2	电流效率低	如果严重则更换离子膜
3	Cl_2 密封罐中密封水量充足	添加密封水
4	空气从接头、阀门等处泄漏进入 Cl_2 管线	如果严重则更换离子膜
5	离子膜使用寿命终结	更换离子膜

	异常现象及原因分析	处理措施
6	离子膜出现针孔，若各单元槽的 Cl_2 取样口的 O_2/Cl_2 为	
	小于 3％（体积分数）	正常
	3％～5％（体积分数）	异常，继续分析 O_2/Cl_2，准备更换离子膜
	大于 5％（体积分数）	切断电路，更换离子膜

D. 碱液中氯含量高

1	电流密度低	如果必要增加电流密度
2	电解槽温度高	用阴极液换热器冷却电解槽
3	阳极液中 NaCl 浓度低	如果低于 180g/L，切断电路
		增加进料盐水供应
4	阳极液中 NaOH 浓度低	降低稀释用的软水
5	输入阴极液的软水中氯含量高	提高软水纯度
6	离子膜机械损坏如出现针孔	如果严重则更换离子膜

E. 碱液中氯化物含量高

1	阳极液中氯化物含量高	检查氯化物分解系统
		恢复阳极液中适当的氯化物含量
		参见现象 B

F. 离子膜机械损伤

1	拧紧拉杆的扭矩不足 拉杆过紧 电解槽安装不当	更换损坏的离子膜
2	离子膜预处理和安装期间由于不当拉伸而引起褶皱或折叠	更换损坏的离子膜
3	操作时由于气压波动而引起离子膜出现孔洞或撕裂	更换损坏的离子膜

G. 电解液泄漏

1	拧紧拉杆的扭矩不足	以正确扭矩再次拧紧拉杆
2	垫片老化	切断电路，更换损坏的离子膜
3	离子膜沿着垫片撕裂	切断电路，更换损坏的离子膜和垫片
4	硅润滑油涂抹不当	如果严重，切断电路并重新涂抹润滑油

H. 氯气中含氢量高

	异常现象及原因分析	处理措施
1	离子膜出现针孔或撕裂 各单元槽 Cl₂ 取样口的 H_2/Cl_2 为 小于 0.1%（体积分数） 0.1%～0.2%（体积分数） 大于 0.2%（体积分数）	更换阳极涂层 正常 异常，继续分析 H_2/Cl_2，准备更换离子膜 立即切断电路并更换离子膜
2	H_2 压力极高	切断电路 检查压力控制仪和 H_2 密封罐的密封深度

I. 阳极液中 NaCl 浓度低

1	进料盐水流量低	增加进料盐水流量
2	进料盐水泵故障	切断电路，检修损坏的泵
3	流量控制计或流量指示仪故障	切断电路处理问题
4	管线在阀门、流量表、进料管、管道混合器和过滤器处出现堵塞	切断电路，清理管线堵塞处 清理循环盐水过滤器和阳极液槽
5	循环盐水总管中通过的进料盐水偏少	关闭电解槽排液管上的阀门
6	阳极液中 NaCl 浓度低	检查盐水循环

J. 阴极液中 NaOH 浓度高

1	软水流量低	增加软水流量
2	碱液循环泵故障	切断电路，检修损坏的泵
3	流量控制计或流量指示仪故障	切断电路处理问题
4	管道的阀门、流量计、进料管、管道混合器和滤网处出现堵塞	切断电路，清理管线堵塞处 清理循环碱液滤网和阴极液罐

K. 接地线杂散电流高

1	由于工具或金属材料等导体造成铜排接地故障	切断电路 检查接地故障部分并进行修复
2	槽电压不平衡	注意金属管线和设备的电化腐蚀，如果严重则更换离子膜

L. 阴极电位高

1	阴极涂层使用寿命终结	如果严重则更换阴极涂层
2	阴极涂层表面有异物	检查 NaOH 和软水中的 Fe 含量 降低软水中的 Fe 含量 检查衬橡胶管线是否正常
3	碱液中次氯酸盐的含量高于 0.1mg/kg	检查离子膜是否有针孔及软水的质量

M. 阳极电位高

1	阳极涂层使用寿命终结	如果严重则更换阳极涂层

异常现象及原因分析		处理措施
2	阳极涂层表面有异物	检查进料盐水中的 Fe、Ba、TOC 的含量 恢复进料盐水的纯度
3	阳极液 pH 值高引起性能恶化	检查盐水 pH 值控制系统 更换损坏的离子膜

N. 盐水进料管堵塞

	异常现象及原因分析	处理措施
1	管道或设备材料的腐蚀（如橡胶管道、氯化塑料等）	切断电路 除去杂质 年度维修时清除阳极液罐中的杂质
2	氯化材料如垫片、管道衬胶、管道材料等	切断电路 除去杂质 年度维修时清除阳极液罐中的杂质
3	盐水 pH 值小于 5，导致过量的絮凝剂（聚丙烯酸钠）沉淀	切断电路 检查盐水 pH 值控制系统 升高盐水 pH 值大于 6 控制絮凝剂过量为 1～3mg/L

O. 极化电压低

	异常现象及原因分析	处理措施
1	离子膜针孔 如果槽电压比相邻单元低 30mV 以下	开车前检查各单元槽溢流盐水的 pH 值（小于 12 可以）
2	阳极和阴极之间形成外部短路	开车前检查各单元槽溢流盐水的碱含量（小于 3g/L 可以） 检查电流为 3kA 时溢流液是否变黄 定期分析 Cl_2 中的 O_2 和 H_2 含量 检查两侧吊耳螺栓是否未取下 冲洗外部结晶 检查是否有杂质形成外部短路
3	阳极和阴极之间形成外部短路	进行离子膜的更换
4	极化电流低	提高极化电流

P. 电压偏低正常值的报警

	异常现象及原因分析	处理措施
1	盐水不足或中断	检查现场溢流情况 立即切断电路 如果必要的话更换离子膜

Q. 电解液从单元槽底部溢水口流出

	异常现象及原因分析	处理措施
1	镍板或钛板上有裂缝或孔洞	立即切断电路 如果必要的话更换离子膜

R. 电解槽外部有电火花

1	盐水中断导致电介质击穿而使垫片断裂	立即切断电路 如果必要的话，更换单元槽和离子膜

S. 爆炸声

1	盐水中断	立即切断电路 如果必要的话，更换单元槽和离子膜

T. 氧化还原电位高

1	淡盐水 pH 值高于 2.5	见现象 B
2	脱氯盐水 pH 值低于 8	见现象 C
3	AIA-1604（在线监测淡盐水中的游离氯）探测器显示错误	手动分析检查 NaClO 的浓度 如果必要的话，更新或清理探测器 见用法说明书

U. 淡盐水 pH 值高

1	HCl 流入量不足	增加 HCl 流入量
2	AIA-2005（在线监测循环淡盐水的 pH 值）探测器显示错误	检测 HCl 浓度 检测稀释水的流量 手动分析 pH 值 如果必要的话，更新或清理探测器 见用法说明书

V. 脱氯盐水的 pH 值低

1	32％烧碱流入量不足	增加烧碱流入量 检测 32％烧碱的浓度
2	AIA-1602（在线监测脱氯后淡盐水的 pH 值）探测器显示错误	手动分析 pH 值 检查哪个探测器显示错误 如果必要的话，更新或清理探测器

W. $NaSO_3$ 流入量不足

1	流入率低	增加 $NaSO_3$ 流入率 检测 $NaSO_3$ 浓度（10％）
2	$NaSO_3$ 加入泵不能运行	转换用备用泵
3	V-1604 的 $NaSO_3$ 液位低	充入 $NaSO_3$ 到 V-1604

3.2.3.9 精制盐水电解生产任务岗位操作原始记录

见表 3-17 所示。

表 3-17　精制盐水电解生产任务岗位复极式电解槽操作原始记录

年　月　日

项目\指标\时间	一次盐水 流量/(m³/h)	一次盐水 温度/℃	进槽盐水 1#流量/(m³/h)	进槽盐水 2#流量/(m³/h)	淡盐水 储罐液位/%	淡盐水 纯水流量/(m³/h)	淡盐水 pH	阴极液 储罐液位/%	阴极液 纯水流量/(m³/h)	阴极液 1#流量/(m³/h)	阴极液 2#流量/(m³/h)	阴极液 进槽温度/℃	阴极液 出槽温度/℃ 1#	阴极液 出槽温度/℃ 2#	成品碱 流量/(m³/h)	成品碱 累积量/t	氯气 压力/hPa	氢气 压力/hPa
进槽温度																		

项目\指标\时间	氯氢差压 压力/hPa	1#电解槽 电流/kA	1#电解槽 电压/V	2#电解槽 电流/kA	2#电解槽 电压/V	盐水脱氯 氯水温度/℃	盐水脱氯 真空度/kPa	盐水脱氯 pH	盐水脱氯 ORP/mV	进槽盐水 NaCl/(g/L)	进槽盐水 TH/(μg/kg)	进槽盐水 pH	进槽盐水 NaCl/(g/L)	出槽盐水 pH	主塔 TH/(μg/kg)	NaOH/%	出槽碱氯气总管 Cl₂/%

生产纪事：

操作人员：

操作人员：

记录员：

记录员：

进槽碱 Fe 含量/(mg/kg)	出槽碱 NaCl 含量/(mg/kg)	出槽盐水	NaClO/(g/L)
		出槽盐水	NaClO₃/(g/L)

3.2.3.10 精制盐水电解岗位安全生产要领及劳动防护

（1）防火防爆注意事项

① 氢与空气混合氢气含量达到 4%～74% 时为爆炸性气体，因此管路与设备应保持密闭良好，并保持氢气纯度在 98% 以上，管路与设备附近禁止明火操作，电气及照明设备应采取防爆装置，停车检修时应用氮气置换管路与设备至含氢合格，动火前应测定设备、管路及环境的含氢量。动火的设备、管段应与系统隔断，并办理动火手续，批准后准予检修。

② 当遇氢气起火时，不准降低运行电流或停直流电，应用绝缘灭火器或石棉布隔绝空气予以扑灭，以防止氢气系统形成负压将助燃之氧引入而发生爆炸。

③ 盐酸系统动火检修前，须将物料处理干净，切断物料来源，同时分析含氢量低于 0.5% 方可动火。

④ 禁火区内，严禁吸烟与动火，如必要动火时须采取必要的措施，经有关部门批准。

（2）防毒注意事项

① 氯气为有毒气体，吸入肺中会引起中毒，轻者咳嗽、支气管发炎，重者有窒息感，剧咳呕吐，严重者引起肺水肿或迅速窒息死亡，因此应防止氯气外溢。

② 如遇氯气大量外溢时应立即站在上风向处，戴好防毒面具进行处理，防毒面具应按期进行检修，保证其效能。如遇氯气中毒时，应先移至空气通畅处，轻者服用甘草合剂，重者注射葡萄糖酸钙，严重者立即送医院。

（3）防化学灼伤注意事项

① 氢氧化钠对人体皮肤、眼睛、毛发有剧烈的侵蚀性，操作中要集中精力，并戴好防护眼镜、胶皮手套，必要时要穿防护衣、戴面罩等。若碱流溅入眼内，需立即用大量清水冲洗，然后到医务室用硼酸水冲洗，严重时要到医院治疗。

② 盐酸和氯化氢气体对人体有强烈的刺激与侵蚀，操作人员在操作时应戴上眼镜、口罩、橡胶手套以及穿工作服和胶鞋。

③ 酸、碱容器管道附近的检修应在切断物料来源、泄压、排空物料、清洗干净后进行。

（4）防触电事项

① 严格执行电气安装检修规定，非电气人员不得维修电气设备。

② 电气设备的开关下要铺设绝缘板或干燥木板，开关应始终处于干燥状态，操作时手及手套不能潮湿。

③ 电解操作人员必须穿绝缘良好、干燥的绝缘鞋，严禁双手同时接触阴、阳极或双手同时接触槽体和接地物体。

④ 罐内临时操作或维修照明用灯不可超过 36V。

（5）其他注意事项

① 进罐或进入容器检修和操作，见《安全技术管理制度》有关部分。

② 起重、吊拉、高空作业见《安全技术管理制度》有关部分。

③ 设备检修见《安全技术管理制度》有关部分。

④ 转动设备必须加安全罩。

⑤ 吊车吊件时严禁吊件下行人。

3.2.3.11 精制盐水电解岗位工艺仿真操作实训

精制盐水电解仿真操作是以实际生产控制过程为基础，通过模拟生产装置中各种控制过程单元的动态特征，创造一个与真实操作装置相似的操作界面，其中各种画面的布置、颜色、数值信息动态显示、状态信息动态指示、操作方式等方面与真实生产装置的操作环境基本相同，使学生达到身临其境的目的。通过完成精制盐水电解仿真操作训练，实现理论知识与实践操作技能的有机融合，达到生产操作训练的基本目的，为走向工作岗位打下坚实的实践基础。

3.2.3.12 工作任务的总结与提升

见图 3-13。

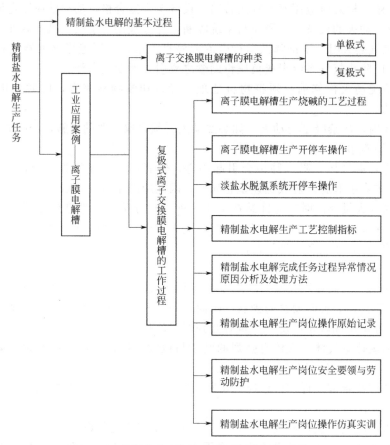

图 3-13 精制盐水电解生产主要工作任务示意图

3.2.3.13 做中学、学中做岗位操作技能训练题

(1) 试叙述离子膜法制烧碱比隔膜法、水银法制烧碱有哪些优越性。

(2) 氯碱工业对原盐质量有何要求？在电解盐水制烧碱的过程中，粗盐水为什么要进行精制？

(3) 简述一次精制盐水生产可分为哪几个主要步骤。影响盐水浓度的因素有哪些？

(4) 简述 NaOH、Cl_2 和 H_2 各有哪些基本性质。

(5) 写出食盐溶液电解制烧碱的主要化学方程式。

(6) 在工业生产中，欲降低电能消耗可以从哪几个方面采取措施？

(7) 离子膜法氯碱生产工艺对离子膜性能方面有哪些要求？

(8) 常用的离子膜有哪几种？试比较它们的特点。

(9) 简述螯合树脂塔再生的基本原理。

(10) 简述离子膜电解槽的单元槽压低的原因及处理措施。

(11) 电解液出口碱液浓度偏高由哪些原因造成？如何处理？

(12) 某氯碱厂每天需要 90℃食盐饱和溶液 10t，一年按 330 天计算，问需要多少吨含

174

量为 93％的食盐？（食盐在 90℃时溶解度为 39g）

（13）如果原盐的组成（以质量分数,％表示）分别为 NaCl 95％，Ca^{2+} 0.20％，Mg^{2+} 0.19％，精制盐水的组成为 NaCl 315g/L，Na_2CO_3过碱量 0.4g/L，NaOH 过碱量 0.3g/L。试计算：① 生产 1t 100％NaOH 需要原盐多少千克（原料的利用率为 90％）？② 需要精制剂各为多少千克（按生产 1t 100％NaOH 需要精制盐水 9.0m³）？

（14）两列离子膜电解槽，每列 6 台，每台 29 单元，A 列 8h 内平均电流 12kA，B 列 8h 平均电流 10kA，8h 产碱 44.32t，请计算电流效率。

任务 4 氯氢气处理

📝 能力目标

- 能认知氯氢气处理的工艺流程图。
- 能操作输送氯气的透平机。
- 会维护和保养氯气透平机。
- 能在师傅的指导下完成氯氢气处理工序开停车操作。
- 会分析氯氢气处理生产过程中出现的异常问题，并提出解决问题的措施。
- 能维持氯氢气处理生产正常运行操作。
- 能用所学的气体输送方面的技能与知识，提出自己输送氯氢气的其他设备的名称。

📋 知识目标

- 掌握氯气冷却和干燥的基本知识。
- 掌握氯氢气处理的工艺流程。
- 掌握气体输送单元操作的基本知识。
- 掌握透平机的结构特点、性能和使用要求。
- 熟悉氯氢气的操作安全知识。

4.1 生产作业计划——氯氢气处理任务安排

从电解槽溢出来的湿氯气、湿氢气温度大约在 80℃，其中湿氯气除含有一定量的水蒸气外，还夹带少量的盐雾和水雾，因此，必须要经过氯水喷淋洗涤和冷却除去氯气中夹带的盐雾和水雾后，经冷冻水间接冷却后，再经除雾器过滤，减少进氯气干燥塔的氯气含水量，以降低干燥剂硫酸的消耗量，之后再经过填料塔、泡罩塔进行干燥，用硫酸脱除氯气中的剩余水分，确保干燥后的氯气含水量小于 100mg/L。经除雾器过滤氯气中的酸雾，由氯气压缩机压缩输送到液氯生产工序。而湿氢气除含有一定量的水蒸气外，还夹带少量碱雾和水雾，须经喷淋洗涤冷却，除去碱雾与水雾，再采用冷冻水间接冷却后，经除雾器过滤其携带的水雾后，进入氢气压缩机，增压后经氢气分配台送给氢气用户。现在我们面对的生产任务就是把上一工序——精制盐水电解工序送来的湿氯气和湿氢气进行干燥与压缩处理，这个任务需要组织好生产装置，全力以赴去完成它，那么如何去完成这个任务呢？我们还是先来熟悉一下氯氢气处理的生产工艺状况。

氯气处理的工艺过程框图，见图 4-1。

氢气处理工艺流程框图，见图 4-2。

根据氯氢气处理生产任务完成的基本过程，可以根据该工序任务完成的前后顺序，将该项任务分解为两路并联运行，一路为氯气处理；另一路为氢气处理。氯气处理可分为氯水洗涤冷却、氯气干燥和氯气的压缩三项分任务；而氢气处理也可分为氢气的洗涤冷却、氢气的干燥和氢气的压缩输送三项任务。那么这些工作任务又是如何完成的呢？

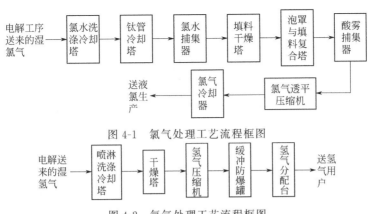

图 4-1　氯气处理工艺流程框图

图 4-2　氢气处理工艺流程框图

4.2　氯气处理工艺生产过程

4.2.1　氯气物化性质

氯气，分子式为 Cl_2，相对分子质量为 70.91，气态氯为黄绿色，相对密度 2.486（10℃时），2.461（100℃时），密度 3.214kg/m³（0℃，1atm❶）。液化条件：0℃、6atm 时成为黄色微橙液体。

水合物：温度低于 9.6℃时易生成 $Cl_2 \cdot 8H_2O$ 的水合物（固体）。

沸点：1atm 时液氯沸点为 -33.9℃。

熔点：1atm 时固态氯的熔点为 -100.5℃。

比热容：气体　　$C_p = 0.481J/(g \cdot ℃)$（15℃）

　　　　　　　　$C_v = 0.356J/(g \cdot ℃)$

溶解热：92.53kJ/mol。

溶解度：氯气在水中的溶解度随温度升高而下降，氯气在水中的溶解度见表 4-1。

表 4-1　氯气在水中的溶解度

温度/℃	10	20	30	40	50	60	70	80	90	100
溶解度/(g/100g 水)	0.9972	0.7293	0.5723	0.4590	0.3925	0.3295	0.2793	0.2227	0.1070	0.0000

氯气具有强烈的刺激气味，有毒，吸入极少量氯气就能刺激黏膜和呼吸道。氯气在空气中的允许含量为 1mg/m³，氯与氢气混合易发生爆炸，爆炸范围为 5%～87.5%（H_2/Cl_2，体积分数）。

湿氯气的化学性质极为活泼，在不同温度下与各种金属作用生成氯化物，但干燥氯气的化学性质并不活泼。氯气与水发生如下水解作用：

$$Cl_2 + H_2O \longrightarrow HCl + HClO \longrightarrow HCl + [O]$$

HClO 不稳定，易分解，生成的原子态氧 [O]，具有极强的氧化性，HCl 的腐蚀性也很强。

氯与氨相遇可生成白色的氯化铵烟雾，若电解盐水中含有氨或氨的化合物时，氯即与之生成 NCl_3，当氯气中 NCl_3 含量达到 50% 并遇热时，就会发生爆炸。

4.2.2　氯气处理过程工艺流程示意图

　　氯气处理过程的工艺流程示意图见图 4-3。

---

❶　1atm=101325Pa，下同。

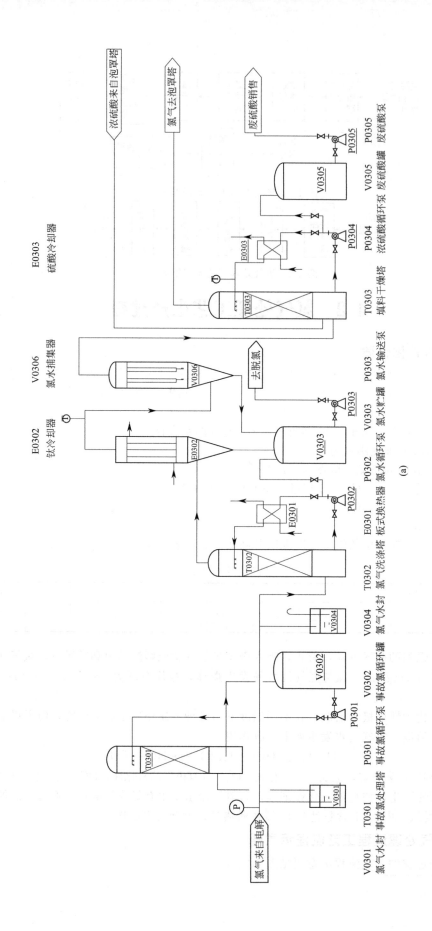

(a)

178

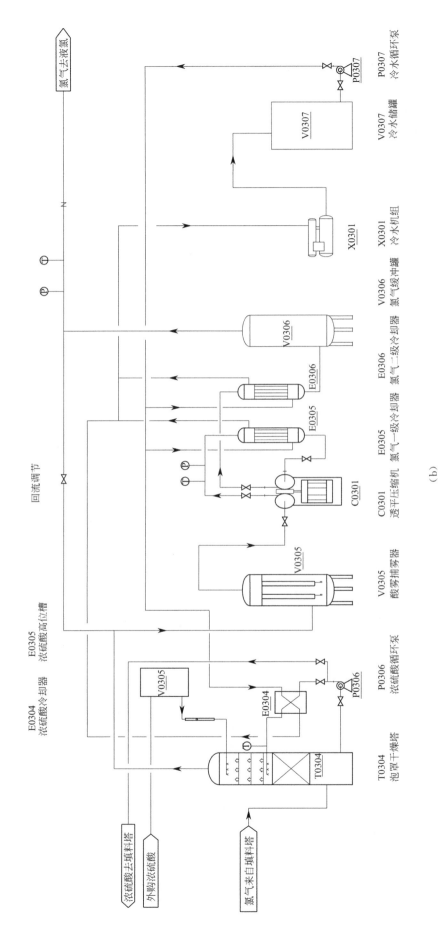

图 4-3　氯气处理过程的工艺流程示意图

（b）

E0304　　E0305
浓硫酸冷却器　浓硫酸高位槽

回流调节

P0307
P0307　冷水循环泵

V0307
V0307　冷水储罐

X0301
X0301　冷水机组

V0306
V0306　氯气缓冲罐

E0306
E0306　氯气二级冷却器

E0305
E0305　氯气一级冷却器

C0301
C0301　透平压缩机

V0305
V0305　酸雾捕雾器

P0306
P0306　浓硫酸循环泵

T0304
T0304　泡罩干燥塔

氯气去液氯

浓硫酸去填料塔

外购浓硫酸

氯气来自填料塔

179

4.2.3 氯气处理过程的工艺流程叙述

具体操作岗位流程可分为：氯气洗涤冷却、氯气干燥和氯气压缩输送。

4.2.3.1 氯气洗涤冷却

从电解工序送来的湿氯气，温度约 80℃，从氯气洗涤塔下面进入，塔内循环洗涤冷却的氯水，是采用循环泵送至冷却器冷却至 15～30℃后，从氯气洗涤塔上部喷淋在填料层上与从塔底进入的氯气逆流接触，氯气被洗涤冷却至约 45℃，湿氯气中 85%～90%的水分得到冷凝，同时也除去了氯气中夹带的盐雾等。出塔氯气再进入列管冷却器与循环 5℃水继续进行换热，冷却后氯气的温度控制在 12～15℃。此时仍有一部分冷凝水以雾滴状存在于氯气气流中，所以除雾也是一项降低后续的硫酸干燥消耗量，减少氯气盐雾夹带的措施。冷却后的氯气再经孟山都过滤器滤去氯气中的水雾后，进入下一级的硫酸干燥系统，该分离器捕集水雾率在 99%以上。

氯气洗涤、冷却冷凝下来的溶解有氯气的氯水，在氯气洗涤塔的氯水液位计的调节控制下，由氯水循环泵送往电解工序的脱氯系统处理。

4.2.3.2 氯气干燥

通过水雾过滤器后温度为 12～15℃的氯气，从填料干燥塔下部进入，循环酸则由酸泵从填料塔的底部抽出送至冷却器冷却到 15℃左右，从填料干燥塔上部进入与氯气进行逆流接触，以吸收氯气中含有的微量水分，塔底出酸浓度控制在 75%以上。硫酸吸收氯气中的水分而放热，这部分热量大部分由填料塔内的硫酸冷却器带走，少部分热量由氯气带走，因而出塔氯气温度会升到 18℃左右。从填料干燥塔流出的硫酸浓度降至 75%～77%，在塔内的液位计调节控制下，由干燥塔酸泵送至稀硫酸槽，稀硫酸再用稀硫酸泵送至销售岗位。

出填料干燥塔的氯气再从填料-泡罩干燥塔下部进入，氯气在填料段与塔釜液经循环酸泵送出冷却到 15℃的硫酸进行逆流接触，与 93%硫酸接触脱水后，再进入上部泡罩段，与自塔顶进入的温度约为 15℃的 98%硫酸逆流接触，进一步干燥脱除残存的绝大部分水分。经干燥后的氯气经酸捕沫器过滤其夹带的酸雾，捕集率在 99%以上，进入氯气透平压缩机内。

从储运厂酸碱站送来的 98%浓硫酸进浓硫酸储槽，用浓硫酸泵送出与冷冻水在浓硫酸冷却器中冷却至约 15℃后，进入硫酸高位槽，然后自流入泡罩干燥塔与氯气逆流接触，除去氯气中的水分，硫酸浓度降至约 93%，溢流到前一级填料干燥塔。

4.2.3.3 氯气压缩输送

通过酸捕沫器过滤的干燥氯气用氯气压缩机压缩到 0.25～0.45MPa。透平压缩机入口管设有从压缩机出口回流部分气体的旁路管，以控制吸入口的气体压力稳定和防喘振。压缩并冷却到大约 50℃的氯气，送到液氯工序液化，以保持系统平衡运行。

那么，气体又是如何实现远距离输送的呢？我们生活中气体输送机械又是怎样工作的？下面还是让我们一起走进气体输送领域，看一看如何来完成气体输送任务。

当原料或产品为气体时，我们需要对气体进行输送，气体与液体相比具有一些不同的性质，需要首先了解一下气体的相关性质。

① 密度　纯净气体的密度随压力和温度改变，是可压缩性流体，故气体的密度必须标明状态。当压强不太大、温度不太低时，可按理想气体来处理，其值可用理想气体状态方程进行计算。

$$\rho = \frac{m}{V} = \frac{pM}{RT} \tag{4-1}$$

式中　m——质量；

V——体积，m^3；

p——压强，kPa；

M——摩尔质量，kg/kmol；

R——摩尔气体常量，8.314kJ/（kmol·K）；

T——热力学温度，K；

ρ——混合气体的平均密度，kg/m^3。

用上式计算混合气体的平均密度时，应用混合气体的平均摩尔质量，即

$$\rho_{均} = \frac{pM_{均}}{RT} \tag{4-2}$$

$$M_{均} = M_A y_A + M_B y_B + \cdots + M_n y_n \tag{4-3}$$

式中，M_A，M_B，$\cdots$，M_n 分别为各组分的摩尔质量，kg/kmol；y_A，y_B，$\cdots$，y_n 分别为各组分的摩尔分数。

② 气体输送设备 气体输送机械的工作原理与液体输送机械相近，但气体为可压缩流体且密度较小，故气体输送机械的结构又有别于液体输送机械。如：（Ⅰ）气体输送机械的体积较大；（Ⅱ）气体输送管路的常用流速比液体输送管路大得多，流动阻力相对应也大得多，故要输送相同的质量流量，气体输送要求提高的压头也更高；（Ⅲ）输送过程中，设备内的温度与压强改变时，气体的体积和温度也随之而变。

气体输送机械按结构和原理可分为离心式、旋转式、往复式等；按其出口压力或压缩比，可分为以下几种。

（Ⅰ）通风机：出口表压不大于 15kPa，压缩比不大于 1.15。

（Ⅱ）鼓风机：出口表压为 15～300kPa，压缩比为 1.15～4。

（Ⅲ）压缩机：出口表压大于 300kPa，压缩比大于 4。

（Ⅳ）真空泵：在容器或设备内造成真空，出口压力为大气压或略高于大气压力，其压缩比由真空度决定。

下面了解几种较典型的气体输送设备。

a. 离心式通风机 通风机按其结构形式有轴流式和离心式两类。轴流式通风机所产生的风压较小，一般用作通风换气，而不用于气体输送；离心式通风机则较多地用于气体输送，应用十分广泛。

离心式通风机按产生风压的不同将其分为：（Ⅰ）低压离心式通风机，出口风压小于 1.0kPa（表压）；（Ⅱ）中压离心式通风机，出口风压为 1.0～3.0kPa（表压）；（Ⅲ）高压离心式通风机，出口风压为 3.0～15.0Pa（表压）。

离心式通风机的工作原理与离心泵完全相同，在蜗壳中有一高速旋转的叶轮，借叶轮旋转所产生的离心力将气体压力提高而排出。结构也大同小异，机壳也是蜗壳形（见图 4-4），壳内逐渐扩大的气体通道及其出口的截面有矩形和圆形两种（见图 4-5），一般低、中压通风机多为矩形。主要差异在于离心通风机为多叶片叶轮，且因输送流体体积大，叶轮直径一般较大、数目多而叶片较短，低压通风机的叶轮见图 4-6。通常叶片有平直、前弯和后弯几种形式，见图 4-7 所示。平直叶片一般用于低压通风机；前弯叶片可使结构紧凑，使通风机送风量大，但效率低；高效通风机的叶片一般为后弯形，故高压通风机的外形与结构更像单级离心机。

（a）性能参数与特性曲线

ⓐ 性能参数

（Ⅰ）风量 指气体通过进风口的体积流量，单位 m^3/h 或 m^3/s，以 Q 表示。

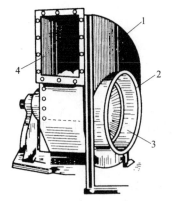

图 4-4　离心式通风机

1—机壳；2—叶轮；3—吸入口；4—排出口

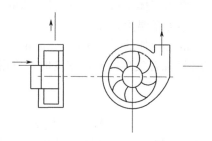

图 4-5　离心式通风机简图

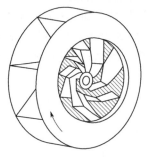

图 4-6　低压通风机的叶轮

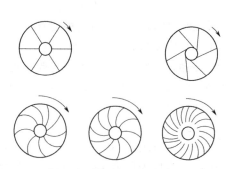

图 4-7　低压通风机的叶片

（Ⅱ）风压　指单位体积的气体流经通风机后获得的能量，常用单位为 $J/m^3 = N/m^2$（即 Pa），以 H_T 表示。由于 H_T 的单位与压强的单位相同，所以称为风压。

离心通风机对气体所提供的有效能量，常以 $1m^3$ 气体作为基准。先作能量衡算如下：取通风机进口为 1 截面、出口为 2 截面，根据以单位体积气体为基准，列柏努利方程式，可得离心通风机的风压为：

$$H_T = (z_2 - z_1)\rho g + (p_2 - p_1) + \frac{\rho(u_2^2 - u_1^2)}{2} \tag{4-4}$$

当空气直接由大气吸入通风机时，式中 ρ 及 $(z_2 - z_1)$、u_1 可视为 0，且 $(z_2 - z_1)\rho g$ 可忽略，则

$$H_T = (p_2 - p_1) + \frac{\rho u_2^2}{2} = H_p + H_k \tag{4-5}$$

式中，H_p 为通风机的静风压；H_k 为风机的动风压。

（Ⅲ）轴功率与效率

$$N_{轴} = \frac{H_T Q}{1000\eta} \tag{4-6}$$

式中，$N_{轴}$ 为轴功率，kW；Q 为风量，m^3/s；H_T 为风压，Pa；η 为效率，因按全风压测定，又称全压效率。

应用式（4-6）计算轴功率时，Q 与 H_T 必须是同一状态下的数据。

ⓑ 特性曲线　与离心泵一样，离心式通风机的特性曲线是指通风机在一定的转速下其风压、功率、效率与流量的关系曲线，一定型号的离心式通风机在出厂前，必须通过实验测

定其特性曲线。通常是在 20℃、101.3kPa 下，以空气作为工作介质进行测定，此时空气的密度为 $\rho = 1.2kg/m^3$。如图 4-8。

（b）离心式通风机的选用　离心式通风机的选用原则与离心泵完全类似。

（Ⅰ）由流体性质选择风机类型。

（Ⅱ）由管路所需风压、流量，确定具体型号。

若实际输送气体的条件与实验测定条件不同时，应将实际操作条件下的风压 H'_T 换算为测定条件下的 H_T，而后按 H_T 数据选用，若实际气体的密度为 ρ'，应按下式进行换算：

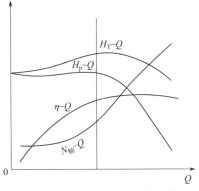

图 4-8　离心通风机的特性曲线

$$H_T = H'_T \times \frac{\rho}{\rho'} = H'_T \times \frac{1.2}{\rho'} \qquad (4-7)$$

式中，H_T 为实验条件下的风压，Pa；H'_T 为操作条件下的风压，Pa；ρ' 为操作条件下空气的密度，kg/m^3。

（Ⅲ）计算风机效率，使其在高效区工作。

b. 鼓风机　工业上常用的鼓风机主要有旋转式和离心式两种类型。

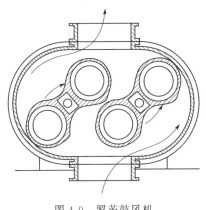

图 4-9　罗茨鼓风机

（a）离心式鼓风机（透平鼓风机）　主要结构和工作原理与离心通风机类似，但因为单级风机不可能产生较高风压，一般不超过 50kPa，所以为产生较高的风压，采用多级，其结构也与多级离心泵相似。

离心式鼓风机的送气量大，但出口表压力一般不超过 0.3kPa，压缩比不大，不需要冷却装置，各级叶轮尺寸基本相同。

（b）罗茨鼓风机　罗茨鼓风机是旋转式鼓风机中常用的一种，见图 4-9。其工作原理与齿轮泵相似。机壳内有两个腰形转子，两转子之间，转子与机壳之间间隙很小，转子能自由转动又无过多泄漏。当转子做旋转运动时，两转子的旋转方向相反，可将气体从一侧吸入，从另一侧排出。如改变转子的旋转方向，可使吸入口与排出口互换。

小贴士智慧园

（一）罗茨鼓风机属于容积式风机，即正位移型，风量与转速成正比，而与出口压力无关。

（二）出口阀不能完全关闭；流量采用旁路调节。

（三）操作温度不超过 85℃，以防转子因热膨胀而卡住。

（四）出口压强表压不超过 80kPa，出口压强太高，则泄漏量增加，效率降低。

c. 压缩机　目前工业上常用的压缩机主要有往复式和离心式两种类型。

（a）离心式压缩机（透平压缩机）　其工作原理与离心鼓风机完全相同，但离心式压缩机的叶轮级数更多，采用了更高的转速，因而产生了更高的风压。因压缩比高，温升过高，故压缩机分为几段。段间设冷却器，各段温度大致相等，叶轮直径逐段减小，叶轮宽度逐级略有减小。

与往复压缩机相比，离心压缩机具有机体体积较小，流量大，供气均匀，运动平稳，易损部件少和维修较方便，机体内无润滑油污染气体等优点。

缺点是离心式压缩机的制造精度要求极高，否则，在高转速情况下将会产生很大的噪声和振动。

🌸 **小贴士智慧园**

当离心式压缩机进气量减小到允许的最小值时，压缩机会发生喘振。因此，压缩机必须在比喘振流量大5%～10%的范围内操作。

（b）往复式压缩机　往复压缩机的构造、工作原理与往复泵相似。主要部件有：汽缸、活塞、吸气阀和排气阀。依靠活塞的往复运动和活门的交替动作将气体吸入和压出。

但往复压缩机所处理的是可压缩的气体，压缩后压强增大，体积缩小，温度升高，故压缩机的吸入和排出活门必须更加灵巧精密。为移除压缩放出的热量，降低气体的温度，还需附设冷却装置。

（Ⅰ）往复式压缩机的工作过程　以单动往复压缩机为例，首先作三点假设。

• 被压缩气体为理想气体。

• 气体流经吸气和排气阀门时，流动阻力可以忽略不计，故恒压吸气，恒压排气。

• 压缩机无泄漏。

如图 4-10（a），活塞在最右端，缸内气体状态对应图 4-10（e）中的 1 点。

如图 4-10（b），活塞开始向左移动，吸气阀自动关闭，气体被压缩，体积减小，压力增大。当压力增至排气阀外压力 p_2 时，气体状态对应于图 4-10（e）中的 2 点。状态变化如 1-2 线，该过程称为压缩过程。

如图 4-10（c），活塞继续左移时，缸内压力稍大于排出管压力 p_2，排气阀被打开，缸内气体排出至左端死点为止。此时，气体体积减至 V_3，即汽缸的余隙体积，压力仍为 p_2，状态对应于图 4-10（e）中的 3 点，为排气过程。

如图 4-10（d），活塞开始向右移动，排气阀自动关闭，因余隙气体压力大于吸入管压力 p_1，吸气阀仍关闭。存留余隙内气体随活塞右移而体积增大，压力减小，当体积增大至 V_4 时，压力相应减至 p_1，此时，缸内气体状态对应于图 4-10（e）中的 4 点，该变化过程为膨胀过程。

活塞继续右移时，缸内压力刚小于 p_1，吸气阀则自行开启，吸入管气体开始进入汽缸，缸内气体体积开始增大，压力 p_1 维持不变。活塞运行至右端死点时，体积增至 V_1，气体状态又恢复到开始的 1 点，此过程称为吸气过程。

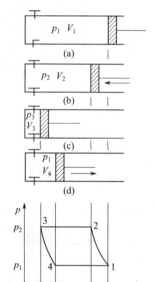

图 4-10　活塞压缩机的工作状态

由图 4-10（e）可见，压缩机的一个工作过程是由压缩、排出、膨胀和吸入四个阶段组成的。在每一个循环中，活塞在汽缸中扫过的体积为 V_1-V_3，而实际吸入的气体体积为 V_1-V_4，显然，由于余隙的存在，减少了气体的吸入量，使汽缸的利用率降低。四边形 1234 所包围的面积，为活塞在一个工作循环中对气体所做的功，其大小与压缩过程有关。

（Ⅱ）余隙系数和容积系数

● 余隙系数　余隙容积占活塞行程所扫过的汽缸容积的百分率称为余隙系数，以 ε 表示，即

$$\varepsilon = \frac{V_3}{V_1 - V_3} \times 100\% \tag{4-8}$$

● 容积系数　压缩机在一次循环过程中，吸入气体体积$(V_1 - V_4)$ 和活塞行程所扫过的汽缸容积 V_1-V_3 之比称为容积系数，以 λ_0 表示。即

$$\lambda_0 = \frac{V_1 - V_4}{V_1 - V_3} \tag{4-9}$$

如压缩循环中的膨胀过程是绝热膨胀过程，根据热力学，则有

$$V_4 = V_3 \left(\frac{p_2}{p_1} \right)^{\frac{1}{K}} \tag{4-10}$$

K 为绝热指数，无量纲。

则

$$\lambda_0 = \frac{V_1 - V_4}{V_1 - V_3} = \frac{V_1 - V_3 \left(\frac{p_2}{p_1} \right)^{\frac{1}{K}}}{V_1 - V_3}$$

$$= \frac{V_1}{V_1 - V_3} - \frac{V_3}{V_1 - V_3} \times \left(\frac{p_2}{p_1} \right)^{\frac{1}{K}}$$

$$= \frac{V_1 - V_3 + V_3}{V_1 - V_3} - \varepsilon \left(\frac{p_2}{p_1} \right)^{\frac{1}{K}}$$

$$= 1 + \varepsilon - \varepsilon \left(\frac{p_2}{p_1} \right)^{\frac{1}{K}}$$

$$\lambda_0 = 1 - \varepsilon \left[\left(\frac{p_2}{p_1} \right)^{\frac{1}{K}} - 1 \right] \tag{4-11}$$

从上式可看出：当余隙系数 ε 一定时，气体压缩比 p_2/p_1 越高，余隙气体膨胀后所占汽缸的容积也就越大，导致每一循环的吸气量越少，当 p_2/p_1 高到一定程度时，可导致 $\lambda_0 = 0$，即压缩机不能吸气，故设计压缩机时，压缩比的取值是不能太大的。

（Ⅲ）多级压缩　每压缩一次所允许的压缩比都不能太大，为了得到高压气体，压缩比太大时应采用多级压缩，每级压缩比可减小，还可提高汽缸容积利用率，避免压缩比增高时气体温度升高，导致润滑油变质，机件损坏。

多级压缩是将压缩机内的两个或两个以上的汽缸进行串联操作的过程，即气体在一个汽缸内压缩后，又送入第二个汽缸进一步压缩，经若干次压缩后达到要求的最终压力。每经过一次的压缩称为一级，连续压缩的次数或串联的汽缸数就是级数。

图 4-11 为两级压缩机示意图。

多级压缩的优点如下。

● 有利于降低排气温度　当气体进口温度与压力一定时，压缩后的气体温度随压缩比的增加而升高。多级压缩中，每级的压缩比较低，级数选择得当，可使气体的终温不超过工艺的要求。过高的气体温度会使操作恶化，破坏润滑油的性能，使润滑油的黏度降低，甚至挥发，导致润滑性能降低，使运动部件之间的摩擦加剧，增加功耗，当气体温度过高，超过润滑油的闪点时，甚至会引起润滑油着火发生爆炸。

● 降低功耗　在相同的总压缩比要求下，多级压缩采用了中间冷却器，降低了功耗。

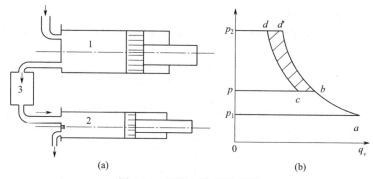

图 4-11　两级压缩机示意图

● 提高汽缸容积利用率　当余隙系数一定时，压缩比越高，汽缸容积利用率越低。如为多级压缩，则在总压缩比一定时，每级的压缩比随级数增多而减少，相应各级容积系数增大，提高了汽缸容积利用率。

● 设备的结构更为合理。

d. 真空泵　在生产过程中，有一些操作，如减压蒸馏、真空干燥等，需要在低于大气压的情况下操作，真空泵就是在负压下吸气、一般在大气压下排气的输送装置，用来维持系统要求的真空状态，可以获得绝压低于 101.3kPa 的机械设备。实际上，也是一种压缩机。

（a）与一般压缩机的区别

（Ⅰ）进气压力与排气压力之差最多也只是 $1.0133 \times 10^5 Pa$，但随着进气压力逐渐趋于真空，压缩比将要变得很高。

（Ⅱ）随着真空度的提高，设备中的液体及其蒸气也将越来越容易地与气体同时被抽吸进来，其结果是使可以达到的真空度下降。

（Ⅲ）因为所处理的气体密度很小，所以汽缸容积和功率对比就要大一些。在一般的多级压缩中，是越到高压级汽缸直径就越小，但在多级真空泵中，则通常是做成同一尺寸的汽缸。

（b）真空泵的类型　真空泵可分为干式和湿式两种。干式真空泵只能从容器中吸出干燥气体，可达到 96%～99% 的真空度；湿式真空泵在抽吸气体的同时，允许带走较多的液体，能产生 85%～95% 的真空度。

从结构分，真空度有往复式、旋转式和喷射式几种类型。下面介绍几种常见的真空泵。

（c）常见的真空泵

（Ⅰ）水环真空泵　水环真空泵的外形为圆形，壳内有一偏心安装的叶轮。水环泵工作时，泵内注入一定量的水，当叶轮旋转时，由于离心力的作用，将水甩至壳壁形成水环，使叶片间的空隙形成许多大小不同的密封室。在叶轮的右半部，这些密封室的体积扩大，气体便通过右边的进气口被吸入，当旋转到左半部，密封室的体积逐渐缩小，气体便由左边的排气口被压出。见图 4-12。

水环真空泵属于湿式真空泵，最高真空度可达 85%，此泵结构简单、紧凑，没有阀门，制造容易，维修方便，但效率低，一般为 30%～50%，而且为了维持泵内液封及冷却泵体，运转时需要不断向泵内充水。

（Ⅱ）喷射泵　喷射泵是属于流体动力作用式的流体输送机械，它是利用流体流动时动能和静压能的相互转换来吸送流体。它既可以用来吸送液体，又可以用来吸送气体。当用于抽真空时，称为喷射式真空泵。

喷射泵的工作流体，一般为水蒸气或高压水。前者称为水蒸气喷射泵（见图 4-13），后者称为水喷射泵。

当工作蒸汽在高压下以高速从喷嘴喷出时，在喷嘴处形成低压从而将气体由吸入口吸入。吸入的气体与工作蒸汽混合后进入扩散管，速度逐渐减低，压力随之升高，最后从压出口排出。

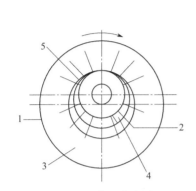

图 4-12　水环真空泵
1—外壳；2—叶片；3—水环；4—进气口；5—排气口

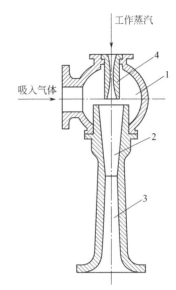

图 4-13　水蒸气喷射泵
1—混合室；2—扩散管；3—扩压器；4—喷嘴

单级水蒸气喷射泵仅能达到 90% 的真空，为了达到更高的真空度，需采用多级水蒸气喷射泵，也可以用高压空气及其他流体作为工作流体使用。

喷射泵的主要优点是结构简单，制造方便，工作压强范围广，抽气量大，适应性强（可抽吸含有灰尘以及腐蚀性、易燃、易爆的气体等），但效率低，一般只有 10%～25%。因此喷射泵多用于抽真空，很少用于输送目的。

智慧园地

● 液体输送与气体输送的本质区别在哪里？
● 在我们的日常生活中，你所见到的流体输送机械有哪几种？它们分别属于哪种类型的流体输送机械？
● 屋内的排气扇属于气体输送机械中的哪一类？

e. 工业应用案例——LYJ 系列氯气透平压缩机

（a）LYJ 系列氯气透平压缩机的结构与工作参数

（Ⅰ）基本结构　氯气压缩机主要由叶轮、扩压器、蜗壳、主轴、齿轮、轴承、轴承环与端密封和联轴器等部件组成。其型号表示为：

（Ⅱ）LYJ 系列氯气压缩机主要工作参数　见表 4-2。

表 4-2 LYJ 系列氯气压缩机主要工作参数

标准状态的流量	m³/h	1100		1470		1840		2200
入口状态的流量（30℃和0.09MPa绝压）	m³/h	1390		1850		2320		2710
适用烧碱产量	万吨/年	3		4		5		6
进气压力（绝压）	MPa	0.085～0.095						
进口温度	℃	20～35						
出口压力（绝压）	MPa	0.25～0.40						
氯气含水量		≤150mg/kg						
进出口压力比		<3.2	3.3～4.7	<3.2	3.3～4.7	<3.2	3.3～4.7	<3.2	3.3～4.7
电机功率	kW	132	160	160	200	200	200～220	250	280
电机型号		YB315××-2～YB355××-2						
主轴转速		22500～22790r/min						
机座尺寸		长2000mm×宽940mm						
质量		2.5～3.2t						

（b）工作原理　氯气压缩机是一种叶片旋转式机械，凭借叶轮的高速旋转，使气体受到离心力作用而产生压力，同时气体在叶轮、扩压器等过流元件里的扩压流动，气体速度逐渐减慢，动压转换为静压，气体压力又得到提高。

（c）LYJ 系列氯气透平压缩机流程　LYJ 系列氯气透平压缩机流程见图 4-14。

（Ⅰ）氯气系统　干燥合格（≤150mg/kg H_2O）的氯气先经酸雾捕集器将剩余的硫酸液滴及不洁物颗粒分离、过滤，进入氯压机的第一级，压缩后进入一级中间冷却器 E01。冷却后进入氯压机第二级吸入口，经压缩后从排出口排出，进入二级中间冷却器 E02，冷却后的氯气送到下游生产用氯产品的装置或氯气液化岗位。氯压机的进、出口之间设有一回流管路，出口处的高压氯气通过旁路回流阀回流到氯压机的一级入口，以调节压缩机的排气量以及防止机组喘振。

（Ⅱ）润滑油系统　透平机的输入轴端部连接有轴头泵，润滑油自底座油箱内吸入，在泵内压缩到≤0.4MPa，经单向阀至油冷却器冷却，然后进入可切换工作的过滤器，滤去杂质，再进入增速器内各润滑点，使用后润滑油经回流管回到底座油箱。停车或油压<0.08MPa时备用的齿轮油泵自动启动保证透平机的正常运转以及停车阶段的惯性运转时润滑的需要。

（Ⅲ）密封系统　LYJ 氯压机的轴封是采用四段迷宫密封结构，如图 4-15。

密封气（氮气或干燥空气）从腔室 A 注入，腔室 B 与一级进口 C 相连，腔室 F 通向大气，E 腔为氯气和氮气的混合气腔，送去废氯气处理。机器运转时，叶轮背面（腔室 D）的压力大于叶轮进口处 C 的压力，注入 A 腔氮气的压力调节到比 E 腔出口的混合气压力高0.01～0.02MPa。如此，气流的流动方向就如图 4-15 中箭头的方向所示，只要恰当地调节

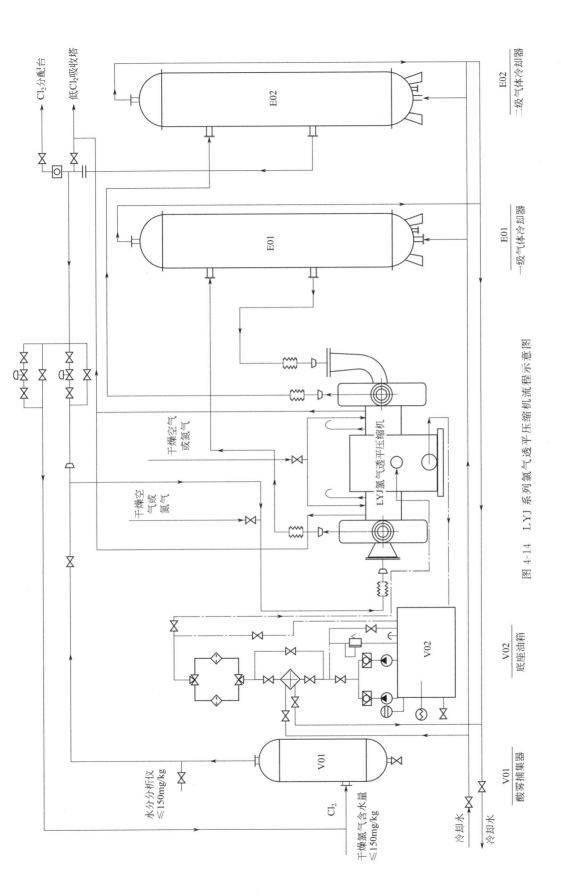

图 4-14　LYJ系列氯气透平压缩机流程示意图

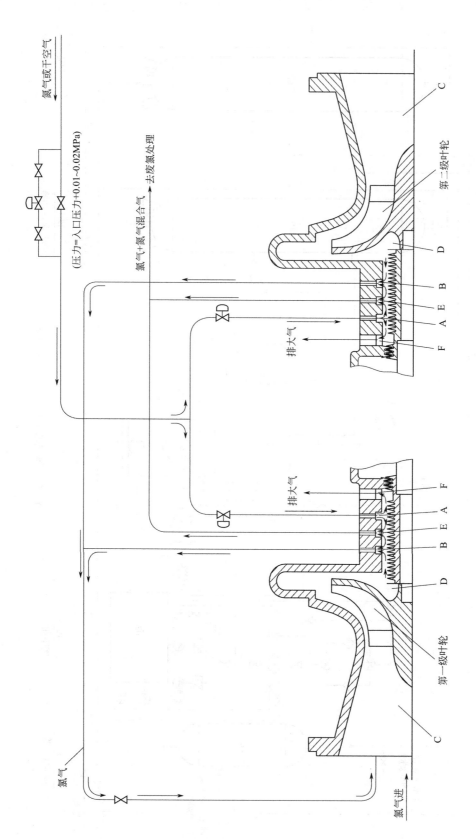

氯气或干空气

(压力=入口压力+0.01~0.02MPa)

氯气+氮气混合气 → 去废氯处理

氯气

氯气进

第二级叶轮

第一级叶轮

排大气

排大气

图 4-15 LYJ 系列氯气透平压缩机四段迷宫密封结构示意图

氮气注入的压力，就可以有效地阻隔氯气外漏到大气，限制氮气漏入机器内部的数量（正常条件下，氮气漏入氯气中的量不大于机器流量的 0.10%）。

(d) 安全装置

（Ⅰ）当发生报警时的操作控制　如果发生故障报警，必须判断出进程状态变化的情况，如果变化被判定是危险的，则应立即停止压缩机。

（Ⅱ）当发生联锁停车（跳闸）的操作（同时完成）。

- 电解槽电源应跳闸，停止制造氯气。
- 系统中剩余氯气排出至尾气吸收塔。
- 用干空气或氮气进行紧急置换并通入压缩机轴封。
- 启动辅助油泵。

（Ⅲ）润滑油系统的安全装置

- 油压控制：当油压 PS304 低于 0.08MPa 时辅助油泵启动，如油压继续下降到 0.06MPa 时报警，当供油总管压力（PIS306）<0.06MPa 联锁主电机停车。当过滤器前后压差 PdI303>0.05MPa 时报警，应当手动切换油过滤器。
- 供油温度控制：当油温低于 25℃ 报警，应使用电加热器通电加热，当油箱油温高于 35℃ 时电加热器断电停止加温；当供油总管油温大于 60℃ 时报警，应加大冷却水的流量。
- 油箱液位控制：油箱液位过低（<280mm）或过高（>380mm）发生报警信号。
- 主轴滑动轴承保护：当轴承运转温度 TIA307、TIA308>75℃ 报警。
- 主电机的过载保护：如果压缩机内部出现会引起压缩机过载的故障（如由于杂物的沉积引起转动扭矩的增加，由于放热氯化反应破坏转子引起不平衡，各个零件间隙的氯化铁和其他污垢的阻塞，轴承滞塞等现象），必须将主电机跳闸停车，以防止这种变化继续增加，以使故障不致加重。

(e) 开停车操作

（Ⅰ）第一次试运转（或大修后的试运转）前的注意事项

- 检查管道系统的负载情况，松开连接压缩机进、排气口接管与气体管的连接螺栓，检查管道侧是否对压缩机壳体施加外力。此时法兰错位量<3mm，法兰端面不平行<2mm。
- 检查系统内部是否留有灰尘、焊渣或遗留的零件。检查所有排放口是否有排放液，如有，则应拆卸这部分管件用压缩空气吹扫并用干布擦干净。
- 检查仪器仪表是否齐全、完好。
- 检查电机电源线、电控柜设备是否安全可靠。

（Ⅱ）检查准备工作

- 检查透平机仪表等附属件是否完整，盘动主机，检查有无异常声音。
- 检查冷却水路系统是否畅通。
- 检查油路系统是否畅通，检查油过滤器的开启度，启动油泵，控制油温在 30~45℃，冬天先开电加热到 30℃，控制好油压不能低于 0.2MPa，油压差不能高于 0.1MPa。

（Ⅲ）系统置换、开车

- 在油泵开启 30min 以后，全开主机回流，启动主机。运转正常后，全开去废气的排空阀，准备接收电解来的氯气。
- 调节好密封仪表气，密封气压力控制在 0.05MPa，待送氯气后再调节。
- 接调度送直流电通知后，缓慢开一点透平机入口阀，升电流过程需 2~3 人配合操作，一人调节入口与回流，调节好电解槽压力，一人逐步调节去废气阀门，控制透平机二级出口压力在 0.1~0.15MPa（表压）之间，置换干净系统内废气，同时负责调节密封气压力。

● 当系统内氯气纯度≥75%，主机电流稳定后通知液氯与盐酸，然后，缓慢开启去液氯的阀口，关去废气的阀口，至全开出口阀，全关废气阀，透平机运转正常。

（Ⅳ）运转

● 透平机运转正常后，缓慢关闭透平机本身回流，开操作室内回流，两人注意步调一致，防止电解槽压力波动。

● 根据电解槽电流，调节透平机入口。

小贴士智慧园

注意升电流过程中防止透平机的喘振与主机假负荷假电流的产生。

满负荷运转后，注意调节油温（调节冷却水量）、油压。调节好仪表气压力。

（Ⅴ）停车

● 接调度停直流电通知后，根据电解槽压力，缓慢关小透平机入口，注意保持电解槽压力稳定，开透平机本身回流，回流不能开得过快，以免主机电流出现过高。

● 电解电流降为零后，继续抽真空，接液氯倒闸通知后，在主机电流降到180A以下，通知液氯工序。然后关去液氯的阀门，开去废气处理工序的废气阀，将废气送去处理。

● 接调度停透平机的通知后，关闭透平机入口阀，缓慢开启入口干燥空气阀门，进行系统置换。

● 停主机，入口仪表气阀门等主机冷却后再关，密封气处仪表气常开，关去废气的阀门，主机停半小时后，停油泵，停冷却水，盘动主机，停车后，每小时盘动主机一次。

（Ⅵ）正常运转操作维护工作

● 定时巡回检查，记录各项运转数据，如指示值超出正常值应分析原因进行调整。

● 定期检测气体的成分，特别是要检测氯中含氢气的含量，防止气管中 H_2 含量超标。

● 定期检测气体中含水量，这是保证压缩机使用寿命的关键。

● 检查管路齿轮箱有否气体泄漏。

● 注意油压、油温及过滤器前后的压差，及时切换清洗油过滤器。

● 注意轴承温度及机器振动情况。

（Ⅶ）正常运转时仪表指示及控制值，见表4-3。

表4-3 透平机运转正常时的运行控制指标（压强显示均为表压）

名称	条件	报警条件
一级入口氯气压力	$-10\sim-15$kPa	$\leqslant-20$ kPa
氯中含水量	$\leqslant150$mg/kg	
氯中含 H_2	$\leqslant0.4\%$	
一级氯气出口压力	$0.06\sim0.21$MPa	
二级氯气出口压力	$0.15\sim0.40$MPa	
密封空气压力	$0.25\sim0.3$MPa	
密封气节流后压力	$0.07\sim0.2$MPa	$\leqslant0.08$MPa
过滤器前后压差	<0.05MPa	>0.05MPa
Cl_2 气入口温度	$25\sim30$℃	
一级 Cl_2 气出口温度	<125℃	

名称	条件	报警条件
二级 Cl_2 气入口温度	$<40℃$	
二级 Cl_2 气出口温度	$<125℃$	$>130℃$
二级冷却器后温度	$<40℃$	
供油口油温	$25\sim35℃$	$>55℃$
主机轴承温度	$45\sim65℃$	$>70℃$
主油箱液位指示		超过高位、低位报警

（Ⅷ）氯压机正常停机或检修后的保养

● 如因外部原因停机数天，则在停机日期内，必须对氯气管道和主机内部的 Cl_2 气进行置换并充以干燥的氮气或干燥空气，即打开密封气管道的阀门，通入干燥密封气。

● 如停机时间大于 10 天，重新开机前应拆除主机入口管和主机出口管，用目测观察叶轮的外露部位，是否有污垢、碰撞等缺陷。如有污垢必须清除干净。

● 用油壶对一级、二级叶轮的外露部位仔细地喷上机油，以免叶轮外露部位发生锈蚀现象。

● 用盲板将扩压器端部予以封闭。

● 拆除电机侧联轴节外保护罩，每 2 天手动盘车一次，使转子旋转，避免长期静止放置使主轴发生弯曲，此项工作，应与主机使用单位联系妥善安排好。

4.2.4 事故氯气处理

电解开停车时及各种事故状态时的氯气从一级废气吸收塔的下部进入，与经过冷却器被冷冻水冷却后的循环液逆流接触吸收。从吸收塔顶部出来的未反应完的含氯尾气再进入二级废气吸收塔，与预先配制好的约 16.4% 的碱液反应，进一步除去其中的氯，达到环保排放标准的尾气经风机排入大气。为了保证电解开停车时电解槽排出氯气总管内有稳定的负压（$-2kPa$），在风机入口处设置空气调节阀通过控制空气进入量，来维持电解槽排出氯气管负压。

从吸收塔底部出来的吸收液流入循环槽 a，由吸收塔循环泵送出经循环液冷却器冷却后返回吸收塔，与氯气继续反应，直至循环液中有效氯≥10%，然后进行循环槽的切换，即当循环槽 a 的吸收液有效氯≥10% 后即停止循环，立即改用另一个循环槽 b 的吸收液继续循环吸收氯气；接着将第一个循环槽 a 的吸收液送至液体罐区后，再向循环槽 a 中补充新的吸收液，准备下一次切换使用（a、b 两个循环槽切换使用）。

从二级废气塔底部流出的吸收液流入配碱循环槽 a，由二级废气塔循环泵送出经冷却器被冷冻水冷却后返回二级废气塔内，与含氯尾气继续进行反应。当循环液中 NaOH 含量小于 10% 后，需进行配碱循环槽切换。

4.2.5 氢气的洗涤冷却

由电解来的湿氢气，其温度约为 80℃，含水量约为 76%，进入氢气洗涤塔下部，先在下部的洗涤段与循环泵送出冷却到 40℃ 后的洗涤液，进行逆流接触，氢气被冷却到约 45℃，氢气中 75%～80% 的水分得到冷凝，并除去了氢气中所夹带的碱雾；然后氢气再经过上部的淋洗段与自塔顶进入的纯水一次喷淋洗涤以确保碱雾被完全去除。

从氢气洗涤塔顶部出来大约 45℃ 的氢气，经单向通过的氢气安全水封槽平衡压力后，进入氢气冷却器进一步用冷冻水冷却，冷却后氢气温度≤25℃。在此冷却过程中大约 70%

的水分被冷凝下来，也有一部分冷凝水成雾滴状存在于氢气气流中，通过除雾可以减少水雾和碱雾的夹带。因此冷却后的氢气需经水雾捕沫器过滤后才能进入压缩系统，以防止夹带的水雾和碱雾对氢气压缩机的腐蚀。

氢气洗涤、冷却冷凝下来的碱性水，以及加入氢气洗涤塔的纯水在氢气洗涤塔液位调节计控制下，由洗涤液循环泵送一次盐水工序作化盐水使用。

4.2.6　氢气压缩输送

经水雾捕沫器过滤后的氢气，进入气体缓冲罐再经氢气压缩机压缩至 0.03MPa，然后经缓冲罐进入氢气分配台。另有少量氢气从压缩机出口通过旁路管回流到入口气体缓冲罐，以保证压缩机入口压力稳定。在开车和事故时，进料氢气和排放氢气与氮气一道，由氢气烟囱排到大气。

氢气处理的工艺流程示意图见图 4-16。

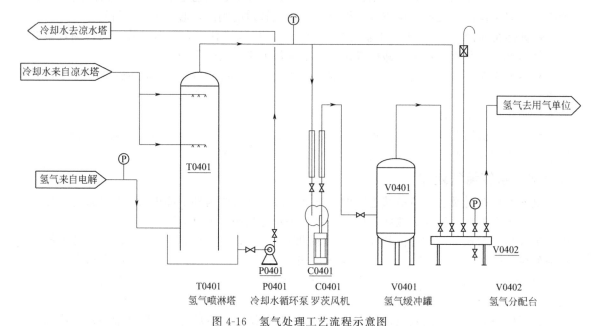

图 4-16　氢气处理工艺流程示意图

4.3　氯氢气处理开停车操作

（1）开车前的准备工作

① 氯处理系统开车前的准备工作　开车前对整个处理系统详细检查，检查设备、管道是否畅通和有无泄漏；阀门、仪表及其他零部件是否齐全、完好、可用；并与电解、液氯、废气处理等工序取得联系。氯气废气处理系统，吸收碱要满罐，碱池要满池。开动尾气吸收液循环泵，做好接收废气处理的准备工作。

请示调度准备开车。酸储罐、硫酸高位槽，要满硫酸。开启氯水循环水泵、泡罩填料塔硫酸循环泵，开泡罩塔加酸阀及各冷却器冷却水阀。

检查电机、机体、阀门、螺丝，盘车检查是否正常。打开油冷却器和中间冷却器冷却水。检查油箱油位是否符合要求，若油温度低于 25℃，应使用电加热器通电加热，当油箱油温高于 35℃时电加热器断电停止加温。检查透平机各仪器仪表是否齐全、完好。启动辅助油泵，运转 5min，供油压调到≥0.10MPa，开车后调至正常值。

194

② 氢处理系统开车前的准备工作 联系电解调度室进行开车准备，检查管路、阀门、滴水管、泵等是否完好齐全。

开氢气喷淋塔冷却水，做好接收氢气的准备。

③ 5℃水机组开车操作 检查5℃水机组设备、管路、阀门及电器是否完好，灵活好用。开氟里昂冷却水，开5℃水机组和5℃水泵，往各冷却器供5℃水。

（2）开车操作

① 透平机开车操作 关闭透平机入口阀、去液氯工序氯气阀及废氯出口阀。全开透平机回流阀，启动透平机。当电解开始送电时，三人同时操作：一人缓慢开启透平机入口阀，一人调解回流阀，把电解槽压力控制在规定范围内；另一人缓慢开启废气出口阀，控制废气出口压力为0.1MPa左右。当原氯纯度≥70%时，关闭废气出口阀，同时打开去液氯工序氯气阀。透平机运转正常后，打开回流自控阀，缓慢关闭透平机回流阀，转入正常操作。调解密封气压力，此压力应比吸入口压力高0.01~0.02MPa。

② 氢气处理开车操作 打开罗茨风机入口阀、出口阀、回流阀及系统回流阀，启动罗茨风机。电解开始升电流时，缓慢关闭罗茨风机回流阀，根据需要再适当关闭系统回流阀，控制电解槽内H_2和Cl_2的压差在（350±20）mmH_2O的范围内，控制罗茨风机的出口压力在0.03~0.035MPa范围内，等氢气纯度合格后送盐酸生产工序。

（3）停车操作

① 氯气处理系统停车操。

② 接调度和车间停车通知，马上做好停车准备。逐步打开透平机回流阀直至全开，同时打开废气出口阀，然后关闭去液氯阀门，根据停车时间或检修情况决定电解至氯氢工序氯系统置换时间，置换完毕后打开一级入口空气充气阀，关闭透平机入口阀，进一步彻底置换机组系统内的剩余Cl_2。

停主机电机，备用油泵继续运行30min后停。向主机系统充入干燥氮气保护。打开油冷却器及中间冷却器的放水阀，放净水。

③ 当遇到下列情况：氯处理系统突然停交流电；氯压机和电器严重损坏，无法维持正常生产；氯气大量外溢；外工序或本工序出现事故，造成氯处理系统爆炸，氯气外溢，氯氢处理工序当班班长有权作紧急停车处理，处理步骤：按响警铃通知氯化氢停合成炉，整流室停直流电，停合成炉要在停直流电前，马上关原氯分配台去液氯阀门，打开送废气处理的阀门，处理系统内废气，查找事故原因。

④ 停氢气泵前要联系用氢单位，通知调度安排停止供氢。电解降电流过程中，逐步打开罗茨风机回流阀，打开放空阀，关闭去盐酸送氢气阀，对氢气系统进行氮气置换后停罗茨风机。打开冷却器系统放水阀放净冷却水。

⑤ 正常运行操作注意事项

a. 氯气压缩机正常倒泵操作 正常生产中，当正在运转的透平机因故障需停机检修时，必须先按开透压机的程序，启动备用透压机；调解正常后，两人配合，在正常电解系统压力不变的情况下，关闭停泵入口，开新泵入口。待停泵入口全部关严后，按停车程序停车检修。

通过调节压力调节控制阀的开启度，来保持电解槽压力内平稳。特别是在开停车、停送电时尤为重要。电解槽内氯气正压时关小调节阀的开度，减少氯气的回流量；而当负压大时，则应开大调节阀的开度，增加氯气的回流量。在突然停直流电时，应马上全部打开调节阀，用泵入口调节电解氯总管压力呈微负压，防止空气被大量抽入影响氯气纯度。氯压调节十分重要，用手动调节时，必须专人负责。

b. 氢气压力的调整　保持电解槽内 H_2 和 Cl_2 的压差在（350±20）mmH_2O 的范围内，要认真操作。

c. 巡回检查　每15min巡回检查一次，每小时、每班按操作记录要求记录一次。

每小时记录的项目有：洗涤冷却塔进、出氯气温度，干燥塔出口氯气温度和出口氯气真空度，干燥塔出塔硫酸的密度；总管氯气压力、原氯压力、氯压机的运转电流、主机温度，每班记录一次耗硫酸量和耗碱液量，每日记录一次耗水量，每周记录一次氯中含水。

巡回检查冷却塔，氢气、氯气管道，是否有堵塞现象，并及时处理，畅通无泄漏。检查干燥塔的下酸是否正常，及时调节处理；检查干燥塔的硫酸浓度降低情况，若低于规定标准时，应及时调整硫酸流量。检查电动机和其他运转设备运转情况，如有不正常，应立即找电工、维修工及时检查处理。检查氯压机的机械密封情况，若发现问题要及时查明原因处理。检查密封气压力是否控制在规定范围内；检查油温、油压及过滤器前后压差是否正常，若发现问题及时处理。检查氯气纯度损失，氯气中含氢、氯中含水，若不符合要求，应及时让化验员取样分析后，做出处理。

4.4　氯氢气处理过程的正常工艺条件

见表4-4。

表4-4　氯氢气处理过程的正常工艺条件一览表

序号	设备名称	工艺条件名称	单位	控制范围	计量仪表	备注
1	氯气总管	压力	Pa	−30～−50	压力计	
2	原氯总管	压力	MPa	0.12～3.30	压力计	
3	氯气冷却器	出口温度	℃	12～16	温度计	
4	填料塔	氯气出塔温度	℃	35～45	温度计	
5	泡罩塔	氯气出塔温度	℃	小于60	温度计	
6	透平机	电机运行电流	A		电流表	
7	透平机	电机温度	℃	小于60	温度计	
8	透平机	供油温度	℃	25～35	温度计	
9	透平机	油压	MPa	0.07～0.2	压力表	
10	透平机	过滤器前后压差	MPa	<0.05		
11	透平机	密封气压力		比一级入口压力高 0.01～0.02MPa		
12	透平机	中间冷却器出口温度		<120℃		
13	氢气总管	压力	Pa	0～50	压力计	
14	罗茨风机	电机温度	℃	小于60	温度计	
15	罗茨风机	氢气出口压力	MPa	0.03～0.035	压力计	
16	罗茨风机	出塔氢气温度	℃	小于40	温度计	

4.5　氯氢气处理过程的生产正常控制指标

见表 4-5。

表 4-5　氯氢气处理过程的生产正常控制指标

序号	控制项目	控制指标	取样地点	取样周期	分析方法
1	送出原料氯气	原氯纯度≥93.0% 纯度损失≤1.0%	原氯缓冲罐	一班四次	化学方法
2	出干燥塔硫酸	H_2SO_4 含量 75% ~ 78%，相对密度 1.641	干燥塔	一班一次	化学方法
3	废气塔循环碱液中次氯酸钠含碱	NaOH≤2%	循环池	一批一次	化学方法

4.6　氯氢气处理过程的不正常现象的原因和处理方法

（1）透平机性能下降，流量、压力达不到要求。

故障原因：叶轮腐蚀；由于污垢沉积在叶轮及壳体上，阻塞气体通道；由于酸雾捕集器阻塞使气体吸入压力降低；气体温度上升；迷宫密封间隙增加；气体纯度下降；计量仪表腐蚀指示值不正确；电机运转不正常，阻力增加。

处理措施：防止湿氯气进入或更换叶轮；拆卸清洗；清洗、检查和清洗气体冷却器，检查旁通路通量；更换迷宫密封；检查电解单元及吸入管有否空气吸入；更换或修理仪表；检查电机转子及轴承。

（2）轴承油度上升。

故障原因：氯气使润滑油变质，润滑性能下降；润滑油中杂物增加，滤网阻塞；轴承巴氏合金腐蚀，轴承间隙加大，由于油中杂质多增大磨损。

处理措施：防止气体泄漏，更换润滑油；检查清洗各零件；防止气体泄漏，更换轴承。

（3）振动增大。故障原因：由于水和热使转子不平衡；由于污垢沉积使转子不平衡；轴承故障；联轴器对中不好；迷宫密封组件与其他零件接触；干燥气体置换系统时，负荷突然增大。

处理措施，防止水和热；防止污染和拆开清洗；更换轴承；重新校正对中；调整间隙；缓慢操作阀门防止突变。

（4）不正常的声音。

故障原因：由于齿轮齿面腐蚀转动精度降低产生的声音；由于金属氧化产生不正常声音；由于湿气产生腐蚀，滚动轴承的损坏。

处理措施：重新加工齿面；防止热；防止湿气；更换轴承。

（5）主机发生喘振。

故障原因：进、出口阀及回流阀调节不适当。

处理措施：适当调节进、出口阀及回流阀。

（6）漏气。

故障原因：迷宫密封的密封气体，压力调节不适当；吸入压力波动；密封气量不足；气

197

体管路突然热膨胀，垫片密封不好；管子腐蚀开裂。

处理措施：随时调节；检查干燥空气气源；缓慢操作阀门，更换垫片；防止湿气和热；更换管件。

（7）迷宫密封气体平衡不能调节。

故障原因：迷宫密封间隙太大；调节阀失灵；干空气量不足。

处理措施：如磨损更换迷宫密封或轴套；检查调节阀；检查气源。

（8）漏油。

故障原因：轴承间隙增大；轴承油槽装反；在轴承端盖 O 形圈失效；增速器连接螺栓未拧紧；增速器部分或与密封结合面有杂物。

处理措施：更换轴承；重装轴承；更换 O 形圈；拧紧螺栓；清洗并涂上密封胶。

（9）电解槽阳极室内氯气压力突然正压，U 形取压压力管向外冒氯气。

故障原因：泵或泵前设备系统有漏气现象；泵前系统设备被杂物阻塞；泵入口阀门芯子脱落；一台泵突然跳闸；直流电流突然升高，泵吸力不够。

处理措施：换泵；检查设备、管道及接头配件，阀门及泵密封等；检查原因，清洗堵塞部分，修理氯气入口阀门；换泵；多开一台泵。

（10）氯气入口处真空度大，U 形取压压力管向内吸气。

故障原因：电流突然降低；泵抽力过高；原氯压力降低太快。

处理措施：开大氯气压力调节阀，关小泵入口阀门。

（11）泡罩塔积酸。

故障原因：筛板孔眼堵塞；泡罩塔前设备或管道堵塞；放酸管道堵塞；氯气流量过大，超过泡罩塔负荷；加酸量过大；氯气冷却效果不好，进塔温度较高。

处理措施：停车清洗筛板；清除塔前设备或管道故障；清理放酸管；换塔；减小进酸量；加大冷却水，使氯气进塔温度在 35℃ 以下。

（12）氯中含水超过规定。

故障原因：泡罩塔用酸稀；加酸量太小或断酸；氯气流量太小或太大，泡罩塔不起泡；进塔氯气温度高，含水量大。

处理措施：检查硫酸浓度并换之；注意调节硫酸量；控制好透平压缩机泵吸力稳定；注意检查冷却器内 5℃ 水的流量与温度，调节流量与温度以降低氯气的温度。

（13）氢气正压。

故障原因：管道或设备堵塞；整流室电流突然升高；一台氢气泵吸力小。

处理措施：清理管道或设备；调节回流阀或开大电解处的氢气放空阀或倒泵。

（14）氢气管着火。

故障原因：设备或管路漏氢气时遇到火种。

处理措施：严禁停车，应保持管路正压，用灭火机或湿布盖死，与空气隔绝，将火焖死。

（15）氢气突然负压很大。

故障原因：整流室突然降电流或者整流室跳闸。

处理措施：拉响警铃，以通知氯化氢紧急停车，同时关小氢气泵入口阀门。

4.7　氯氢气处理工作过程的原始记录

见表 4-6。

表 4-6 氯氢气处理工序操作原始记录

年　月　日

时间	电解电流/A	原氯压力/MPa	氯压机 电机电流/A	氯压机 温度/℃	氯压机 电机电流/A	氯压机 温度/℃	总管温度/℃	一级氯冷出口温度 1#/℃	一级氯冷出口温度 2#/℃	二级出口温度/℃	填料出口/℃	泡罩出口/℃	1#冷水机组 吸气压力/MPa	1#冷水机组 排气压力/MPa	2#冷水机组 吸气压力/MPa	2#冷水机组 排气压力/MPa	低温水 上水温度/℃	低温水 回水温度/℃	氢压机 电机电流/A	氢压机 电机温度/℃	氢压机 电机电流/A	氢压机 电机温度/℃	罗茨风机 电机电流/A	罗茨风机 电机温度/℃	原氢压力/MPa
8:00																									
9:00																									
10:00																									
11:00																									
12:00																									
13:00																									
14:00																									
15:00																									
16:00																									
17:00																									
18:00																									
19:00																									
20:00																									
21:00																									
22:00																									
23:00																									
0:00																									
1:00																									
2:00																									
3:00																									
4:00																									
5:00																									
6:00																									
7:00																									

指标＼时间	氯气总管纯度/%	原氯纯度/%	氢气纯度/%	氯中含氢 总管/%	氯中含氢 原氯/%	氯中含水/%
白班						
夜班						

时间		
1:00		
5:00		
9:00		
13:00		
17:00		
21:00		

生产纪事　白班：

夜班：

值班人员

值班人员

4.8　氯氢气处理工作岗位上的安全要领

（1）操作人员防护要点　上班必须穿戴齐劳动防护用品，操作酸碱必须戴眼镜、胶手套。

氢气是易燃易爆品，所以在操作室及厂房内，严禁动火、吸烟。电气设备要防爆。如果必须动火检修时，必须办理动火手续。

氢气系统动火前必须进行彻底置换，取样合格后（含氢低于0.07%），方能动火。操作电器设备要手臂干燥，如阴天下雨应戴胶手套，电气设备发生故障，应及时联系电工处理，不要乱动。不准用金属物疏通能产生爆炸气体的管道和设备，如尾气塔、氢气系统等。

开动转动设备，一定要注意有无人检查和维护，靠背轮要盖防护罩，设备转动时，其转动部分不搞卫生。

电机和设备要有安全接地线。

氯气是强烈刺激性气体，能够引起人体中毒甚至死亡，所以操作时，要加强责任心，控制好氯气压力，加强设备维护检查。上班时一切防护用品都准备好，以防事故发生。如发生氯气中毒，应立即送往空气新鲜、安静、保暖处，配合医务人员进行对症处理。

浓硫酸具有强吸水性、氧化性和腐蚀性，所以在操作时一定要穿戴好防护用品；如果被灼伤，必须迅速擦掉浓酸并及时冲洗，结合药物进行治疗。

（2）防火、防爆注意事项　电器着火时，用二氧化碳、化学干粉、砂土等灭火。本工序的氢气是易燃易爆物品，它与空气、氯气等都易生成爆炸混合气体，所以一定要认真操作，严格控制杜绝事故发生。操作室和厂房内严禁动火、吸烟。动火前必须采用惰性气体进行彻底置换，取样合格后，方能动火。

4.9　氯氢气处理工作过程化工仿真实训

（1）压缩机单元实训　让学生在模拟的环境下，熟悉压缩机的工作过程以及基本操作方法，经过反复操作，提高对装置性能的把握和理解。使学生能熟悉压缩机的结构与操作方法，并能完成独立操作；会进行压缩机开车前的准备和正常运行维护保养工作；能熟练掌握压缩机工作的基本原理，提高对压缩机装置运行状态的表述。

（2）岗位操作仿真实训　利用与企业联合开发的氯氢气处理的模拟仿真实训操作，通过对实际生产操作的反复操作训练，从根本上能加深对该生产工艺过程的理解，提高对装置生产过程的感性认识，使学生能独立完成部分生产仿真实训的操作，并能进行简单的异常生产情况分析，提出分析和解决问题的措施。在边训练、边学习的基础上，学会气体洗涤、冷却、干燥和压缩输送的操作方法。

4.10　工作任务总结与提升

本生产岗位上共完成了两项基本生产任务，做好了精制盐水电解生产任务后续工作，顺利完成了工作任务。对完成本岗位生产任务具体总结，见图4-17、图4-18。

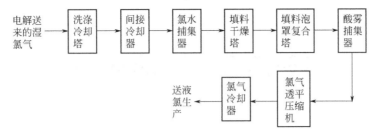

图 4-17 氯气处理过程工艺流程框图

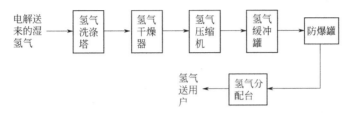

图 4-18 氢气处理过程工艺流程框图

4.11 做中学、学中做岗位技能训练题

(1) 氯气处理系统应有哪些安全措施？

(2) 为什么不宜全部采用氯气直接冷却流程？

(3) 设置氯气紧急处理装置的目是什么？在哪几种情况下需要进行氯气紧急处理？

(4) 透平压缩机发生喘振或倒吸的原因是什么？应如何进行调整？

(5) 简述氯氢处理的主要目的和任务。

(6) 简述氯气透平机开停车过程。

(7) 简述透平压缩机的主要构成部件名称。

(8) 简述氯气处理开车操作程序。

(9) 简述氯气处理正常运行过程中的操作运行稳定的要领。

(10) 请叙述氯气处理的停车操作程序。

(11) 简述湿氢气和湿氯气为什么要进行干燥处理。

(12) 简述氢气处理的开停车操作程序。

(13) 氯气干燥过程中采用了什么物质作为干燥剂？并说明其干燥机理。

(14) 试述氯气处理过程中常出现哪些不正常现象？应怎样进行处理？

(15) 氯气对人体有哪些危害？一旦发生氯气中毒怎样进行救护？

(16) 氢气洗涤处理塔中出现的水垢如何清除？

任务 5　液氯生产

能力目标

- 能认知氯气和液氯产品。
- 能读懂液氯生产工艺流程图。
- 能识别液氯冷冻机机组组成名称。
- 能分析液氯生产过程的异常问题原因，并能初步提出处理问题的措施。
- 能在团队的集体努力下，做好液氯生产的开停车操作。
- 能读懂液氯制冷系统的工艺流程图。
- 能做好液氯充装准备工作。
- 能在师傅的指导下进行液氯产品的充装工作。
- 会做好岗位操作原始记录的填写。

知识目标

- 了解液氯生产的基本方法及其生产工艺控制条件选择的依据。
- 熟练掌握液氯产品的规格、性质和用途。
- 熟练掌握液氯生产和液氯冷冻的工艺流程叙述。
- 熟练掌握冷冻操作的基本知识。
- 熟练掌握冷冻机的制冷工作原理。
- 熟练掌握岗位的安全防护知识。
- 熟练掌握氯气液化时物料进出的变化过程。

5.1　生产作业计划——液氯生产工作任务

　　根据离子膜烧碱厂领导的安排，要求液氯生产工序的员工立即上岗，准备接受氯气处理工序的冷却和干燥后送到我们工序来电解产生的氯气，需要我们进行氯气液化以制取液氯的工作任务。为完成工作任务，我们需要合理组织班组员工，做好液氯生产准备工作，更好地投入到生产工作中去，由各班人员按照岗位操作法和岗位生产工艺操作规程的要求，去落实液氯生产的各项准备，车间将根据岗位上的操作人员在工作中的工作表现与工作业绩，通过经济责任制考核任务完成的情况。

5.2　液氯生产任务完成工作过程

5.2.1　液氯液化目的与方法

　　随着精细化学品生产技术等生产技术的快速发展，液氯的应用领域越来越广泛，从水处理消毒剂、纺织造纸漂白剂，到有机合成与精细化工领域内，以及有机氯化物与农药产品等。那么如何安全制取液氯产品，如何进行液氯充装输送，多年来都纳入了氯碱行业不断研究和探讨的重要课题范围内。所以液氯充装生产工艺和设备装置也得到了快速发展，其技术水平已逐步接近了发达国家液氯生产充装水平。

5.2.1.1 氯气液化目的

（1）液氯的性质 化学名称液态氯，分子式 Cl_2，相对分子质量 70.91，为黄色微橙的油状液体，有毒，在 15℃时相对密度为 1.4256。在标准状况下，-34.5℃沸腾，在-101.5℃时凝固，如遇水分会对钢铁有强烈的腐蚀性。

液氯为基本化工原料，可用于冶金、纺织、造纸等工业，并且是合成盐酸、聚氯乙烯、塑料、农药的原料。用高压钢瓶包装，净重有 500kg 和 1000kg 两种规格，应储于阴凉干燥通风处，要防火、防晒、防热。

其合格品的指标为 $Cl_2 \geqslant 99.6\%$，$H_2O \leqslant 0.040\%$。在常温常压条件下，液氯极易汽化，沸点（液化点）为-34.5℃（$101.32 \times 10^3 Pa$）；一个体积液氯可汽化成 457.6 体积的氯气（$101.32 \times 10^3 Pa$，273K）；1kg 液氯可汽化成 $0.31m^3$ 氯气。

（2）目的

① 满足一些氯产品对极高纯度氯气生产的需要。一般经干燥处理过的氯气纯度在 97%以下，其中尚含有二氧化碳、氮气、氢气、氧气及微量有机杂质等。这样的氯气不符合某些产品对氯气纯度的要求，故采用将氯气液化再汽化的办法，以提供高纯度氯气，其纯度高达99.6%以上。

② 缩小体积，便于远距离输送。气体在常压下体积很大，如果将气氯变成液氯以后，体积可大大缩小，这样便于装入容器中作远距离输送。

③ 平衡电解氯化钠溶液的产物，稳定生产。

5.2.1.2 氯气液化方法

常用的氯气液化生产液氯的方法有低温低压法、中温中压法和高温高压法。低温低压法又分为氨-氯化钙法和氟里昂法。国内早期液氯生产多采用氨-氯化钙低温低压法，由于该法以氯化钙盐水做冷媒，二次传热，致使能耗高、设备体积庞大、腐蚀严重，逐渐被氟里昂直冷法替代。目前，国内仍有部分企业采用低温低压法工艺。最近几年，随着氯碱生产技术的迅猛发展，烧碱产量从 2001 年的 693.9 万吨达到 2009 年的 2300 万吨，9 年内增长了将近 4倍，液氯产量也大幅度提高。部分氯碱企业引进或自主开发了更为先进的中温中压法、高温高压法的液氯生产工艺。

氯气液化的意义十分明显，液氯生产技术与操作水平的高低对整个氯碱生产过程的顺利程度，平衡氯碱生产系统氯气压力，避免氯气对环境污染，都会产生直接影响。

5.2.2 氯气液化工艺流程

5.2.2.1 氯气液化工艺流程图

氯气液化的工艺流程图见图 5-1。

5.2.2.2 氯气液化工艺流程叙述

① 液氯生产工艺流程 由氯气处理工序送来的原料氯气进入原氯分配台，氯气从分配台进入氯气液化槽。在液化槽内氯气与氟里昂进行热交换，氟里昂汽化过程中通过间壁冷却氯气，氯气的热量被带走后温度降低，经气液分离器后，液氯进入液氯储罐，尾气去尾气分配台。分配台内的尾气配上一定量的原氯后一般去盐酸工序生产合成盐酸；另一路尾气去尾气吸收塔。液氯储罐内的液氯经屏蔽泵加压后送至充装岗位进行液氯充装，液氯充装工艺过程见图 5-2。

② 氟里昂制冷工艺流程 氟里昂储罐内的液氟经节流阀，充入氯气液化槽的壳程内，

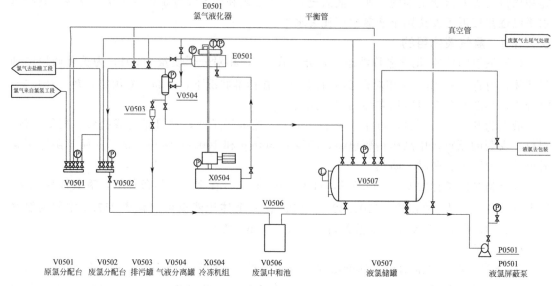

图 5-1 氯气液化工艺流程图

V0501 原氯分配台 V0502 废氯分配台 V0503 排污罐 V0504 气液分离罐 X0504 冷冻机组 V0506 废氯中和池 V0507 液氯储罐 P0501 液氯屏蔽泵

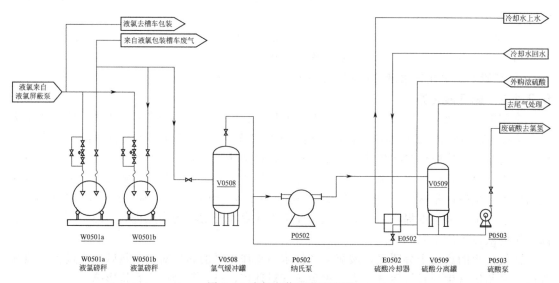

图 5-2 液氯充装工艺流程图

W0501a 液氯磅秤 W0501b 液氯磅秤 V0508 氯气缓冲罐 P0502 纳氏泵 E0502 硫酸冷却器 V0509 硫酸分离罐 P0503 硫酸泵

汽化后低压氟里昂被冷冻机加压后，送进氟里昂冷凝器内，被循环冷却水冷却降温，液化为高压液氟，流入氟储罐循环利用。

5.2.3 氯气液化工作条件

冷冻（制冷）是指用人为的方法将物料温度降到低于周围介质温度的单元操作，在工业生产中得到广泛应用。例如，在化学工业中空气的分离、低温化学反应、均相混合物分离等生产过程；石油化工中，石油裂解气中分离出的液态乙烯、丙烯则要求在低温下储存、运输；食品工业中冷饮品的制造和食品的冷藏；医药工业中一些抗生素剂、疫苗血清等须在低温下储存；在化工、食品、制纸、纺织和冶金等工业生产中回收余热等领域得到了广泛应用。

（1）制冷的分类

① 按制冷过程分类

a. 蒸气压缩式制冷　简称压缩制冷。制冷目前应用最多的是蒸气压缩式制冷。它是利用压缩机做功，将气相工质压缩、冷却冷凝成液相，然后使其减压膨胀、汽化（蒸发），以从低温热源取走热量并送到高温热源的过程。此过程类似用泵将流体由低处送往高处，所以有时也称为热泵，见图 5-3。

b. 吸收式制冷　利用某种吸收剂吸收自蒸发器中所产生的制冷剂蒸气，然后用加热的方法在相当冷凝器的压强下进行脱吸。即利用吸收剂的吸收和脱吸作用将制冷剂蒸气由低压的蒸发器中取出并送至高压的冷凝器，用吸收系统代替压缩机，用热能代替机械能进行制冷操作。

工业生产中常见的吸收制冷体系有：氨-水系统，以氨为制冷剂，水为吸收剂，比如，应用在合成氨生产中，将氨从混合气体中冷凝分离出来；水-溴化锂溶液系统，以水为制冷剂，溴化锂溶液为吸收剂，已被广泛应用于空调技术中。

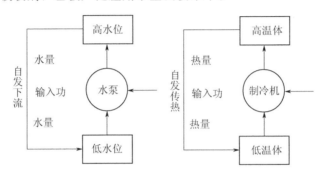

图 5-3　水泵与制冷机的类比

② 制冷程度分类

a. 普通制冷　制冷的温度范围在 173K 以上。

b. 深度制冷　制冷温度范围在 173K 以下。从理论上讲，所有气体只要将其冷却到临界温度以下，均可使之液化。因此，深度制冷技术也可以称作气体液化技术。在工业生产中，利用深冷技术有效地分离了空气中的氨、氧、氩、氖及其他稀有组分；成功地分离了石油裂解气中的甲烷、乙烯、丙烷、丙烯等多种气体。现代医学及其他高科技领域也广泛应用深冷技术。

（2）制冷的基本原理

① 制冷循环

a. 制冷原理　制冷操作是从低温物料中取出热量，并将此热量传给高温物体的过程。根据热力学第二定律，这种传热过程不可能自动进行。只有从外界补充所消耗的能量，即外界必须做功，才能将热量从低温传到高温。

液体汽化为蒸气时，要从外界吸收热量，从而使外界的温度有所降低，而任何一种物质的沸点（或冷凝点），都是随压力的变化而变化，如氨的沸点随压力变化的情况见表 5-1。

表 5-1　氨的沸点与压力的关系

压力/kPa	101.325	429.332	1220
沸点/℃	−33.4	0	30
汽化热/(kJ/kg)	1368.6	1262.4	114.51

从表 5-1 中可以看出，氨的压力越低，沸点越低；压力越高，沸点越高。利用氨的这一

特性，使液氨在低压（101.325kPa）下汽化，从被冷物质中吸取热量降低其温度，而达到使被冷物质制冷的目的的。同时将汽化后的气态氨压缩提高压力（如压缩至1220kPa），这时气态氨的冷凝温度（30℃）高于一般冷却水的温度，因此可用常温水使气态氨冷凝为液氨。

因此，制冷是利用制冷剂的沸点随压力变化的特性，使制冷剂在低压下汽化吸收被冷物质的热量降低其温度达到被冷物质制冷目的的，汽化后的制冷剂又在高压下冷凝成液态。如此循环操作，借助制冷剂在状态变化时的吸热和放热过程，达到制冷的目的。

b. 制冷循环　制冷循环是借助一种工作介质——制冷剂，使它低压吸热，高压放热，而达到使被冷物质制冷的循环操作过程。

在制冷循环中的制冷剂，由于低压气体必须通过压缩做功才能变成高压气体，即外界必须消耗压缩功，才能实现制冷循环。如果把上述的制冷循环，用适当的设备联系起来，使传递热量的工作介质——制冷剂（氨）连续循环使用，就形成一个基本的蒸气压缩制冷的工作过程，见图5-4的制冷循环。

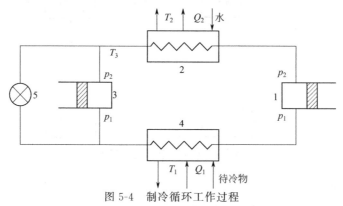

图 5-4　制冷循环工作过程

1—压缩机（又称冷冻机）；2—冷凝器；3—膨胀机；4—蒸发器；5—节流阀

理想的制冷循环（逆卡诺循环）由可逆绝热压缩过程（压缩机）、等压冷凝过程（冷凝器）、可逆绝热膨胀过程（膨胀机）、等压等温蒸发过程（蒸发器）等组成。理想制冷循环，它是假定循环过程中不存在任何损失，循环过程是可逆的，这样做的目的是便于用热力学的方法对制冷循环进行分析。而实际制冷循环如下。

实际上，制冷的循环存在着多方面的不可逆损失，导致实际循环制冷能力下降，外功增加。

在制冷方面，蒸气压缩制冷循环占有重要地位，为便于理解和节省篇幅，这里主要讨论蒸气压缩制冷的实际循环。

蒸气压缩实际制冷循环的特征：蒸气压缩制冷的实际循环中的压缩、冷凝、节流和蒸发过程都是不可逆过程，存在诸多不可逆损失。这是区别于理想循环的特征，主要表现在以下几个方面。

（Ⅰ）实际蒸气压缩过程不是绝热过程，有不可逆损失。在实际压缩过程中，制冷剂的蒸气温度与压缩机汽缸的壁温不一样，存在着热量传递，但不是绝热过程。另外，压缩过程中，机械设备内部必然有摩擦，消耗功。因此实际压缩过程是不可逆的。

（Ⅱ）等温冷凝过程和蒸发过程的热量交换是在有温差的情况下进行的，也是不可逆过程。在冷凝器内，冷凝温度实际上要高于环境介质温度。在蒸发器内蒸发温度要低于被冷却物体的温度。这都要使实际传热过程维持一个合理的温差，一方面保证传热速率，另一方面也不至于需要太大的传热面积。

（Ⅲ）液态制冷剂节流过程本身也是不可逆过程。节流时存在摩擦阻力，节流后实际气体或液体的熵必然增加，它是一个不可逆过程，将引起外功损耗，制冷能力下降。

（Ⅳ）制冷剂在系统中的流动阻力，也使循环不可逆损失增加。

（Ⅴ）实际制冷循环的操作条件也有特殊性。压缩过程中吸入的是饱和蒸气或稍过热的蒸气，防止湿蒸气中液滴对压缩的影响；压缩后排出的为过热蒸气。

在整个制冷循环过程中，氨作为工作介质（制冷剂），完成从低温的冷冻物质中吸取热量转变给高温物质（冷却水）的任务。制冷循环过程的实质是由压缩机做功，通过制冷剂从低温热源取出热量，送到高温热源。

② 制冷系数　制冷系数是制冷剂单位时间内从被冷物料所取出的热量与所消耗的外功之比，以 ε 表示。

$$\varepsilon = \frac{Q_1}{N} \tag{5-1}$$

$$N = Q_2 - Q_1 \tag{5-2}$$

式中　Q_1——从被冷物料中取出的热量，kJ/s；

　　　N——制冷循环中所消耗的机械功，kJ/s；

　　　Q_2——传给周围介质的热量，kJ/s。

上式表明，制冷系数表示每消耗单位功所制取的冷量。

制冷系数是衡量制冷循环优劣、循环效率高低的重要指标。其值越大，表明外加机械功被利用的程度越高，制冷循环的效率越高。

对于理想循环过程，制冷系数可按下式计算：

$$\varepsilon = \frac{T_1}{T_2 - T_1} \tag{5-3}$$

由式（5-3）可知，对于理想制冷循环来说，制冷系数只与制冷剂的蒸发温度和冷凝温度有关，与制冷剂的性质无关。制冷剂的蒸发温度越高，冷凝温度越低，制冷系数越大，表示机械功的利用程度越高。实际上，蒸发温度和冷凝温度的选择还要受别的因素约束，需要进行具体的分析。

③ 操作温度的选择　制冷装置在操作运行中重要的控制点有蒸发温度和压力、冷凝温度和压力、压缩机的进出口温度、过冷温度及冷却温度。

a. 蒸发温度　制冷过程的蒸发温度是指制冷剂在蒸发器中的沸腾温度。实际使用中的制冷系统，由于用途各异，蒸发温度各不相同，但制冷剂的蒸发温度必须低于被冷物料要求达到的最低温度，使蒸发器中制冷剂与被冷物料之间有一定的温度差，以保证传热所需的推动力。这样制冷剂在蒸发时，才能从冷物料中吸收热量，实现低温传热过程。

若蒸发温度 T_1 高时，则蒸发器中传热温差小，要保证一定的吸热量，必须加大蒸发器的传热面积，增加了设备费用，但功率消耗下降，制冷系数提高，日常操作费用减少。相反，蒸发温度 T_1 低时，蒸发器的传热温差增大，传热面积减小，设备费用减少，但功率消耗增加，制冷系数下降，日常操作费用增大。所以，必须结合生产实际，进行经济核算，选择适宜的蒸发温度。蒸发器内温度的高低可通过节流阀开度的大小来调节，一般生产上取蒸发温度比被冷物料所要求的温度低 4～8K。

b. 冷凝温度　制冷过程的冷凝温度是指制冷剂蒸气在冷凝器中的凝结温度。影响冷凝温度的因素有冷却水温度、冷却水流量、冷凝器传热面积大小及清洁度。冷凝温度主要受冷却水温度的限制，由于使用的地区不一和季节的不同，其冷凝温度也不同，但它必须高于冷却水的温度，使冷凝器中的制冷剂与冷却水之间有一定的温度差，以保证热量传递。即使气态制冷剂冷凝成液态，实现高温放热过程。通常取制冷剂的冷凝温度比冷却水高 8~10K。

c. 操作温度与压缩比的关系　压缩比是压缩机出口压强 p_2 与入口压强 p_1 的比值。压缩比与操作温度的关系如图 5-5。当冷凝温度一定时，随着蒸发温度的降低，压缩比明显加大，功率消耗先增大后下降，制冷系数总是变小，操作费用增加。当蒸发温度一定时，随着冷凝温度的升高，压缩比也明显加大，消耗功率增大，制冷系数变小，对生产不利。

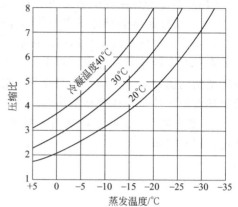

图 5-5　氨冷凝温度、蒸发温度与压缩比之间的关系

因此，应该严格控制制冷剂的操作温度，蒸发温度不能太低，冷凝温度也不能太高，压缩比不至于过大，工业上单级压缩循环压缩比为 6~8。这样就可以提高制冷系统的经济性，发挥较大的效益。

d. 制冷剂过冷　制冷剂的过冷就是在进入节流阀之前将液态制冷剂温度降低，使其低于冷凝压力下所对应的饱和温度，成为该压力下的过冷液体。由图 5-5 可以看出，若蒸发温度一定时，降低冷凝温度，可使压缩比有所下降，功率消耗减小，制冷系数增大，获得较好的制冷效果。通常取制冷剂的过冷温度比冷凝温度低 5K 或比冷却水进口温度高 3~5K。

工业上常采用下列措施实现制冷剂的过冷。

（Ⅰ）在冷凝器中过冷　使用的冷凝器面积适当大于冷凝所需的面积，当冷却水温度低于冷凝温度时，制冷剂就可得到一定程度的过冷。

（Ⅱ）用过冷器过冷　在冷凝器或储液器后串联一个采用低温水或深井水作冷却介质的过冷器，使制冷剂过冷。此法常用于大型制冷系统之中。

（Ⅲ）用直接蒸发的过冷器过冷　当需要较大的过冷温度时，可以在供液管通道上装一个直接蒸发的液体冷却器，但这要消耗一定的冷量。

（Ⅳ）回热器中过冷　在回气管上装一个回热器（气、液热交换器），用来自蒸发器的低温蒸气冷却节流前的液体制冷剂。

（Ⅴ）在中间冷却器中过冷　在采用双级蒸气压缩制冷循环系统中，可采用中间冷却器内液态制冷剂汽化释放出的冷量来使进入蒸发器的液态制冷剂间接冷却，实现过冷。

（3）制冷能力

① 制冷能力的表示　制冷能力（制冷量）是制冷剂在单位时间内从被冷物料中取出的热量，表示一套制冷循环装置的制冷效应，用符号 Q_1 表示，单位是 W 或 kW。

a. 单位质量制冷剂的制冷能力　单位质量制冷剂的制冷能力是每千克制冷剂经过蒸发器时，从被冷物料中取出的热量，用符号 Q_m 表示，单位为 J/kg。

$$Q_m = \frac{Q_1}{q_m} = h_1 - h_2 \tag{5-4}$$

式中　Q_m——单位质量制冷剂的制冷能力，J/kg；

　　　　Q_1——从被冷物料中取出的热量，kJ/s；

　　　　q_m——制冷剂的质量流量或循环量，kg/s；

　　　　h_1——制冷剂离开蒸发器的质量焓，J/kg；

h_2——制冷剂进入蒸发器的质量焓，J/kg。

b. 单位体积制冷剂的制冷能力 单位体积制冷剂的制冷能力是指每立方米进入压缩机的制冷剂蒸气从被冷物料中取出的热量，用符号 Q_V 表示，单位为 J/m³。

$$Q_V = \frac{Q_1}{q_V} = \rho Q_m \tag{5-5}$$

式中 q_V——进入压缩机的制冷剂的体积流量，m³/s；

ρ——进入压缩机的制冷剂蒸气的密度，kg/m³。

② 标准制冷能力

a. 标准制冷能力 标准制冷能力指在标准操作温度下的制冷能力，用符号 Q_s 表示，单位为 W。一般出厂的冷冻机所标的制冷能力即为标准制冷能力。

通过对制冷循环的分析可以看出，操作温度对制冷能力有较大的影响。为了确切地说明压缩机的制冷能力，就必须指明制冷操作温度。按照国际人工制冷会议规定，当进入压缩机的制冷剂为干饱和蒸气时，任何制冷剂的标准操作温度是：

蒸发温度 $T_1 = 258K$

冷凝温度 $T_2 = 303K$

过冷温度 $T_3 = 298K$

b. 实际与标准制冷能力之间的换算 由于生产工艺要求不同，冷冻机的实际操作温度往往不同于标准操作温度。为了选用合适的压缩机，必须将实际所要求的制冷能力换算为标准制冷能力后方能进行选型。反之，欲核算一台现有的冷冻机是否满足生产的需要，也必须将铭牌上标明的制冷能力换算为操作温度下的制冷能力。

对于同一台冷冻机，实际与标准制冷能力的换算关系为

$$Q_s = \frac{Q_1 \lambda_s Q_{V,s}}{\lambda Q_V} \tag{5-6}$$

式中 Q_s，Q_1——标准、实际制冷能力，W；

$Q_{V,s}$、Q_V——标准、实际单位体积制冷剂的制冷能力，J/m³；

λ_s，λ——标准、实际冷冻机的送气系数。

c. 提高制冷能力的方法 降低制冷剂的冷凝温度是提高制冷能力最有效的方法，而降低冷凝温度的关键在于降低冷却水的温度和加大冷却水的流量，保持冷凝器传热面的清洁。

（4）制冷剂与载冷体

① 制冷剂 制冷剂是制冷循环中将热量从低温传向高温的工作介质，制冷剂的种类和性质对冷冻机的大小、结构、材料及操作压力等有重要的影响。因此应当根据具体的操作条件慎重选用适宜的制冷剂。

a. 制冷剂应具备的条件

（Ⅰ）在常压下的沸点要低，且低于蒸发温度，这是首要条件。

（Ⅱ）化学性质稳定，在工作压力和温度范围内不燃烧、不爆炸、高温下不分解，对机器设备无腐蚀作用，也不会与润滑油起化学变化。

（Ⅲ）在蒸发温度时的汽化潜热应尽可能大，单位体积制冷能力要大，可以缩小压缩机的汽缸尺寸和降低动力消耗。

（Ⅳ）在冷凝温度时的饱和蒸气压（冷凝压力）不宜过高，这样可以降低压缩机的压缩比和功率消耗，并避免冷凝器和管路等因受压过高而使结构复杂化。

（Ⅴ）在蒸发温度时的蒸气压力（蒸发压力）不低于大气压力，这样可以防止空气吸入，

以避免正常操作受到破坏。

（Ⅵ）临界温度要高，能在常温下液化；凝固点要低，以获得较低的蒸发温度。

（Ⅶ）制冷剂的黏度和密度应尽可能小，减少其在系统中流动时的阻力。

（Ⅷ）热导率要大，可以提高热交换器的传热系数。

（Ⅸ）无毒、无臭、不危害人体健康，不破坏生态环境。

（Ⅹ）价格低廉，易于获得。

b. 常用的制冷剂

（Ⅰ）氨。目前应用最广泛的一种制冷剂，适用于温度范围为 $-65\sim10℃$ 的大、中型制冷机中。由于氨的临界温度高，在常压下有较低的沸点，汽化潜热比其他制冷剂大得多，因此其单位体积制冷能力大，从而压缩机汽缸尺寸较小。在蒸发器中，当蒸发温度低达 240K 时，蒸发压力也不低于大气压，空气不会渗入。而在冷凝器中，当冷却水温很高（夏季）时，其操作压强也不超过 1600kPa。另外，氨具有与润滑油不互溶，对钢铁无腐蚀作用，价格便宜，容易得到，泄漏时易于察觉等突出优点。其缺点是有毒，有强烈的刺激性和可燃性，与空气混合时有爆炸的危险，当氨中有水分时会降低润滑性能，会使蒸发温度提高，并对铜或铜合金有腐蚀作用。

（Ⅱ）二氧化碳。其主要优点是单位体积制冷能力最大，因此，在同样制冷能力下，压缩机的尺寸最小，从而在船舶冷冻装置中广泛应用。此外，二氧化碳还具有密度大、无毒、无腐蚀、使用安全等优点。缺点是冷凝时的操作压力过高，一般为 $6000\sim8000kPa$，蒸气压力不能低于 530kPa，否则二氧化碳将固态化。

（Ⅲ）氟里昂。它是甲烷、乙烷、丙烷与氟、氯、溴等卤族元素的衍生物。常用的有氟里昂-11（$CFCl_3$），氟里昂-12（CF_2Cl_2），氟里昂-13（CF_3Cl），氟里昂-22（CHF_2Cl）和氟里昂-113（$C_2F_3Cl_3$）等。在常压下氟里昂的沸点因品种不同而不同，其中最低的是氟里昂-13，为 191K，最高的是氟里昂-113，为 320K。其优点是无毒、无味、不着火，与空气混合不爆炸，对金属无腐蚀作用等，过去一直广泛应用在电冰箱一类的制冷装置中。

近年来人们发现这类化合物对地球上空的臭氧层有破坏作用，所以对其限制使用，并寻找可替代的制冷剂取而代之。

（Ⅳ）碳氢化合物。如乙烯、乙烷、丙烷、丙烯等碳氢化合物也可用作制冷剂。它们的优点是凝固点低，无毒、无臭，对金属不腐蚀，价格便宜，容易获得，且蒸发温度范围较宽。其缺点是有可燃性，与空气混合时有爆炸的危险。因此，使用时，必须保持蒸发压力在大气压力以上，防止空气漏入而引起爆炸。丙烷与异丁烷主要用于 $-30\sim10℃$ 制冷温度范围的冰箱等小型制冷设备，乙烯主要用于 $-120\sim-40℃$ 的复叠式系统或裂解石油气分离等制冷装置。

② 载冷体　载冷体是用来将制冷装置的蒸发器中所产生的冷量传递给被冷却物体的媒介物质或中间介质。

a. 载冷体应具备的条件

（Ⅰ）冰点要低。在操作温度范围内保持液态不凝固，其凝固点比制冷剂的蒸发温度要低，其沸点应高于最高操作温度，即挥发性小。

（Ⅱ）比热容大，载冷量也大。在传送一定冷量时，其流量小，可减少泵的功耗。

（Ⅲ）密度小，黏度小。可以减小流动阻力。

（Ⅳ）化学稳定性好，不腐蚀设备和管道，无毒无臭，无爆炸危险性。

（Ⅴ）热导率大。可以减小热交换器的传热面积。

（Ⅵ）来源充足，价格便宜。

b. 常用的载冷体

（Ⅰ）水。水是一种很理想的载体，具有比热容大、腐蚀性小、不燃烧、不爆炸、化学性能稳定等优点。但由于水的凝固点为0℃，因而只能用作蒸发温度0℃以上的制冷循环，故在空调系统中被广泛应用。

（Ⅱ）盐水溶液（冷冻盐水）。盐水溶液是将氯化钠、氯化钙或氯化镁溶于水中形成的溶液，用作中低温制冷系统的载冷体，其中用得最广的是氯化钙水溶液，氯化钠水溶液一般只用于食品工业的制冷操作中。盐水的一个重要性质是冻结温度取决于其浓度。在一定的浓度下有一定的冻结温度，不同浓度的冷冻盐水其冻结温度不同，浓度增大则冻结温度下降。当盐水溶液的温度达到或接近冻结温度时，制冷系统的管道、设备将发生冻结现象，严重影响设备的正常运行。为了保证操作的顺利进行，必须合理地选择浓度，以使冻结温度低于操作温度。一般使盐水冻结温度比系统中制冷剂蒸发温度低10～13K。

盐水对金属有腐蚀作用，可在盐水中加入少量的铬酸钠或重铬酸钠，以减缓腐蚀作用。另外，盐水中的杂质，如硫酸钠等，其腐蚀性是很大的，使用时应尽量预先除去，这样也可大大减少盐水的腐蚀性。

（Ⅲ）有机溶液。有机溶液一般无腐蚀性，无毒，化学性质比较稳定。如乙二醇、丙三醇溶液，甲醇、乙醇、三氯乙烯、二氯甲烷等均可作为载冷体。有机载冷体的凝固点都低，适用于低温装置。

（5）压缩蒸气制冷设备　压缩蒸气制冷装置主要由压缩机、冷凝器、膨胀阀和蒸发器等组成。此外还包括油分离器、气液分离器等辅助设备（目的是提高制冷系统运行的经济性、可靠性和安全性以及用来控制与计量的仪表等）。

① 压缩机　压缩机是制冷循环系统的心脏，起着吸入、压缩、输送制冷剂蒸气的作用，通常又称为冷冻机。

在工业上采用的冷冻机有往复式和离心式两种。往复式制冷压缩机工作是靠汽缸、气阀和在汽缸中作往复运动的活塞构成可变的工作容积来完成工质蒸气的吸入、压缩和排出。往复式冷冻机有横卧双动式、直立单动多缸通流式以及气缸互成角度排列式等不同形式。其应用比较广泛，主要用于蒸气比体积比较小、单位体积制冷能力大的制冷剂制冷。但由于其结构比较复杂，可靠性相对较低，所以用量相对减少。

离心式制冷压缩机是利用叶轮高速旋转时产生的离心力来压缩和输送气体的。对于蒸气比体积大、单位体积制冷能力小的制冷剂，主要使用离心冷冻机来制冷。其结构简单，可靠性较好。

② 冷凝器　冷凝器是压缩蒸气制冷系统中的主要设备之一。它的作用是将压缩机排出的高温制冷剂蒸气冷凝成为冷凝压力下的饱和液体。在冷凝器里，制冷剂蒸气把热量传给周围介质——水或空气，因此冷凝器是一个热交换设备。

冷凝器按冷却介质分为水冷冷凝器和气冷冷凝器；按结构形式分为壳管式、套管式、蛇管式等冷凝器。

应用较广的是立式壳管冷凝器，目前主要用于大、中型氨制冷系统。小型冷冻机多使用蛇管式冷凝器。

③ 节流阀　节流阀又称膨胀阀，其作用是使来自冷凝器的液态制冷剂产生节流效应，以达到减压降温的目的。由于液体在蒸发器内的温度随压力的减小而降低，减压后的制冷剂便可在较低的温度下汽化。

虽然节流装置在制冷系统中是一个较小的部件（见图5-6），但它直接控制整个制冷系统制冷剂的循环量，因此它的容量以及正确调节是保证制冷装置正常运行的关键。节流装置的容量应与系统的主体部件相匹配。节流装置有多种形式（手动膨胀阀、毛细管、自动膨胀阀），通常根据制冷系统的特点和选用的制冷剂种类来进行选择。

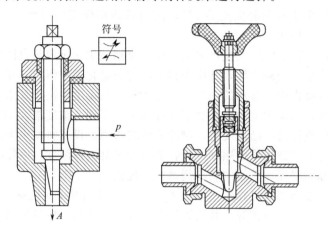

图 5-6　节流阀结构示意图

目前，生产上广泛采用的自动膨胀阀的阀芯为针形，阀芯在阀孔内上下移动而改变流道截面积，阀芯位置不同，通过阀孔的流量也不同。因此，膨胀阀不仅能使制冷剂降压降温，还具有调节制冷剂循环量的作用。如膨胀阀开启过小，系统中制冷剂循环量不足，会使压缩机吸气温度过高，冷凝器中制冷剂的冷凝压力过高。此外，可通过膨胀阀开度的大小来调节蒸发器内温度的高低，要想把蒸发器温度调低，可关小膨胀阀；要想把蒸发器温度调高，可开大膨胀阀。因此，在操作上要严格、准确控制，保持适当的开度，使液态制冷剂通过后，能维持稳定均匀的低压和所需的循环量。

（6）做中学、学中做岗位技能训练

① 想一想在我们的生活中，你会遇到哪些制冷装置？

② 在化学工业制冷生产过程中经常采用哪些制冷剂？

③ 冷冻机的制冷能力与哪些因素有关？如何提高冷冻机的制冷能力？

④ 压缩机由哪些部件组成的？工业上采用的压缩机有哪几种？

⑤ 单级蒸气压缩式制冷理论循环有哪些假设条件？

（7）工业应用案例——螺杆制冷压缩机

① 认识螺杆式制冷压缩机结构　本节所讲的螺杆式制冷压缩机系一种开启式双螺杆压缩机。一对相互啮合的按一定传动比反向旋转的螺旋形转子，水平且平行配置于机体内部，具有凸齿的转子为阳转子，通常它与原动机连接，功率由此输入。具有凹齿的转子为阴转子。在阴、阳转子的两端（吸气端和排气端）各有一只滚柱轴承承受径向力量，在两转子的排气端各有一只四点轴承，该轴承承受轴向推力。位于阳转子吸气端轴颈尾部的平衡活塞起平衡轴向力、减少四点轴承负荷的作用。

在阴、阳转子的下部，装有一个由油缸内油活塞带动的能量调节滑阀，由电磁（或手动）换向阀控制，可以在 15%～100% 范围内实现制冷量的无级调节，并能保证压缩机处于低位启动，以达到小的启动扭矩，滑阀的工作位置可通过能量传感机构转换为能量百分数，并且在机组的控制盘上显示出来。

为了使螺杆压缩机运行时其外压比等于或接近机器的内压比，使机器耗功最小，压缩机内部设置了内容积比调节滑阀，由电磁（或手动）换向阀控制油缸内油的流动推动油活塞从而带动内容积比滑阀移动，其工作位置通过内容积比测定机构转换为内压力比值在机组的控制盘上显示出来。

② 螺杆式制冷压缩工作原理　螺杆式制冷压缩机属于容积式制冷压缩机，它利用一对相互啮合的阴阳转子在机体内作回转运动，周期性地改变转子每对齿槽间的容积来完成吸气、压缩、排气过程。

a. 吸气过程　当转子转动时，齿槽容积随转子旋转而逐渐扩大，并和吸入口相连通，由蒸发系统来的气体通过孔口进入齿槽容积进行气体的吸入过程。在转子旋转到一定角度以后，齿间容积越过吸入孔口位置与吸入孔口断开，吸入过程结束。

b. 压缩过程　当转子继续转动时，被机体、吸气端座和排气端座所封闭的齿槽内的气体，由于阴、阳转子的相互啮合和齿的相互填塞而被压向排气端，同时压力逐步升高进行压缩过程。

c. 排气过程　当转子转动到使齿槽空间与排气端座上的排气孔口相通时，气体被压出并自排气阀门口排出，完成排气过程。

由于每一齿槽空间里的工作循环都要出现以上三个过程，在压缩机高速运转时，几对齿槽的工作容积重复进行吸气、压缩和排气循环，从而使压缩机的输气连续、平稳。

③ 压缩机的油分离系统　由于螺杆式制冷压缩机工作时喷入大量的润滑油与制冷剂蒸气一起排出，所以在压缩机与冷凝器之间设置了高效的卧式油分离器（见图 5-7）。油分离器的作用是分离压缩机排气中携带的润滑油，使进入冷凝器的制冷剂纯净，避免润滑油进入冷凝器而降低冷凝器的效率。油分离器还有储油器的功能。本机组采用卧式油分离器，从压缩机排出的高压气体，通过排气管进入油分离器，降低流速，改变方向，向油分离器的另一端排去。在这个过程中，大量的润滑油因为惯性及重力的作用沉降到油分离器底部，剩余的含有微量冷冻机油的气体再通过油分离器滤芯，此微量冷冻机油被最后分离，通过油分离器底部的回油阀回到压缩机中，以确保挡油板之后的筒体底部尽量少存油。

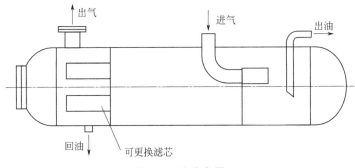

图 5-7　油分离器

靠近油分离器出口的过滤芯采用的是高分子复合材料，油分离效果可达 10mg/kg。当分油效果不够理想时可更换。

④ 压缩机的润滑油系统

a. 作用　机组中的润滑油主要起下列作用。

（Ⅰ）喷入压缩机转子工作容积中起润滑、冷却、密封、降噪、减振的作用。

（Ⅱ）提供轴承及轴封的润滑。

（Ⅲ）提供能量及内容积比调节机构所需的压力油。

（Ⅳ）向平衡活塞供油。

b. 供油方式

（Ⅰ）预润滑　在压缩机的启动初期，压缩机各个润滑点、内容积比调节滑阀以及能量滑阀的减载所需要的压力油靠预润滑油泵供给，压缩机运行正常后预润滑油泵的运行与否决定于排气压力与吸气压力的压差，压差达到 0.45MPa，预润滑油泵停止运行，压差低于 0.35MPa 时，预润滑油泵投入运行。

（Ⅱ）压差供油　压缩机启动完毕，正常运行时的供油靠排气压力与吸气压力的压差保证。油分离器中分离出的油在高压作用下，流向油冷却器，然后经滤油器、油分配座流向压缩机内，最终随工质一起被排至油分离器内。

⑤ 压缩机的油冷却方式　从压缩机排出的高温、高压油气混合物中分离出来的润滑油温度较高，不能直接喷入压缩机中，需经油冷却器冷却达到压缩机所需的黏度和温度后才可重复使用。油冷却的方式一般有以下几种。

（Ⅰ）水冷油冷却器　水冷油冷却器是一种卧式壳管式热交换器（见图 5-8），油在管外，水在管内。管束固定于两端管板上，油冷却器筒体内有折流板，可以改善油和冷却水的热交换效果。

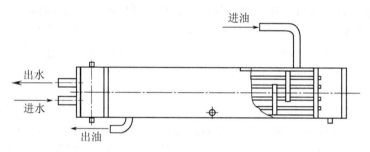

图 5-8　水冷油冷却器

由于水中杂质会在冷却器水管内结垢而降低传热系数，因此必须定期进行检查和清洗。冬季机组不运行时，请注意拧开水盖上的放水塞，将油冷却器内的水放掉，以防结冰损坏设备。

油冷却器冷却水进水温度应小于 32℃，机组油温控制在 40～65℃。

（Ⅱ）热虹吸油冷却器　热虹吸油冷却器的结构同水冷油冷却器的原理类似，为卧式壳管式（见图 5-9），油在管外，制冷剂在管内。经冷凝器冷凝后流出的制冷剂液体流入热虹吸储液器后分流出一路液体进入热虹吸油冷却器管内，流动过程中吸收管外高温油的热量而蒸

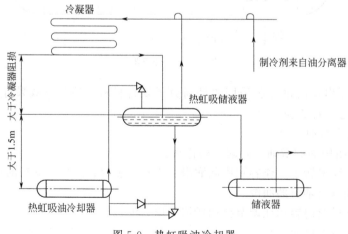

图 5-9　热虹吸油冷却器

发。制冷剂在蒸发过程中密度逐渐减小,使油冷回气管中气液混合物的密度低于油冷却器供液管中液体的密度,这种不平衡产生了一个压力差使制冷剂在油冷却器中流动。热虹吸系统安装时,注意热虹吸储液器的位置应尽量靠近机组,而且热虹吸储液器中的液面应高于油冷却器中心线 1.5～2m 以克服管路中的压力损失。

经热虹吸油冷却器冷却后的油温度一般比冷凝温度高 10～20℃。

(Ⅲ)喷液冷却 带喷液冷却的机组中,有一路油由本机组或系统中的冷却器或储液器引出的高压制冷剂液体,经过过滤器、节流阀或高温膨胀阀后喷入压缩机某中间孔口,见图 5-10,起吸收压缩热并冷却油温的作用。高温膨胀阀的开启度取决于排气温度,当排气温度偏高(高于 55℃)时,膨胀阀开启度增大;当排气温度偏低(低于 50℃)时,膨胀阀开启度减小。压缩机上开有两个喷液孔口——高位喷液口和低位喷液口,当压缩机在内容积比低于或等于 3.0 时运行,制冷剂液体从低位喷液口喷入,当内容积比高于 3.0 时,则从高位喷液口喷入。

带喷液装置的机组中省却了油冷却器,使机组外形简洁,体积更小。

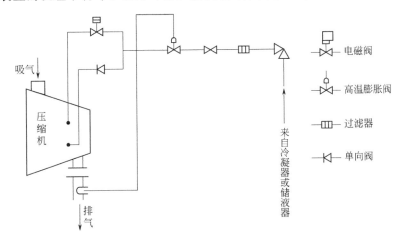

图 5-10 带喷液冷却的机组

⑥ 内容积比和能量调节

a. 内容积比调节 螺杆式制冷压缩机属于容积式制冷压缩机,具有内压缩这一特性,有一定内压力比,而压缩机的工作范围又极其广泛,其工作压力比(冷凝压力/蒸发压力)即外压力比随工况而定,这就要求螺杆制冷剂的内压力比随之变化,使螺杆式制冷机的内压力比接近或等于外压力比,使机器的耗功最小,运转最经济。否则将形成一个等容压缩或等容膨胀过程,使压缩机耗功增加。当内压力与外压力的差值愈大,多消耗的功也愈大。因此,为了使机器能长期经济运转,必须调节机器的内容积比,使内压力比接近或等于外压力比。外压力比的计算公式为:

$$外压力比 = \frac{冷凝压力}{蒸发压力} = \frac{排气压力(表压)+0.1}{吸气压力(表压)+0.1} \tag{5-7}$$

内容积比的调节机构主要由电磁(或手动)换向阀、内容积比滑阀组成,内容积比的测定机构主要由位移传递杆和直线电位器组成,见图 5-11 中 L_1 为滑阀排气口的大小,它的大小即决定了机器的内容积比的大小。当控制盘上发出增大内容积比的信号时,换向阀中孔口 P 和孔口 A 连通,从油滤器来的高压油先后通过换向阀的 P、A 孔口后经 SC-3 孔口进入内容积比活塞左边的油缸内,该活塞右边的油从 SC-4 孔口流出后经换向阀的 B、T 孔口后流向回油管回到压缩机中,则内容积活塞在前后压差的作用下带动内容积比滑阀向右移动,排

215

气口 L_1 逐渐减少。反之,当减少内容积比时,换向阀中孔口 P 和孔口 B 连通、T 和 A 连通,从油滤器来的高压油先后通过换向阀的 A、T 孔口后流向回油管回到压缩机中,内容积比活塞在前后压缩的作用下带动内容积比滑阀向左移动,排气口 L_1 逐渐增大。滑阀的位置由位移传递杆传感到电位器,电位器上测出的电阻值经处理后转换为内容比的数值显示出来,当活塞达到油缸的最右端时,排气口最小,内容积比为最大值 5,当该滑阀到达左止点时,内容积比为最小值 2.5。内容积比可在 2.5~5 范围内实现无级调节。

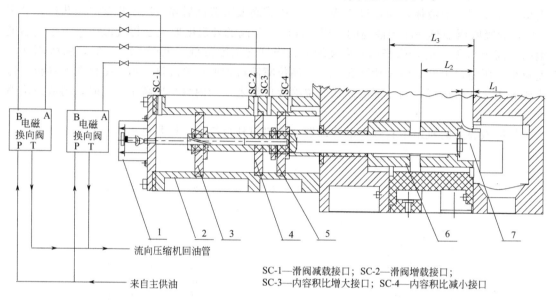

SC-1—滑阀减载接口; SC-2—滑阀增载接口;
SC-3—内容积比增大接口; SC-4—内容积比减小接口

图 5-11 内容积比调节和能量调节

1—能量测定机构; 2—油缸; 3—能量油活塞; 4—隔板; 5—内容积比油活塞; 6—内容积比滑阀; 7—能量滑阀

　　b. 能量调节　能量调节机构主要由电磁(或手动)换向阀、能量调节油活塞和能量调节滑阀组成。能量的测定机构主要由螺旋杆和旋转电位器组成,如图 5-11。增载时,从油滤器来的高压油先后通过换向阀的 P、A 孔口后经 SC-2 孔口进入能量活塞右边的油缸内,该活塞左边的油从 SC-1 孔口流向压缩机回油孔口,则能量活塞带动能量滑阀向左移动,当能量滑阀靠近内容积比滑阀时,压缩机为全负荷,控制盘上能量显示为 100%,此时工作腔有效长度为转子全长 L_3。反之,当减载时,滑阀同理向右移动,工作腔的气体从能量滑阀与内容积比滑阀之间的空腔回流到吸入端,工作腔有效长度为 L_2,设备即在部分负荷下运转,能量滑阀右移到右止点时,则 L_2 达到最小值,此时设备能量最小,为全负荷的 15%,故压缩机的制冷量可在 15%~100% 之间无级调节,能量滑阀所在位置经螺旋杆传递到旋转电位器,经处理后转换为能量百分数显示出来。

> **小贴士智慧园**
>
> 　　能量滑阀的移动范围与内容积比滑阀的位置有关。当内容积比调到最小时,能量滑阀的移动范围最大,这种情况下当能量滑阀紧靠内容积比滑阀即压缩机全负荷时,控制盘上显示的能量百分数为 100%。当内容积比调到最大值时,能量滑阀的移动范围最小,这种情况下当压缩机全负荷时控制盘上显示的相对能量百分数将低于 100%,但此时压缩机的实际能量为 100%(即绝对能量百分数)。对手动机型,控制盘上只显示相对百分数。

⑦ 经济器原理及结构　配经济器的系统中，从冷凝器或储液器出来的液体，并不直接送节流阀节流，而是首先进入经济器冷却器中进一步冷却，出来后的液体工质的温度可下降数 10℃，制冷量将得到提高。经济器冷却器中液体的冷却，是依靠经辅助节流阀节流后进入经济器中的中压液体工质，它吸收高压液体工质的能量而蒸发，蒸发出来的中压气体被螺杆压缩机的中间补气口吸走，见图 5-12。带经济器的机组特别适合取代双级活塞式机组，在较低蒸发温度下经济运行。

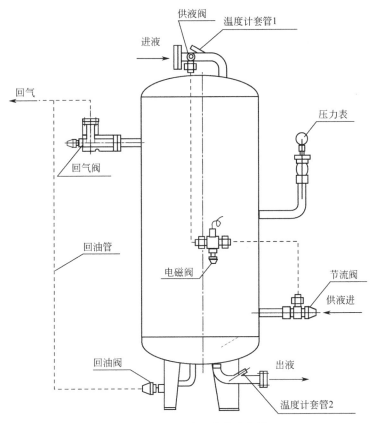

图 5-12　JL 系列经济器冷却器

本书中涉及的经济器冷却器有立式螺旋管式和卧式壳管式两种结构形式，见图 5-13。

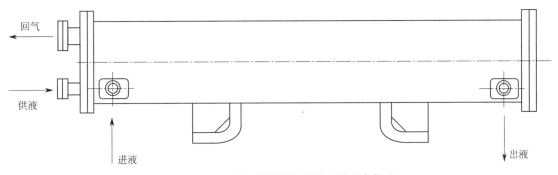

图 5-13　JLF 系列经济器冷却器（卧式壳管式）

⑧ 机组技术参数表与机组流程图　机组技术参数见表 5-2，机组流程图见图 5-14。

表 5-2　螺杆Ⅲ（Ⅱ）型压缩冷凝储液机组技术参数表

			W-NZLG16Ⅲ（Ⅱ）F	W-JNZLG16Ⅲ（Ⅱ）F	W-NZLG20Ⅲ（Ⅱ）F	W-JNZLG20Ⅲ（Ⅱ）F
螺杆式压缩冷凝储液机组	型号		W-NZLG16Ⅲ（Ⅱ）F	W-JNZLG16Ⅲ（Ⅱ）F	W-NZLG20Ⅲ（Ⅱ）F	W-JNZLG20Ⅲ（Ⅱ）F
	制冷量/轴功率/kW		289/80（-15/+30℃）	133/88（-35/+35℃）	580/160（-15/+30℃）	268/175（-35/+35℃）
	制冷剂		R22			
	润滑油牌号		N46			
	润滑油加入量/kg		260		450	
	噪声/dB（A）		≤85		≤88	
	振动/μm		≤20			
	机组外形尺寸	长/mm	3520		3572	4266
		宽/mm	1905		1960	2016
		高/mm 2314	1840		2070	2210
	机组质量/kg		3800	4100	6820	7300
	运行质量/kg		4500	5000	8000	8500
	吸气阀管径/mm		DN100		DN150	
螺杆式压缩机	型号		LG16Ⅲ（Ⅱ）F	JLG16Ⅲ（Ⅱ）F	LG20Ⅲ（Ⅱ）F	JLG20Ⅲ（Ⅱ）F
	转子名义直径/mm		160		200	
	转子长度/mm		240		300	
	额定转速/(r/min)		2960			
	压缩机转向		面对压缩机轴伸端为顺时针			
	理论排气量/(m³/h)		574（552）		1120（1068）	
	制冷量调节范围		15%～100%无级调节			
	内容积比调节范围		2.5～5.0无级调节			
主电动机	型号		YW250M2-2		YW315M2-2	
	额定转速/(r/min)		2960			
	额定电压/V		380			
	频率/Hz		50			
	额定功率/kW		100	125	200	220
油泵	流量/(L/min)		22		50	
	电动机型号		Y802-4		Y90L-6	
	电动机功率/kW		0.75		1.1	
油冷	冷却水流量/(m³/h)		≤18		≤25	
	冷却水侧阻力/MPa		≤0.06			
	冷却水进出口管径/mm		G1½		G2	
冷凝器	冷却水进水温度/℃		≤32			
	冷却水流量/(m³/h)		110		200	
	冷却水侧阻力/MPa		≤0.06			
	冷却水进出口管径/mm		DN125		DN150	
储液器	容积/m³		0.67	0.98	1.1	
	出液管径/mm		DN32		DN40	

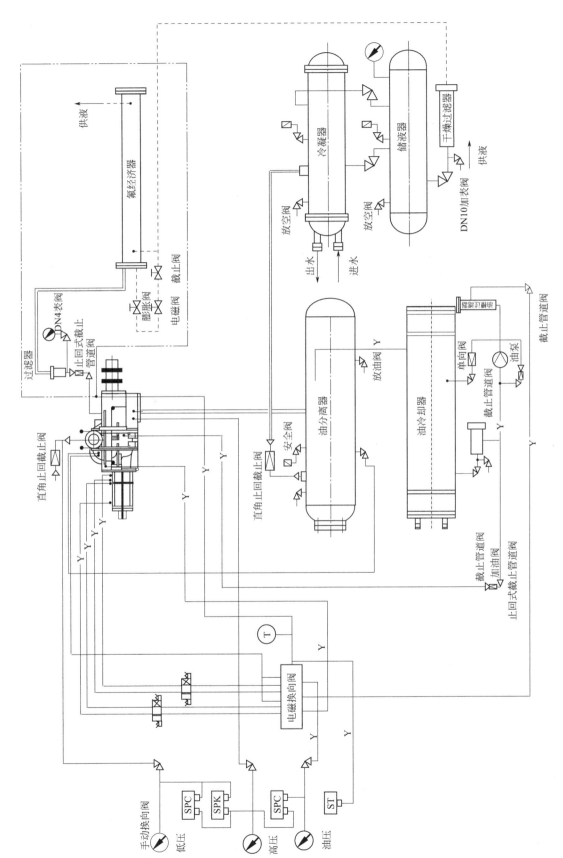

图 5-14　螺杆式冷凝储液机组系统流程图

219

⑨ 螺杆压缩机的开停车操作

a. 启动前的准备

（Ⅰ）检查机组的几个自动保护项目的设定值是否符合要求。正确的设定值见电控使用说明。

（Ⅱ）检查各开关装置是否正常。

（Ⅲ）检查油位是否符合要求，油位应保持在油分离器的上视油镜中心处。

（Ⅳ）检查系统中所有阀门状态，吸气截止止回阀、加油阀、旁通阀应关闭。其他油、气循环管道上的阀门都应开启，特别注意压缩机排气口至冷凝器之间管路上所有阀门都必须开启，油路系统必须畅通。

（Ⅴ）检查冷凝器、蒸发器、油冷却器水路是否畅通，且调节水阀、水泵是否能正常工作。

b. 第一次手动操作 微机控制机组将"手动/自动"旋钮旋至"手动"位置。

（Ⅰ）打开冷凝供水阀，启动水泵，使水路循环，蒸发器处于正常工作状态，盘动压缩机联轴器，看压缩机转子是否可用手轻易转动，能轻易转动属正常，否则应检查。也可先启动油泵，使油循环几分钟，停止油泵运行，再用手盘动联轴器检查。

（Ⅱ）检查电压是否正常。

（Ⅲ）检查各阀门状态是否符合要求。

（Ⅳ）合上电源控制开关，检查控制灯指示是否正确。

（Ⅴ）按下"油泵启动"按钮，将"增载/减载"旋钮旋至"减载"使能量显示为0，按下"压缩机启动"按钮，开启吸气截止阀。

（Ⅵ）分数次增载，并相应调节供液阀，注意观察吸气压力、排气压力、油温、油压、油位及机组是否有异常声音，若一切正常可增载到满负荷。

注：若油温低于30℃时，应空载运行一段时间，待油温升高到35℃时，开始增载。

（Ⅶ）初次运转，时间不宜过长，可运转30min左右，然后将"增载/减载"旋钮旋至减载，关闭供液阀，关小吸气截止阀，待能量显示为0时，按下压缩机停止按钮并关闭吸气截止阀，待压缩机停止转动按下油泵、水泵停止按钮，关闭电源开关。

c. 正常开车

（Ⅰ）启动水泵使水路循环。

（Ⅱ）检查排气截止阀是否开启，检查表阀是否已开启。

（Ⅲ）打开电源控制开关，检查电压、控制灯、油位是否正常。

（Ⅳ）启动油泵检查能量显示是否为0。

（Ⅴ）启动压缩机，开启吸气截止阀。

（Ⅵ）分数次增载并相应开启供液阀，注意观察吸气压力，观察机组运行是否正常，若正常可继续增载至所需能量位置，然后将"增载/减载"旋钮旋至"定位"，机组在正常情况下继续运转。

（Ⅶ）调节油分离器底部回油阀，阀的开启以保证油分离器后段视油镜中油面稳定为准，不允许油面超出视油镜，视油镜中无油亦属正常。

（Ⅷ）正常运转时，应注意并每天定时按记录表记录。

d. 正常停车

（Ⅰ）将"增载/减载"旋钮旋至减载位置，关闭供液阀。

（Ⅱ）待能量显示为0时，按下压缩机停止按钮，关闭吸气截止阀。

（Ⅲ）压缩机停止运转后按下油泵停止按钮，水泵视使用要求确定停止还是处于开启状态。

（Ⅳ）切断机组电源。

e. 自动停车　机组装有自动保护装置，当压力、温度超过规定范围时，控制器动作使压缩机立即停车，表明有故障发生，机组控制盘或电控柜上的控制灯亮，指示出发生故障的部位。必须排除故障后，才能再次启动压缩机。

f. 紧急停车

（Ⅰ）按下紧急停车按钮，使压缩机停止运转。

（Ⅱ）关闭吸气截止阀。

（Ⅲ）关闭供液阀。

（Ⅳ）切断电源。

g. 作好运行记录　作好制冷装置的运行记录（见表5-3）。有助于操作者熟悉系统的运行，及早发现异常情况，并有利于设备出现故障时分析原因。建议每隔1h做一次记录。

表 5-3　设备运行记录表

设备号：　　　　　　　　　　　　　　日期：

项目		正常范围	测量值					
			8：00	9：00	10：00	11：00	12：00	13：00
环境气温								
压缩机	吸气温度							
	吸气压力							
	排气温度							
	排气压力							
	油压							
	油压差							
	油滤压差							
	油温							
	油位							
	内容积比							
	能量百分比							
	补充油量							
电机	电压							
	电流							
冷凝器	进水温度							
	进水压力							
	出水温度							
	出水压力							
	流量							

设备号：		日期：					
蒸发器	进水温度						
	进水压力						
	出水温度						
	出水压力						
	流量						

⑩ 设备检修

a. 冷冻机检修期限表 见表5-4。

表5-4 冷冻机检修期限表

项目 ＼ 运行时间/h	50	1000	5000	8000	10000	15000	20000	25000	30000	35000	40000	45000	50000	55000	60000	65000	70000	75000	80000	85000	90000	95000
压缩机检修											+											
电机轴承清洗换油	参考电机维护说明																					
联轴器校验中心及间距	+		+			+		+		+		+		+		+		+		+		
油泵检修			+			+		+		+		+		+		+		+		+		
油精过滤器中滤芯更换	+	①	+			+		+		+		+		+		+		+		+		
油粗过滤器中过滤网清洗	+	①	+			+		+		+		+		+		+		+		+		
油分离器中过滤网更换							+				+				+							
吸气过滤网清洗	+	+	+			+		+		+		+		+		+		+		+		
喷液管路中过滤器清洗	+	①	+			+		+		+		+		+		+		+		+		
干燥过滤器的过滤网清洗及干燥剂的再生处理	+		+			+		+		+		+		+		+		+		+		
压缩机换油①	+	①	+			+		+		+		+		+		+		+		+		
油质分析①	+	+		+		+		+		+		+		+		+				+		+
压力表和温度表的校验	+	+	+			+		+		+		+		+		+		+		+		
压力温度控制器和变送器的校验	+	+	+			+		+		+		+		+		+		+		+		
安全阀的校验			+			+		+		+		+		+		+		+		+		
吸排气截止阀的检修			+			+		+		+		+		+		+		+		+		
水冷油冷却器清洗水垢检漏			+	+		+	+	+	+	+	+	+	+	+	+	+	+	+	+	+	+	+
冷凝器清洗水垢检漏			+			+		+		+		+		+		+		+		+		

① 在前500h运行过程中应注意润滑油情况，首次主机启动后细心观察油温和油压变化，如油变色（滴在白纸上呈黑色）则必须换油，一直到系统清洁为止，每次换油时应更换或清洗油过滤器、回油过滤器及吸气过滤器中的过滤网。

　　在压缩机启动之前，需要先启动油泵对压缩机进行预润滑，在这段时间内压缩机的轴封也许会出现微量的泄漏，这并非意味轴封的密封效果不好，而是因为轴封的动静环需要一段时间（大约为 100h）的"磨合"才能达到满意的配合状态。

b. 换油

（Ⅰ）停机，然后切断电源。

（Ⅱ）关闭压缩机之前的吸气止回截止阀及油分离器出口的排气止回截止阀，若机组带有喷液装置和经济器，则还应关紧喷液电磁阀和补气口前的截止阀。

（Ⅲ）从油分离器放空阀处排空制冷剂。

（Ⅳ）从油分离器底部的几个排污螺塞处放空油。

（Ⅴ）放空油过滤器中的油，如果机组中有油冷却器，也应放空其中的油。

（Ⅵ）清洗或更换检修期限表中所列的几个过滤器或过滤网（详见各自步骤）。

（Ⅶ）抽真空。

（Ⅷ）给机组加油。

（Ⅸ）开启吸、排气止回截止阀，开启喷液电磁阀及补气口前的截止阀。

（Ⅹ）接通电源、开机。

c. 油粗过滤器中的过滤网清洗及油精过滤器中的滤芯更换，见图 5-15、图 5-16。

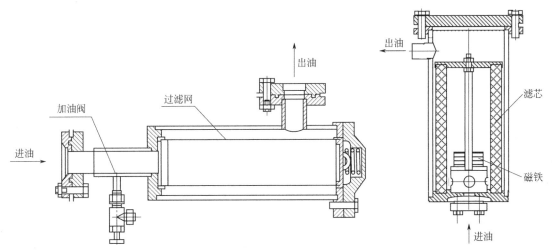

图 5-15　油粗过滤器中的过滤网清洗　　　　图 5-16　油精过滤器中的滤芯更换

（Ⅰ）停机，然后切断电源。

（Ⅱ）关闭油粗过滤器之前和油精过滤器之后的截止阀，关闭油粗过滤器出油口与压缩机喷油口之间的止回截止阀。

（Ⅲ）开启油粗过滤器上的加油阀，使滤油器内压力与大气压平衡。稍微拧松油精过滤器法兰盖上的螺母，使油精过滤器内的压力慢慢释放降低至与大气平衡。

（Ⅳ）拆法兰盖，更换油精过滤器内的滤芯、清洗油粗过滤器内的过滤网。

（Ⅴ）装油粗过滤器的法兰盖。

（Ⅵ）向油精过滤器中补充加满经过滤的冷冻机油，装油精过滤器的法兰盖，打开油粗过滤器之前的截止阀，利用油精过滤器上放空螺塞放空，打开油粗过滤器与压缩机喷油口之间的止回截止阀和油精过滤器后的截止阀。

（Ⅶ）接通电源，开机。

d. 喷液过滤器的清洗

（Ⅰ）停机，切断电源。

（Ⅱ）关闭过滤器前后的截止阀。

（Ⅲ）稍微拧紧盖子上的螺母，让压力慢慢地释放。当所有制冷剂排空后，取下过滤器。

（Ⅳ）清洗过滤网并以干燥空气吹干后，重新装好过滤器，排除过滤器内空气。

（Ⅴ）开启过滤器前后截止阀。

（Ⅵ）接通电源，开机。

e. 吸气过滤网的清理

（Ⅰ）执行换油程序步骤（Ⅰ）～（Ⅲ）。

（Ⅱ）稍微拧紧压缩机上过滤器盖板螺钉，让可能残留的制冷剂缓慢释放，卸下螺钉，打开盖板，取出过滤网。

（Ⅲ）清除过滤网上的杂质，用干燥空气或氮气吹干净，重新装入压缩机，将盖板上好并上紧螺钉。

（Ⅳ）从油分离器顶部放空阀处抽真空至绝对压力为 5.33kPa（40mmHg）左右。

（Ⅴ）开启吸、排气止回截止阀，开启喷液电磁阀及补气口前的截止阀。

（Ⅵ）接通电源，开机。

f. 油分离器中滤芯更换　当油分离器中滤芯需要更换时，也应将机组内其他几个过滤器及过滤网清洗或更换，并换油。

（Ⅰ）执行换油程序中步骤（Ⅰ）～（Ⅵ）。

（Ⅱ）拧下人孔盖的螺栓，拆下人孔盖。

（Ⅲ）更换滤芯。

（Ⅳ）装好人孔盖，拧紧螺栓。注意当机组重新试压后，应再次拧紧螺栓。

（Ⅴ）执行换油程序中步骤（Ⅶ）～（Ⅹ）。

g. 长期停车之保养

（Ⅰ）停机，切断电源。

（Ⅱ）关闭吸、排气止回截止阀，若机组配有喷液装置和经济器，所有关闭阀门上全部附关闭标志。

在冬季气温较低时，关闭水冷油冷却器、冷凝器和蒸发器的供水阀，附关闭标志。放尽油冷却器。

（Ⅲ）放净冷凝器内的积水，以免冻破换热管。

（Ⅳ）检查所有阀门及连接处，不得有泄漏。停车时间较长时，应定期检查，以防制冷剂泄漏。

（Ⅴ）每周启动油泵约 10min。

h. 常见故障指南　常见故障指南一览表见表 5-5。

表 5-5　螺杆压缩机常见故障一览表

故障现象	故障分析	处理方法
启动负荷大 不能启动或 启动后立即 停车	(1) 能量调节未至零位 (2) 压缩机与电机同轴度偏差过大 (3) 压缩机内磨损烧伤 (4) 电源断电或电压过低（低于额定值10%以上） (5) 压力控制器或温度传感器调节不当，使触头常开 (6) 压差控制器或继电器断开没复位 (7) 电机绕组烧毁或断路 (8) 接触器、中间继电器线圈烧毁或触头接触不良 (9) 温度控制器调整不当或有故障 (10) 控制电路故障	(1) 减载至零位 (2) 重新找正 (3) 拆卸检修 (4) 排除电路故障，按产品要求供电 (5) 按要求调整触头位置 (6) 按下复位键 (7) 检修 (8) 拆检、修复 (9) 调整温度控制器的设定值或更换温控器 (10) 检查、改正
机组振动过大	(1) 机组地脚未紧固 (2) 压缩机与电机同轴度偏差过大 (3) 机组与管道固有振动频率相近而共振 (4) 吸入过量的液体制冷剂	(1) 塞紧调整垫片，拧紧地脚螺钉 (2) 重新找正 (3) 改变管道支撑点位置 (4) 调整供液量
压缩机运行中有异常声音	(1) 联轴节的键松动 (2) 压缩机与电机不对中 (3) 吸入过量的液体制冷剂 (4) 压缩机内有异物 (5) 轴承过度磨损或损坏	(1) 紧固螺栓或更换键 (2) 重新找正 (3) 调整供液量 (4) 检修压缩机及吸气过滤网 (5) 更换
排气温度过高	(1) 压缩机喷油量或喷液量不足 (2) 油温过高 (3) 吸气过热度过大	(1) 调整喷油量或喷液量 (2) 见油温过高的故障分析 (3) 适当开大供液阀，增加供液量
压缩机机体温度过高	(1) 吸气过热度过高 (2) 部件磨损造成摩擦部位发热 (3) 排气压力过高 (4) 油温过高 (5) 喷油量或喷液量不足 (6) 由于杂质等原因造成压缩机烧伤	(1) 适当调大节流阀 (2) 停车检查 (3) 检查高压系统及冷却水系统 (4) 见油温过高故障分析 (5) 增加喷油量或喷液量 (6) 停车检查
蒸发压力过低	(1) 制冷剂不足 (2) 节流阀开启过小 (3) 节流阀出现脏堵或冰堵 (4) 干燥过滤器堵塞 (5) 电磁阀未打开或失灵 (6) 蒸发器结霜太厚	(1) 添加制冷剂至规定量 (2) 适当调节 (3) 清洗、修理 (4) 清洗、更换 (5) 开启、更换 (6) 融霜处理
预润滑油泵不能产生足够的油压	(1) 油路管道或油过滤器堵塞 (2) 油量不足（未达到规定油位） (3) 油泵故障 (4) 油泵转子磨损 (5) 压力传感器失准	(1) 更换滤芯，清洗过滤网 (2) 添加冷冻机油到规定值 (3) 检查、修理 (4) 检查、更换 (5) 调校、更换
预润滑油泵有噪声	(1) 联轴器损坏 (2) 螺栓松动 (3) 油泵损坏	(1) 更换 (2) 重新紧固 (3) 检修油泵

故障现象	故障分析	处理方法
油温过高	(1) 对于水冷油冷却器 ①冷却水温过高 ②水量不足 ③换热管结垢 (2) 对喷液油冷却系统 ①喷液量不足 ②对应一定高压的蒸发压力太高 ③吸气过热度过大 ④喷液管路中过滤器阻塞 ⑤伺服电磁阀未动作	(1) 对于水冷油冷却器 ①降低冷却水温 ②增大水量 ③清洗换热管 (2) 对喷液油冷却系统 ①检查储油器或冷凝器的液位和喷嘴前压力 ②降低蒸发压力 ③调整系统 ④清洗 ⑤调整、维修
油温过低	(1) 油冷却器冷却水温过低 (2) 吸气带液 (3) 伺服阀控制器设置过低	(1) 调节水量 (2) 减小供液 (3) 重新调整设定值
油温波动	系统运行工况波动过大	稳定工况
冷凝压力过高	(1) 冷凝器冷却水量不足 (2) 冷凝器传热面结垢 (3) 系统中空气含量过多 (4) 冷却水温过高 (5) 制冷剂充灌量过多	(1) 加大冷却水量 (2) 清洗换热管 (3) 排放空气 (4) 检修冷却水系统 (5) 适量放出制冷剂
油分离器中油位逐渐下降	(1) 吸气过热度太小，压缩机带液，排温过低 (2) 油分离器中滤芯没固定好或损坏	(1) 关小节流阀 (2) 检查
停车时油分离器中油位急剧下降	(1) 吸气止回截止阀止回动作不到位 (2) 压缩机补气口和经济器之间的单向阀损坏	(1) 检修 (2) 检修
油位上升	制冷剂溶于油内	关小节流阀，提高油温
吸气压力过高	(1) 节流阀开启过大 (2) 感温包未扎紧	(1) 关小节流阀 (2) 正确捆扎
制冷量不足	(1) 吸气过滤器阻塞 (2) 压缩机轴承磨损后间隙过大 (3) 冷却水量不足或水温过高 (4) 蒸发器配用过小 (5) 蒸发器结霜过厚 (6) 膨胀阀开得过小 (7) 干燥过滤器阻塞 (8) 节流阀脏堵或冰堵 (9) 系统内有较多空气 (10) 制冷剂充灌不足 (11) 蒸发器内有大量润滑油 (12) 电磁阀损坏 (13) 膨胀阀感温包内充灌剂泄漏 (14) 冷凝器或储液器的出液阀开启过小 (15) 制冷剂泄漏过多 (16) 能量调节指示不正确	(1) 清洗 (2) 检修更换轴承 (3) 调整水量，开启冷却塔 (4) 更换蒸发器 (5) 定期融霜 (6) 按工况要求调整阀门开启度 (7) 清洗 (8) 清洗 (9) 排放空气 (10) 添加至规定值 (11) 回收冷冻机油 (12) 修复或更换 (13) 修复或更换 (14) 调节出液阀 (15) 检出漏处，检修后添加制冷剂 (16) 检修

故障现象	故障分析	处理方法
压缩机结霜严重或机体温度过低	(1) 热力膨胀阀开启过大 (2) 热负荷过小 (3) 热力膨胀阀感温包未扎紧或捆扎位置不正确	(1) 适当关小阀门 (2) 减小供液或压缩机减载 (3) 按要求重新捆扎
压缩机能量调节及内容积比调节机构不动作	(1) 电磁换向阀在不同点的情况下，可以推动电磁换向阀上的故障检查按钮，检查滑阀是否工作，如果工作，则原因在电磁换向阀 ①电磁线圈烧毁 ②推杆卡住或复位弹簧断裂 ③检查出口和保险丝 ④阀内部太脏 (2) 油活塞上密封环过度磨损或破损 (3) 滑阀或油活塞卡住 (4) 电位器与传动机构脱离	(1) 电磁换向阀 ①更换 ②修理、更换 ③更换 ④清洗 (2) 更换 (3) 拆卸、检修 (4) 检查、调整
压缩机轴封漏油（允许值为 6 滴/min）	(1) 轴封磨损过量 (2) 动环、静环平面度误差过大或擦伤 (3) 密封圈、O形环过松 (4) 弹簧座、推环销钉装配不当 (5) 弹簧弹力不足 (6) 压缩机和电机同轴度偏差过大引起较大振动	(1) 更换 (2) 研磨、更换 (3) 更换 (4) 重新装配 (5) 更换 (6) 重新找正
停机时压缩机反转时间太长（反转几转属正常）	吸气止回截止阀故障	检修或更换

（8）生产现场实训教学 组织学生到生产现场进行观摩教学，在运行的螺杆压缩机旁进一步认识压缩机的部件名称和物料进出的走向，熟悉螺杆压缩机的开停车方法，找到现场开车的真实感觉，提高学生对所学技能与知识的认识程度，让在校内学习与校外学习有机地结合，提高学生对设备的认知和操作能力。

5.2.4 液氯生产的开停车操作

5.2.4.1 开车前的准备工作

开车前应检查设备、管路、阀门是否灵活好用，系统停车后再开车应对整个氯气系统进行通氯试漏。检查冷冻机及附属设备阀门、管路、电气开关、仪表是否完好。检查氟里昂储罐、气液分离器中的油液位是否符合要求，对冷冻机手动盘车 2～3 圈，检查冷冻机有无偏差和异常声音。

5.2.4.2 开车操作

冷冻系统应比电解提前 2h 开车，将液化器内氟里昂温度拉至 $-25\sim-18℃$。

（1）冷冻机开车

① 启动循环水泵使水路循环正常。

② 检查排水截止阀是否开启，检查表阀是否已开启。

③ 打开电源控制开关，检查电压、控制灯、油位是否正常。

④ 启动油泵检查能量显示是否为 0。

⑤ 启动压缩机，开启吸气截止阀。

⑥ 启动压缩机、开启压缩机的吸气截止阀，同时要使油泵的油压高于压缩机出口排气压力 0.15～0.3MPa。

⑦ 分数次增载并相应开启供液阀，注意观察吸气压力，观察机组运行是否正常，若正常可继续增载至所需能量位置，然后将"增载/减载"旋钮旋至"定位"，机组正常情况下继续运转。

⑧ 正常运转时，应注意观察并每天定时按记录表记录。

（2）液氯系统开车　当原氯纯度达到 60% 以上时，打开液氯分配台进液化器阀门，进行氯气液化，同时关闭原氯分配台去废气塔阀门，调节氯气液化尾气阀门，控制原氯压力为 0.15～0.25MPa。若合成盐酸开车，可直接调节原氯分配台阀门进行供氯，将液化尾气送合成盐酸，并根据尾气纯度高低适当补充一部分原氯以满足合成盐酸工艺控制条件的要求。

5.2.4.3　停车操作

（1）冷冻系统停车　关于冷冻系统的停车操作：首先关闭去液氯液化槽的充氟阀、经济器充氟阀及氟储罐上的总出口阀，待氟储罐液位恢复正常后，冷冻机停车，应先关吸气阀，之后再关冷凝器、汽缸和油分离器中的冷却水。

① 冷冻系统正常停车

a. 将"增载/减载"旋钮旋至减载位置，关闭供液阀。

b. 待能量显示为 0 时，按下压缩机停止按钮，关闭吸气截止阀。

c. 压缩机停止运转后按下油泵停止按钮，水泵视使用要求确定是停泵，或是处于开启状态。

> **小贴士智慧园**
>
> 　　冬季要将设备内水放掉或开少许使水流动，防止结冰。

② 冷冻系统自动停车　机组装有自动保护装置，当压力、温度超过规定范围时，控制器动作使压缩机立即停车，表明有故障发生，机组控制盘或电控柜上的控制灯亮，指示出发生故障的部位。必须排除故障后，才能再次启动压缩机。

（2）液氯系统停车　停车前，通知合成盐酸先停炉。电解停车后，原氯停止供应，原氯纯度降至 70% 以下时，关闭去液化器阀门，改送废气塔处理。若需停车检修，待包装完液氯储罐内的液氯后，用包装纳氏泵对系统进行抽空置换。

而使用原氯单位改用汽化器供氯，直到液氯储罐内液氯基本用净。液氯基本用净后，通知吃氯单位停车。一般临时性停车，设备内氯气不做处理，液氯工段正常停车至此结束。

若该工段发生重大事故，必须紧急停车时，应及时通知调度停直流电，氯气处理改到尾气处理，关闭所有与发生事故设备有关的阀门，切断氯气，防止事故扩大。若冷冻系统开着车，也应做紧急停车处理。凡是因外单位发生重大事故须紧急停车时，应首先切断与发生事故单位之间的管线，防止发生连锁反应，使事故扩大，同时马上通知调度，采取相应的措施，妥善处理。

5.2.4.4　正常操作注意事项

（1）液氯系统正常操作注意事项　保持高度的责任心，及时通过调节原氯阀、尾气阀及冷冻机组负荷，实现氯压平稳生产，控制合适的液化效率，保证尾气氯中含氢不能超过 3.5%。为减少尾气处理耗碱，应尽量组织合成盐酸等耗氯产品用氯，做到不排或少排尾气。保证液氯储罐等储液设备充装量不超过 80%。

液氯在充装时，开启液氯屏蔽泵进行充装时，应先打开泵上的回流阀2~3扣，以排出设备及管道内的气氯。充装压力控制在0.78~0.98MPa。在充装过程中，若发现瓶体发热，应立即卸下钢瓶，打开瓶阀推入碱池内。钢瓶严禁过量充装，充装量应控制《气瓶安全监察规定》要求充装量范围之内。若不慎过量充装，应用抽真空的氯气泵从钢瓶上的阀门抽出至限定重量。若出现钢瓶因腐蚀发生泄漏等现象，应滚动钢瓶将泄漏部位朝上，并用竹签等进行堵漏，如仍不能止漏，应推入碱池处理。

(2) 冷冻系统正常操作注意事项 注意观察冷冻机的气液分离罐内的油位变化，油位偏低应进行加油，同时机油长时间运行可能变脏，定期置换更新。还要经常检查冷冻的压力是否稳定，氟里昂的温度变化，并做好当班记录，如果负压系统出现不严密，制冷系统会混入空气等不凝性气体。可以通过排空阀将不凝性气体从冷凝器和储罐中排出。

5.3 生产岗位正常操作控制工艺条件

见表5-6。

表 5-6 液氯生产控制工艺条件一览表

序号	设备名称	工艺条件名称	单位	控制范围	计量仪表	备注
1	进原氯分配台的原氯总管	原氯压力	MPa	0.15~0.25	压力表	
2	盐酸用氯总管	氯气压力	MPa	0.12~0.25	压力表	
3	液氯储罐钢瓶	包装完温度	℃	小于40	温度计	
4	液氯冷冻机	轴头温度	℃	小于60	温度计	
5	液氯冷冻机	油位		视镜1/2~2/3	目测	
6	液氯包装罐	压力	MPa	0.78~0.98	压力表	

5.4 不正常现象原因和处理方法

5.4.1 不正常现象之一的原因和处理方法

液氯液化器、气液分离器、液氯储罐及液氯钢瓶偶有发生爆炸主要是因为如下原因。

◆ 氯中含氢高，当氯内含氢量为4.0%~8.0%（体积分数）时，受热、日晒剧烈或振动，摩擦时即爆炸，爆炸多发生于薄弱环节。

◆ 三氯化氮含量高于30g/L时，有日光照射或90℃（密闭爆炸性试验为44~45℃）易于自爆，在体积不变时，温度可达2128℃，压力达5316MPa。三氯化氮是由盐水中含氨及铵盐带进电解槽内在盐水电解过程产生的。

◆ 操作不当，使用液氯汽化器时加蒸汽（或热水）温度过高，使汽化器内液氯急剧汽化，压力过高而爆炸。

◆ 停车时，某一液氯储罐内存有液氯，又未能将该罐上的阀门打开，在外界温度高时，液氯大量蒸发而形成压力过大而爆炸，或液氯内混有有机物。

◆ 液氯钢瓶及其他设备在长期使用后，承受腐蚀，机械强度低或装瓶超过 80%，压力增大而爆炸。

其解决的措施主要有以下几个。

◆ 严格控制氯中含氢小于 3.5%。

◆ 液氯储罐、液氯汽化器等应经常排污，使其含三氯化氮小于 30g/L。

◆ 液氯包装时应控制液氯汽化器内的压力在 0.78~0.98MPa。

◆ 停车时，应仔细检查液氯管道设备、阀门等易泄漏之处。新瓶包装前必须洗净，旧瓶如发现增重或其他不正常现象也应进行洗瓶。

◆ 定期检查液氯设备，充装不能过满，要低于容器容积的 80%。对无档案的钢瓶不能进行充装操作。

5.4.2　不正常现象之二的原因和处理方法

管道或设备泄漏氯气或液氯的原因主要有以下几个。

◆ 由于氯中含水高而腐蚀设备、管道，造成穿孔而泄漏。

◆ 管道铆焊上的法兰、阀门使用质量差的垫圈，受氯气腐蚀或受压产生裂缝流出液氯或气氯。针对以上原因的处理措施有如下几个。

◆ 氯气含水不能超过规定值，应迅速补好管道铆焊处的穿孔或停车。

◆ 应使用高压石棉垫片。

5.4.3　不正常现象之三的原因及处理方法

氯气液化效率低的原因主要有以下几个。

◆ 氯纯度低，氯内含氢高、压力低。

◆ 冷冻系统效果不好，氟里昂未能达到冷冻要求的温度，而冷量损失大，液化器因而造成传热效率低。

针对以上原因的处理措施如下。

◆ 通知电解、氯氢处理改善原氯条件，适当提高原氯压力，让电解工序查找氯气含氢气高的原因，并进行处理。

◆ 检修冷冻系统。

5.4.4　不正常现象之四的原因及处理方法

原氯系统压力偏高的原因主要有以下几个。

◆ 液化氟里昂温度偏高、冷冻机工作不良等。

◆ 原氯含氢高影响液化，使液化量小。

◆ 原氯压力高或纯度低，废氯用量小或用原氯用户停车。

◆ 生产计量槽和包装的计量槽之间阀门关不严，形成气液倒压。

◆ 废气塔堵塞，造成废气积压。

针对以上原因的处理措施如下。

◆ 检修冷冻机和液化器，保证氟里昂温度达标。

◆ 联系电解和氯氢处理工序协调解决，增大液化量。

◆ 及时排废氯气，和用户取得联系解决。

◆ 严格按照要求操作，检查有关阀门。

◆ 清理和疏通废气塔堵塞处。

5.4.5　不正常现象之五的原因及处理方法

废氯含氢高的主要原因：

- ◆ 原氯含氢高；
- ◆ 液化效率高。

针对以上原因的处理措施：氯氢工序处理解决，同时降低液氯产量。

5.4.6　不正常现象之六的原因及处理方法

废氯分配台出现液氯的主要原因有如下几个。

- ◆ 包装加压时，进氯罐阀门未关严，液化器倒回液氯。
- ◆ 罐的管道被堵，未开气液分离器的液氯出口阀。
- ◆ 包装时，生产槽充装阀未关严。
- ◆ 包装完毕或倒槽完毕后未排尾气。
- ◆ 液氯储罐未开进液氯阀门。
- ◆ 平衡未开或阻塞。

针对以上原因的处理措施如下。

- ◆ 关紧氯罐阀门。
- ◆ 包装完毕或充槽车完毕后应排废气，液氯储槽应开进氯阀和平衡阀。
- ◆ 清理阻塞或打开平衡。

5.4.7　不正常现象之七的原因及处理方法

（1）钢瓶抽氯时有氯气味道的原因：钢瓶的接头或管道或盘根坏了；合金堵熔化。

针对以上原因的处理措施：一般是更换盘根或管道，严格检查钢瓶的完好程度。

（2）当钢瓶抽氯时液氯瓶及管道结霜的主要原因：瓶内残存液氯过多。

针对以上原因的处理措施：增加抽氯时间。

（3）卸液氯瓶嘴时跑氯的主要原因

- ◆ 抽氯时真空度不高留有残存氯气。
- ◆ 抽氯时瓶嘴堵塞。

针对以上原因的处理措施：注意操作，检查钠氏泵真空度。

（4）当钢瓶抽氯时间长不易除尽的主要原因

- ◆ 管道堵塞或泄漏。
- ◆ 泵出现故障抽力不够。

针对以上原因的处理措施

- ◆ 疏通管道或补漏。
- ◆ 检修更换纳氏泵。

（5）出现充装速度慢的原因：液氯管道或瓶嘴堵塞。

针对以上原因的处理措施：应检查清洗液氯管道或瓶嘴，提高充装液氯时的压力。

5.5　液氯生产工艺操作岗位原始记录

液氯生产操作岗位原始记录见表 5-7 和表 5-8。

表 5-7 液氯生产操作岗位原始记录

年　月　日

时间	电解电流/kA 单	电解电流/kA 复	新复极电流/kA	原氯压力/MPa	尾氯压力/MPa	1#冷水机组 电流/A	压力/MPa 吸气	排气	油压	温度/℃ 液化	油温	2#冷水机组 电流/A	压力/MPa 吸气	排气	油压	温度/℃ 液化	油温	循环水南 温度/℃ 上水	回水	压力/MPa	循环水北 温度/℃ 上水	回水	压力/MPa	大循环水池 温度/℃ 上水	回水	压力/MPa
8:00																										
9:00																										
10:00																										
11:00																										
12:00																										
13:00																										
14:00																										
15:00																										
16:00																										
17:00																										
18:00																										
19:00																										
20:00																										
21:00																										
22:00																										
23:00																										
0:00																										
1:00																										
2:00																										
3:00																										
4:00																										
5:00																										
6:00																										
7:00																										

指标	原氯纯度/%	尾氯含量/%	生产纪要	氯中含水/%	生产纪事 白班： 夜班：	循氯人员	值氯人员
时间							
10:00							
14:00							
18:00							
22:00							
2:00							
6:00							

232

5.6 液氯生产工艺仿真操作实训

表 5-8 液氯冷冻岗位巡检记录
年 月 日

时间 \ 指标 \ 项目	冷冻机运转情况			尾气吸收循环泵运转情况			冷却循环水泵			次氯酸钠溶液储罐		备注
	1#	2#	3#	1#	2#	3#	4#	南	北	南/t	北/t	
8：00												
9：00												
10：00												
11：00												
12：00												
13：00												
14：00												
15：00												
16：00												
17：00												
18：00												
19：00												
20：00												
21：00												
22：00												
23：00												
0：00												
1：00												
2：00												
3：00												
4：00												
5：00												
6：00												
7：00												

巡检人：

　　本仿真实训操作项目主要包括两部分，一是液氯的生产；二是液氯的充装。

　　液氯的生产主要是指把干燥合格的氯气经过间接冷却降温，在低压下液化为液体，部分未液化的氯气及其不凝性的气体被送往合成盐酸生产工序，作为生产氯化氢气的一部分原料气或直接送到废气处理岗位，用碱液吸收为次氯酸钠溶液。通过仿真实训操作训练，掌握生产工艺流程，熟悉液氯生产工艺控制的操作方法，能独立完成液氯生产开停车的仿真操作，提高现场操作的技能，同时能培养学生安全生产操作的意识与严谨务实的优秀品质，培养学生在生产岗位上独立工作的专业能力、方法能力和社会能力。

液氯的充装操作主要是指把生产合格的液氯产品，通过屏蔽泵加压送到液氯充装操作现场，由现场的操作人员通过充装分配台、电子秤加智能称量监控仪和安全联锁装置的控制，把液氯送入液氯钢瓶内，而钢瓶充装前，要将钢瓶内残存的部分氯气通过纳氏泵抽至尾气处理塔内处理。通过这项训练能培养学生完成有毒有害液体充装操作的基本技能，培养质量控制与安全环保管理意识，同时也能强化清洁文明和健康环保的生产意识，从而更好地完成整个离子膜烧碱生产过程操作。

5.7 完成岗位的工作任务总结与提升

见图 5-17。

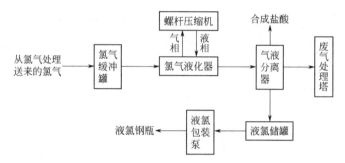

图 5-17 液氯生产工艺流程框图

5.8 做中学、学中做岗位技能训练题

（1）液氯生产过程中可能引起爆炸事故的原因有哪些？

（2）氯气液化岗位的主要任务和职责是什么？

（3）氯气中含氢高低对氯气液化有何影响？

（4）简述产品氯气的主要用途。

（5）简述在对液氯进行包装时，液氯不进钢瓶或包装速度慢的原因。

（6）废氯中氯气纯度、氢气含量的分析检验方法分别是什么？

（7）在液氯充装时，为什么要控制充装系数不大于规定的充装系数？

（8）为什么说输送氯气、液氯不能采用乳胶管、氧化带橡胶管道？

（9）说说氯气对人体的危害及其防护措施。

参 考 文 献

[1] 陆忠兴，周元培. 氯碱化工生产工艺氯碱分册 [M]. 北京：化学工业出版社，1995.

[2] 程殿彬，陈伯森，施孝奎. 离子膜烧碱法制碱生产技术 [M]. 北京：化学工业出版社，2003.

[3] 张定明，郭戈，唐登慧. 技术工人岗位培训题库——氯碱生产操作工 [M]. 北京：化学工业出版社，2003.

[4] 冷士良，陆清等. 化工单元操作及设备 [M]. 第 2 版. 北京：科学出版社，2005.

[5] 管国锋，赵汝溥. 化工原理 [M]. 第 2 版. 北京：化学工业出版社，2003.

[6] 李殿宝. 化工原理 [M]. 大连：大连工业大学出版社，2005.

[7] 杨百梅. 化工仿真 [M]. 第 2 版. 北京：化学工业出版社，2010.

[8] 王绍良主编. 化工设备基础 [M]. 北京：化学工业出版社，2002.

[9] 蔡尔辅编著. 石油化工管道设计 [M]. 北京：化学工业出版社，2004.

[10] 马秉骞主编. 化工设备使用与维护 [M]. 北京：高等教育出版社，2007.

[11] 彭云峰. 离子膜烧碱装置的主要化学品危害及工业设计中的防治措施 [J]. 广东化工，2010，37（4）：207-209.

[12] 王世荣，耿佃国，张善民主编. 无机化工生产操作技术 [M]. 北京：化学工业出版社，2011.

[13] 王志勇，李和平，尹志刚. 离子膜烧碱生产工艺的优化 [J]. 桂林理工大学学报，2011，31（1）：100-105.

[14] 李相彪主编. 氯碱生产技术 [M]. 北京：化学工业出版社，2012.

[15] 田伟军，易卫国主编. 烧碱生产与操作 [M]. 北京：化学工业出版社，2013.

[16] 彭祥燕，张中华，王兴华，邹先军. 膜法脱硝工艺在离子膜烧碱生产中的应用 [J]. 盐业与化工，2013，42（5）：39-41.